# 控制理论引论

孙轶民　编著

科学出版社
北　京

## 内 容 简 介

本书是一本控制理论入门教材. 除了介绍控制理论研究所需的预备知识, 主要介绍了线性控制系统理论和最优控制理论中的基本理论和方法, 另外对非线性控制理论也做了初步的介绍. 本书共分 9 章. 第 1 章介绍控制理论发展史. 第 2 章介绍控制理论研究所需的预备知识, 主要包括矩阵的张量积、线性系统的 Routh-Hurwitz 定理及常微分方程的几何理论和稳定性理论. 第 3～7 章讲述线性控制系统理论, 主要包括系统的数学描述、能控能观性分析、系统的标准型与实现和极点配置与观测器设计. 第 8 章讲述变分法与最优控制. 第 9 章初步介绍了非线性控制系统理论. 另外还有 7 个附录, 以适应读者的进一步要求.

本书内容偏重于理论, 可作为综合性大学、高等工科院校数学专业及自动控制专业高年级选修课教材和研究生教材, 也可供相关领域科研人员参考.

**图书在版编目(CIP)数据**

控制理论引论/孙铁民编著. —北京：科学出版社，2021.10

ISBN 978-7-03-069725-7

Ⅰ. ①控… Ⅱ. ①孙… Ⅲ. ①自动控制理论 Ⅳ. ①TP13

中国版本图书馆 CIP 数据核字(2021)第 178994 号

责任编辑：阚　瑞／责任校对：胡小洁
责任印制：吴兆东／封面设计：迷底书装

科学出版社 出版
北京东黄城根北街 16 号
邮政编码：100717
http://www.sciencep.com
北京中石油彩色印刷有限责任公司 印刷
科学出版社发行　各地新华书店经销
*
2021 年 10 月第　一　版　开本: 720 × 1000　1/16
2022 年 11 月第二次印刷　印张: 13 1/4
字数：270 000

**定价: 109.00 元**

(如有印装质量问题, 我社负责调换)

# 前　言

1868 年英国物理学家麦克斯韦以常微分方程为工具分析瓦特离心式调速器，并发表《论调速器》(On Governors) 一文. 此事常视为控制理论之开端, 进而发展出来判断一般线性系统稳定性的 Routh-Hurwitz 定理也被视为控制理论肇始阶段之代表性成就. 之后, 控制理论的发展大体可分为经典控制理论与现代控制理论两个阶段.

经典控制理论以传递函数作为描述系统的数学模型, 以时域分析法、根轨迹法和频域分析法为主要分析设计工具, 构成了经典控制理论的基本框架. 到 20 世纪 50 年代, 经典控制理论发展到相当成熟的地步, 形成了相对完整的理论体系, 为指导当时的控制工程实践发挥了极大的作用.

第二次世界大战后出现的现代控制理论是以状态变量概念为基础, 利用现代数学方法和计算机来分析、综合复杂控制系统的新理论, 适用于多输入、多输出或时变的线性系统及非线性系统.

控制理论发展到今天, 已经枝繁叶茂, 硕果累累, 本书只能择其中相对基础和成熟的部分介绍. 除了介绍控制理论研究所需的预备知识 (包括矩阵的张量积、线性系统的 Routh-Hurwitz 定理及常微分方程的几何理论和稳定性理论), 本书主要讲述线性控制系统理论、最优控制理论和非线性控制系统初步理论.

线性控制系统理论是现代控制理论中最为基本和相对成熟的一个分支, 采用状态空间法研究线性系统中状态的控制、观测和镇定问题, 主要包括能控能观性分析、标准型和控制器观测器设计等.

最优控制理论是研究受控系统在指定性能指标下实现最优指标的控制规律及其综合方法. 它的研究范围正在不断扩大, 目前以线性二次型指标最优控制理论较为成熟. 因此, 本书首先介绍了最优控制理论研究的基本工具——变分法. 然后主要介绍二次型指标最优控制理论.

非线性系统的分析和综合理论目前还不完善. 一般的非线性系统理论尚待建立. 因此本书介绍了仿射非线性系统的精确反馈线性化法、Backstepping 法和平面及具有三角形结构的高阶仿射非线性系统的全局能控性判据等初步知识.

本书最初是为中山大学数学学院运筹与控制论专业一年级研究生基础课讲义而编写, 内容偏重于理论, 注重逻辑推理的严谨性及对概念源流的解释, 比如像“最小相位”这样只从定义不易明白其所以然的概念. 根据作者个人经验, 本书材料适用于每周四学时的一学期课程, 总共 72 学时左右. 如学时紧张最后一章非线性控制系统理论初步也可不讲.

本书作为数学学院硕士研究生讲义已使用多年, 最近新成立的系统科学与工程学院硕士研究生也参与使用. 同学们在使用过程中也提供了许多宝贵建议. 特别是, 作者在国外访学期间, 中山大学数学学院黄煜教授使用本教材授课一学期, 并提供了许多建设性意见和鼓励. 对所有老师和同学的热心帮助和辛勤劳动, 作者在此表示真诚的感谢! 另外, 作者在写作本书时参考了众多文献和资料, 包括网络上的, 难以一一标明, 望请见谅并特此致谢. 在表述和结构安排方面, 本书特别参考了王恩平、秦化淑和王世林的《线性控制系统理论引论》和 Bruce van Brunt 的《The Calculus of Variations》, 在此指出并感谢! 另外本书得到国家自然科学基金 (61174048) 和中山大学广东省计算科学重点实验室 (2020B1212060032) 资助, 在此一并感谢!

最后特意提下, 本书也是作者在讲授和学习控制理论过程中的学习笔记, 比如在本书附录中按作者个人理解对 Poincare-Bendixson 定理给了一个新的证明. 总之, 限于作者水平, 书中疏漏在所难免, 恳请读者与同行不吝批评指正.

孙轶民

2021 年 6 月

于广州中山大学康乐园

# 目　　录

前言
**第 1 章　控制理论发展史简介** ······ 1
**第 2 章　预备知识** ······ 4
2.1　线性代数基础 ······ 4
2.1.1　方阵与特征值 ······ 4
2.1.2　矩阵的 Kronecker 积 ······ 4
2.1.3　矩阵函数 ······ 6
2.1.4　矩阵微分方程与矩阵方程 ······ 6
2.2　Gronwall 不等式与比较原理 ······ 8
2.2.1　Gronwall 不等式 ······ 8
2.2.2　比较原理 ······ 11
2.3　常微分方程定性与稳定性理论 ······ 12
2.3.1　轨线与相空间 ······ 12
2.3.2　极限环与旋转度 ······ 14
2.3.3　极限集与 Poincare-Bendixson 定理 ······ 18
2.3.4　李雅普诺夫稳定性 ······ 20
2.3.5　LaSalle 不变原理 ······ 26
2.4　线性系统的稳定性 ······ 28
2.4.1　Routh-Hurwitz 判据 ······ 28
2.4.2　李雅普诺夫函数法 ······ 30
思考与练习 ······ 32
**第 3 章　线性控制系统的数学描述** ······ 35
3.1　传递函数法 ······ 35
3.1.1　Laplace 变换 ······ 35
3.1.2　传递函数 ······ 36
3.1.3　脉冲响应函数 ······ 38
3.2　状态空间法 ······ 39
3.2.1　时变线性系统 ······ 39
3.2.2　定常线性系统 ······ 41

3.2.3 线性系统的等价性 …… 42
3.2.4 复合系统的数学模型 …… 43
思考与练习 …… 46
**第 4 章 线性系统的能控性** …… 49
4.1 能控性的定义 …… 49
4.2 能控性判据 …… 52
4.3 定常系统能控性判据 …… 56
4.3.1 代数判据 …… 56
4.3.2 几何判据 …… 60
思考与练习 …… 62
**第 5 章 线性系统的能观测性** …… 63
5.1 能观测性的定义 …… 63
5.2 能观测性判据 …… 66
5.3 对偶原理 …… 68
5.4 定常系统能观测性判据 …… 69
5.4.1 代数判据 …… 69
5.4.2 几何判据 …… 70
思考与练习 …… 72
**第 6 章 定常线性系统标准型与实现** …… 73
6.1 定常线性系统的标准结构 …… 73
6.1.1 能控性标准结构 …… 73
6.1.2 能观测性标准结构 …… 77
6.1.3 能控能观测标准结构 …… 78
6.2 单输入单输出系统的标准型 …… 79
6.2.1 能控性标准型 …… 79
6.2.2 能观测性标准型 …… 82
6.3 定常线性系统的实现 …… 84
思考与练习 …… 91
**第 7 章 极点配置与观测器设计** …… 92
7.1 状态反馈 …… 92
7.2 状态反馈极点配置 …… 94
7.3 系统镇定 …… 98
7.4 输出反馈 …… 98
7.4.1 静态输出反馈 …… 99
7.4.2 动态输出反馈与极点配置 …… 100

7.5 状态观测器 …… 102
7.6 极小阶观测器 …… 106
7.7 分离原理 …… 109
思考与练习 …… 111
**第 8 章 变分法与最优控制** …… 113
8.1 函数极值 …… 113
8.2 三个著名例子 …… 114
8.3 Euler-Lagrange 方程 …… 116
8.4 两种可解情形 …… 119
8.4.1 $f$ 中 $y$ 不显式出现 …… 119
8.4.2 $f$ 中 $x$ 不显式出现 …… 120
8.5 高阶导数情形 …… 121
8.6 多因变量情形 …… 122
8.7 等周问题 …… 124
8.8 广义等周问题 …… 127
8.8.1 高阶导数情形 …… 127
8.8.2 多等周约束情形 …… 128
8.8.3 多因变量情形 …… 129
8.9 自然边界情形 …… 129
8.9.1 端点值可变情形 …… 130
8.9.2 一般情形 …… 131
8.9.3 横截条件 …… 136
8.10 微分约束情形 …… 137
8.11 动态系统的最优控制 …… 140
8.11.1 终点时刻给定, 状态自由 …… 140
8.11.2 终点时刻自由, 状态受约束 …… 141
8.12 线性二次型性能指标最优控制 …… 144
8.12.1 时变系统有限时间的最优控制 …… 144
8.12.2 时变系统无限时间的最优控制 …… 148
8.12.3 定常系统无限时间最优控制的稳定性 …… 151
思考与练习 …… 153
**第 9 章 非线性控制系统理论初步** …… 156
9.1 近似线性化法 …… 156
9.2 精确反馈线性化 …… 157
9.2.1 输入-状态可线性化 …… 158

9.2.2 输入-输出线性化 ··· 162
9.3 Backstepping 法 ··· 164
9.4 非线性系统的全局能控性 ··· 167
9.4.1 单输入平面系统 ··· 167
9.4.2 具有三角形结构的高维系统 ··· 173
思考与练习 ··· 174
**参考文献** ··· 175
**附录 A** ··· 177
A.1 Poincare-Bendixson 定理的证明 ··· 177
A.2 比例控制与稳态偏差 ··· 180
A.3 最小相位系统 ··· 181
A.4 预解矩阵的计算 ··· 182
A.5 多输入多输出线性系统的标准型 ··· 185
A.5.1 Luenberger 标准型 ··· 185
A.5.2 三角形标准型 ··· 190
A.6 动态反馈极点配置定理 7.3 的证明 ··· 193
A.7 矩阵 Riccati 方程的解 ··· 197
A.7.1 矩阵 Riccati 微分方程解的存在性 ··· 197
A.7.2 用线性微分方程求解矩阵 Riccati 微分方程 ··· 198
A.7.3 矩阵代数 Riccati 方程的迭代法 ··· 199
A.7.4 矩阵代数 Riccati 方程的广义特征向量法 ··· 200
**索引** ··· 202

# 第 1 章　控制理论发展史简介

控制论是一门年轻的学科, 但自动装置和控制论的思想与基本概念在古代就已产生并获得一定的发展. 公元前 14~ 前 11 世纪, 中国、埃及和巴比伦出现了自动计时装置——漏壶, 为人类研制和使用自动装置之始.

公元 1 世纪, 亚历山大的希罗发明开闭庙门和分发圣水的自动装置. 公元 2 世纪, 张衡发明了对天体运行情况自动仿真的漏水转浑天仪和自动检测地震征兆的候风地动仪. 在中国的三国时期, 就使用了自动指向的指南车; 晋朝时就有记载的记里鼓车. 公元 1088 年, 北宋人苏颂建造了水运仪象台, 它把浑仪 (天文观测仪器)、浑象 (天文表演仪器) 和自动计时装置结合在一起. 然而这类早期控制装置均没有得到广泛的应用, 更没有导致控制理论的产生.

1642 年, 法国物理学家帕斯卡发明了能自动进位的加法器. 1657 年, 荷兰机械师 C. 惠更斯发明钟表, 提出钟摆理论, 并利用锥形摆作调速器. 1745 年, 英国机械师 E. 李发明带有风向控制的风磨, 可利用尾翼来使主翼对准风向. 1765 年, 俄国机械师 И.И. 波尔祖诺夫年发明浮子阀门式水位调节器, 用于蒸汽锅炉水位的自动控制.

1788 年, 英国机械师 J. 瓦特发明离心式调速器 (又称飞球调速器), 并把它与蒸汽机的阀门连接起来. 这是一个保证蒸汽机正常运转的自动控制装置. 瓦特的这项发明开启了近代自动调节装置应用的新纪元, 也是人类自动调节与自动控制的开始. 从此以后, 人们能够自由地控制蒸汽机的速度, 蒸汽机开始广泛应用于纺织、火车、轮船、机械加工等行业. 这样人类大量使用自然原动力终于成为现实, 它对第一次工业革命及后来控制理论的发展有非常重要的影响.

此后大约 100 年内, 控制研究关注的重点是对蒸汽系统中的温度、压力、液面及机器转速的控制. 然而伴随着工业革命的深入, 由 19 世纪中期至 20 世纪初, 控制研究开启了新一轮大发展, 控制理论也开始逐渐成形.

1854 年, 俄国机械学家和电工学家 K.И. 康斯坦丁诺夫发明电磁调速器. 由于大型船舶开始使用, 舵面转向因流体动力学的改变变得更加复杂, 同时操作机构与舵面之间传动机构的增多增大导致动作响应时间更加缓慢. 为解决此问题, 1868 年, 法国工程师 J. 法尔科发明反馈调节器, 并把它与蒸汽阀连接起来, 操纵蒸汽船的舵. 经后人改进, 他的发明被称为伺服机构.

继蒸汽机之后陀螺仪是又一个重要的自动控制装置. 1907 年, 美国人 E. A.

Sperry 在一艘船舶上安装了陀螺仪. 1908 年, 德国人安休斯制成了第一架可以用于航行的陀螺仪. 1914 年 6 月 18 日, 法国航空俱乐部举行的飞行器自动导航比赛中, L. Sperry 驾驶单翼飞行器作低飞表演, 他本人可以双手离开驾驶轮, 直立于驾驶舱, 他的飞行工程师则在主翼上来回漫步——增加横向干扰. 这次飞行赢得了举世瞩目, 同时也使世人了解了自动驾驶的可行性和安全性. 1922 年俄裔美国工程师米诺斯基在对船舶驾驶控制的研究中, 率先提出了 PID 控制方法 (proportional-integral-derivative 控制). 之后迅速广泛应用于各种工业系统的自动控制中. 据统计目前工业上 90% 以上的控制回路采用 PID 控制.

由于瓦特发明的离心式调速器有时会造成系统的不稳定, 使蒸汽机产生剧烈的振荡. 之后又发现船舶上自动操舵机也有稳定性问题. 这就促使一些数学家开始用微分方程来描述和分析系统的稳定性问题. 在解决这些问题的过程中, 数学家提出了判定系统稳定性的判据, 从而积累了设计和使用自动调节器的丰富经验.

1868 年, 英国数学物理学家 J. C. 麦克斯韦发表《论调速器》, 总结了无稳态偏差调速器理论. 1876 年, 俄国机械学家 И.А. 维什涅格拉茨基在法国科学院院报上发表《论调节器的一般理论》, 进一步总结了调节器的理论. 1877 年, 英国数学家 E. J. Routh 提出代数稳定判据, 即著名的 Routh 稳定判据. 1895 年, 德国数学家 A. Hurwitz 提出代数稳定判据的另一种形式, 即著名的 Hurwitz 稳定判据. Routh-Hurwitz 稳定判据是当时能事先判定调节器稳定性的重要判据. 1892 年, 俄国数学家李雅普诺夫发表《论运动稳定性的一般问题》的专著, 从数学方面给运动稳定性的概念下了严格的定义, 并研究出解决稳定性问题的两种方法.

上面方法基本上满足了 20 世纪初期控制工程师的需求, 奠定了经典控制理论中的时域分析法. 随着通信及信息处理技术的迅速发展, 电气工程师们发展了以实验为基础的频域响应分析法.

1932 年, 美国物理学家 H. 奈奎斯特研究了长距离电话线信号传输中出现的失真问题, 运用复变函数理论建立了以频率特性为基础的稳定性判据, 奠定了频率响应法的基础. 随后, H. W. 伯德和 N. B. 尼柯尔斯在 20 世纪 30 年代末和 40 年代初进一步将频率响应法加以发展, 形成了经典控制理论的频域分析法。1948 年, 美国科学家 W. R. 伊万斯创立了根轨迹分析方法, 为分析系统性能随系统参数变化的规律性提供了有力工具, 被广泛应用于反馈控制系统的分析、设计中. 至此以传递函数作为描述系统的数学模型, 以时域分析法、根轨迹法和频域分析法为主要分析设计工具, 构成了经典控制理论的基本框架.

1948 年, N. 维纳发表《控制论, 或关于在动物和机器中控制和通讯的科学》. 该书阐述了控制理论的一般方法, 推广了反馈的概念, 奠定了控制论的基础, 标志了控制论的诞生. 1954 年, 我国科学家钱学森在美国运用控制论思想和方法, 用英文出版《工程控制论》, 首先把控制论推广到工程技术领域.

20 世纪 50 年代中期, 科学技术及生产力的发展, 特别是空间技术的发展, 迫切需要解决更复杂的多变量系统、非线性系统中的最优控制问题, 如火箭和航天器的导航、跟踪和着陆过程中的高精度、低消耗控制, 到达目标所需控制时间最小等. 实践的需求推动了控制理论的进步, 同时计算机技术的迅速发展也为控制理论的发展提供了必要条件, 适合于描述航天器运动规律且便于计算机求解的状态空间模型又成为描述系统运动规律的主要模型.

1956 年, 美国数学家贝尔曼创立动态规划, 同年苏联数学家庞特里亚金提出极大值原理, 并于 1961 年证明并发表了极大值原理. 1959 年, 美国数学家 R. E. 卡尔曼等提出了著名的卡尔曼滤波器, 1960 年, 卡尔曼又提出能控性和能观测性两个概念, 建立控制系统的状态空间理论. 这样, 以状态方程作为描述系统的数学模型, 以最优控制和卡尔曼滤波为核心的控制系统分析、设计原理和方法的现代控制理论应运而生。

20 世纪 70 年代至今, 控制理论不断涌现出了新的成果. 非线性控制、鲁棒控制、自适应控制、随机控制等理论与方法竞相争艳. 从传递函数到状态空间, 从 PID 控制到卡尔曼滤波, 从蒸汽时代到电气时代再到信息时代, 控制理论的发展始终与人类社会的发展紧密相连, 并伴随着其他科学技术的发展, 极大地改变了整个世界, 是现代科学技术发展史的真实缩影. 目前全球对先进制造、智能交通、医疗、能源和水资源等系统存在巨大的需求, 而且这些系统必须在资源有限的条件下进行设计, 这对控制理论提出了许多巨大的挑战. 未来控制理论也必将在迎接这些挑战的过程中不断向前发展和创造新的人类文明.

# 第 2 章 预备知识

## 2.1 线性代数基础

### 2.1.1 方阵与特征值

**定义 2.1** 数 $\lambda_0$ 称为方阵 $\boldsymbol{A}$ 的特征值, 如果存在一个非零的向量 $\boldsymbol{\xi}$, 使得

$$\boldsymbol{A}\boldsymbol{\xi} = \lambda_0\boldsymbol{\xi} \tag{2.1.1}$$

且 $\boldsymbol{\xi}$ 称为方阵 $\boldsymbol{A}$ 的属于特征值 $\lambda_0$ 的一个特征向量.

$n$ 阶方阵记为 $\boldsymbol{A} = (a_{ij})_{n\times n}$. 实方阵记为 $\boldsymbol{A} \in \mathbb{R}^{n\times n}$. 复方阵记为 $\boldsymbol{A} \in \mathbb{C}^{n\times n}$.

**定理 2.1** (1) 方阵 $\boldsymbol{A}$ 的全体特征值之和为 $\sum_{i=1}^{n} a_{ii}$, 称为 $\boldsymbol{A}$ 的迹, 记为 $\mathrm{tr}\boldsymbol{A}$. $\boldsymbol{A}$ 的全体特征值之积为 $\det(\boldsymbol{A})$.

(2) 令 $f(\lambda) = \det(\lambda\boldsymbol{I} - \boldsymbol{A})$ 是 $\boldsymbol{A}$ 特征多项式, 则

$$f(\boldsymbol{A}) = \boldsymbol{A}^n - (a_{11} + a_{22} + \cdots + a_{nn})\boldsymbol{A}^{n-1} + \cdots + (-1)^n\det(\boldsymbol{A})\boldsymbol{I} = \boldsymbol{0}$$

上面第二条称为 Caylay-Hamilton 定理. 由此知对任意 $n$ 阶方阵 $\boldsymbol{A}$ 总可以找到一个多项式 $f(\lambda)$ 使得 $f(\boldsymbol{A}) = \boldsymbol{0}$, 此时我们称 $f(\lambda)$ 以 $\boldsymbol{A}$ 为根. 当然, 以 $\boldsymbol{A}$ 为根的多项式很多, 其中次数最低且首项为 1 的以 $\boldsymbol{A}$ 为根的多项式称为 $\boldsymbol{A}$ 的最小多项式, 记为 $m(\lambda)$. $\boldsymbol{A}$ 称为循环方阵, 如果 $m(\lambda) = f(\lambda)$, 即最小多项式 $m(\lambda)$ 的次数为 $n$.

### 2.1.2 矩阵的 Kronecker 积

**定义 2.2** 设 $\boldsymbol{A} = (a_{i,j}) \in \mathbb{C}^{m\times n}, \boldsymbol{B} = (b_{i,j}) \in \mathbb{C}^{p\times q}$, 则称如下矩阵

$$\boldsymbol{A} \otimes \boldsymbol{B} = \begin{bmatrix} a_{11}\boldsymbol{B} & a_{12}\boldsymbol{B} & \cdots & a_{1n}\boldsymbol{B} \\ a_{21}\boldsymbol{B} & a_{22}\boldsymbol{B} & \cdots & a_{2n}\boldsymbol{B} \\ \vdots & \vdots & & \vdots \\ a_{m1}\boldsymbol{B} & a_{m2}\boldsymbol{B} & \cdots & a_{mn}\boldsymbol{B} \end{bmatrix} \in \mathbb{C}^{mp\times nq} \tag{2.1.2}$$

为 $\boldsymbol{A}$ 与 $\boldsymbol{B}$ 的 Kronecker 积, 也称张量积.

**性质 2.1** 设 $\boldsymbol{A}\in\mathbb{C}^{m\times n},\boldsymbol{B}\in\mathbb{C}^{p\times q},\alpha\in\mathbb{C}$, 则有以下表示.

(1) 数乘: $\alpha(\boldsymbol{A}\otimes\boldsymbol{B})=(\alpha\boldsymbol{A})\otimes\boldsymbol{B}=\boldsymbol{A}\otimes(\alpha\boldsymbol{B})$.

(2) 分配律: 设 $\boldsymbol{A},\boldsymbol{B}$ 的阶数相同, $\boldsymbol{C}$ 为任一矩阵, 则

① $(\boldsymbol{A}+\boldsymbol{B})\otimes\boldsymbol{C}=(\boldsymbol{A}\otimes\boldsymbol{C})+(\boldsymbol{B}\otimes\boldsymbol{C})$.

② $\boldsymbol{C}\otimes(\boldsymbol{A}+\boldsymbol{B})=(\boldsymbol{C}\otimes\boldsymbol{A})+(\boldsymbol{C}\otimes\boldsymbol{B})$.

(3) 结合律: $\boldsymbol{A}\otimes(\boldsymbol{B}\otimes\boldsymbol{C})=(\boldsymbol{A}\otimes\boldsymbol{B})\otimes\boldsymbol{C}$.

(4) 转置: $(\boldsymbol{A}\otimes\boldsymbol{B})^{\mathrm{T}}=\boldsymbol{A}^{\mathrm{T}}\otimes\boldsymbol{B}^{\mathrm{T}}$.

(5) 混合积: 设 $\boldsymbol{A}\in\mathbb{C}^{k\times m},\boldsymbol{B}\in\mathbb{C}^{m\times n},\boldsymbol{C}\in\mathbb{C}^{p\times q},\boldsymbol{D}\in\mathbb{C}^{q\times t}$, 则

$$(\boldsymbol{A}\otimes\boldsymbol{C})(\boldsymbol{B}\otimes\boldsymbol{D})=(\boldsymbol{A}\boldsymbol{B})\otimes(\boldsymbol{C}\boldsymbol{D})$$

(6) 逆: 设 $\boldsymbol{A}\in\mathbb{C}^{n\times n},\boldsymbol{B}\in\mathbb{C}^{m\times m}$, 若 $\boldsymbol{A}^{-1},\boldsymbol{B}^{-1}$ 存在, 则 $(\boldsymbol{A}\otimes\boldsymbol{B})^{-1}$ 也存在且

$$(\boldsymbol{A}\otimes\boldsymbol{B})^{-1}=\boldsymbol{A}^{-1}\otimes\boldsymbol{B}^{-1}$$

(7) 迹: 设 $\boldsymbol{A}\in\mathbb{C}^{n\times n},\boldsymbol{B}\in\mathbb{C}^{m\times m}$, 有

$$\mathrm{tr}(\boldsymbol{A}\otimes\boldsymbol{B})=\mathrm{tr}\boldsymbol{A}\cdot\mathrm{tr}\boldsymbol{B}$$

下面的矩阵行展开和列展开都是指按行或列的次序把矩阵元素重排得到一个向量.

**定义 2.3** (1) 行展开 (拉直): $V_r(\boldsymbol{A})=[a_{11},a_{12},\cdots,a_{1n},a_{21},a_{22},\cdots,a_{mn}]^{\mathrm{T}}$.

(2) 列展开 (拉直): $V_c(\boldsymbol{A})=[a_{11},a_{21},\cdots,a_{m1},a_{12},a_{22},\cdots,a_{mn}]^{\mathrm{T}}$.

**性质 2.2** (1) 转置: $V_r(\boldsymbol{A}^{\mathrm{T}})=V_c(\boldsymbol{A})$; $V_c(\boldsymbol{A}^{\mathrm{T}})=V_r(\boldsymbol{A})$.

(2) 积的展开: 如果矩阵 $\boldsymbol{A},\boldsymbol{B},\boldsymbol{X}$ 符合乘法的阶数, 则

① $V_r(\boldsymbol{A}\boldsymbol{X}\boldsymbol{B})=(\boldsymbol{A}\otimes\boldsymbol{B}^{\mathrm{T}})V_r(\boldsymbol{X})$.

② $V_c(\boldsymbol{A}\boldsymbol{X}\boldsymbol{B})=(\boldsymbol{B}^{\mathrm{T}}\otimes\boldsymbol{A})V_c(\boldsymbol{X})$.

证明: 我们只需要证明①. 令矩阵 $\boldsymbol{A}=(a_{ij})\in\mathbb{C}^{m\times p},\boldsymbol{B}\in\mathbb{C}^{q\times n},\boldsymbol{X}\in\mathbb{C}^{p\times q}$ 的第 $i$ 行为 $\boldsymbol{x}_i^{\mathrm{T}},i=1,2,\cdots,p$, 则有

$$\begin{aligned}\boldsymbol{A}\boldsymbol{X}\boldsymbol{B}&=\begin{bmatrix}a_{11}&\cdots&a_{1p}\\\vdots&&\vdots\\a_{m1}&\cdots&a_{mp}\end{bmatrix}\begin{pmatrix}\boldsymbol{x}_1^{\mathrm{T}}\\\vdots\\\boldsymbol{x}_p^{\mathrm{T}}\end{pmatrix}\boldsymbol{B}\\&=\begin{bmatrix}(a_{11}\boldsymbol{x}_1^{\mathrm{T}}+\cdots+a_{1p}\boldsymbol{x}_p^{\mathrm{T}})\boldsymbol{B}\\\vdots\\(a_{m1}\boldsymbol{x}_1^{\mathrm{T}}+\cdots+a_{mp}\boldsymbol{x}_p^{\mathrm{T}})\boldsymbol{B}\end{bmatrix}\end{aligned}\tag{2.1.3}$$

于是

$$V_r(\boldsymbol{AXB}) = \begin{bmatrix} \boldsymbol{B}^{\mathrm{T}}(a_{11}\boldsymbol{x}_1 + \cdots + a_{1p}\boldsymbol{x}_p) \\ \vdots \\ \boldsymbol{B}^{\mathrm{T}}(a_{m1}\boldsymbol{x}_1 + \cdots + a_{mp}\boldsymbol{x}_p) \end{bmatrix}$$

$$= \begin{bmatrix} a_{11}\boldsymbol{B}^{\mathrm{T}} & \cdots & a_{1p}\boldsymbol{B}^{\mathrm{T}} \\ \vdots & & \vdots \\ a_{m1}\boldsymbol{B}^{\mathrm{T}} & \cdots & a_{mp}\boldsymbol{B}^{\mathrm{T}} \end{bmatrix} \begin{pmatrix} \boldsymbol{x}_1 \\ \vdots \\ \boldsymbol{x}_p \end{pmatrix}$$

$$= (\boldsymbol{A} \otimes \boldsymbol{B}^{\mathrm{T}}) V_r(\boldsymbol{X})$$

可类似证明②. ■

### 2.1.3　矩阵函数

设 $f(s)$ 是变量 $s$ 的函数且在 $s_0$ 附近解析, 则 $f(\boldsymbol{X})$ 可以展成一致收敛的幂级数 $f(s) = \sum\limits_{i=0}^{+\infty} p_i(s - s_0)^i$. 又设方阵 $\boldsymbol{X} \in \mathbb{C}^{n\times n}$, 我们按幂级数方式定义矩阵函数 $f(\boldsymbol{X})$ 为

$$f(\boldsymbol{X}) = \sum_{i=0}^{+\infty} p_i(\boldsymbol{X} - s_0\boldsymbol{I})^i \tag{2.1.4}$$

为简单起见, 考虑函数在原点展开, 设 $f(s) = \sum\limits_{i=0}^{+\infty} p_i s^i$. 当 $|s| < \rho$ ($\rho$ 为收敛半径), 幂级数收敛, 则对矩阵幂级数来说, 当 $\boldsymbol{X}$ 的所有特征值的模都小于 $\rho$ 时, $\sum\limits_{i=0}^{+\infty} p_i\boldsymbol{X}^i$ 收敛; 当 $\boldsymbol{X}$ 有一个特征值的模大于 $\rho$ 时, $\sum\limits_{i=0}^{+\infty} p_i\boldsymbol{X}^i$ 就发散. 特别地, 我们有以下成立.

(1) $\mathrm{e}^{\boldsymbol{X}} \triangleq \sum\limits_{i=0}^{+\infty} \dfrac{1}{i!}\boldsymbol{X}^i$ 对任意方阵 $\boldsymbol{X}$ 都收敛.

(2) $\ln(\boldsymbol{I} + \boldsymbol{X}) \triangleq \boldsymbol{X} - \dfrac{\boldsymbol{X}^2}{2} + \dfrac{\boldsymbol{X}^3}{3} - \cdots$, 当 $\boldsymbol{X}$ 的所有特征值的模小于 1 时该幂级数方阵收敛.

(3) $\boldsymbol{X}$ 的所有特征值的模小于 1 时, $(\boldsymbol{I} - \boldsymbol{X})^{-1} \triangleq \boldsymbol{I} + \boldsymbol{X} + \boldsymbol{X}^2 + \cdots$ 收敛.

### 2.1.4　矩阵微分方程与矩阵方程

如果函数矩阵

$$
\boldsymbol{A}(t)=\begin{bmatrix} a_{11}(t) & a_{12}(t) & \cdots & a_{1n}(t) \\ a_{21}(t) & a_{22}(t) & \cdots & a_{2n}(t) \\ \vdots & \vdots & & \vdots \\ a_{m1}(t) & a_{m2}(t) & \cdots & a_{mn}(t) \end{bmatrix}
$$

的每一个元素 $a_{ij}(t)$ 是可微的, 则称矩阵 $\boldsymbol{A}$ 可微. $\boldsymbol{A}$ 对 $t$ 的微商 (导数) 定义为

$$
\frac{\mathrm{d}\boldsymbol{A}(t)}{\mathrm{d}t} \triangleq \left[\frac{\mathrm{d}a_{ij}(t)}{\mathrm{d}t}\right]
$$

类似地, $\boldsymbol{A}$ 对 $t$ 的积分定义为

$$
\int_{t_1}^{t_2} \boldsymbol{A}(t)\mathrm{d}t \triangleq \left[\int_{t_1}^{t_2} a_{ij}(t)\mathrm{d}t\right]
$$

考虑线性矩阵微分方程

$$
\dot{\boldsymbol{X}}=\boldsymbol{X}\boldsymbol{D}(t)+\boldsymbol{E}(t)\boldsymbol{X}+\boldsymbol{F}(t), \qquad \boldsymbol{X}(t_0)=\boldsymbol{X}_0 \tag{2.1.5}
$$

其中, $\boldsymbol{X}\in\mathbb{R}^{m\times n}$ 为未知矩阵; $\dot{\boldsymbol{X}}$ 是 $\boldsymbol{X}$ 对 $t$ 的导数; $\boldsymbol{D}(\cdot),\boldsymbol{E}(\cdot),\boldsymbol{F}(\cdot)$ 为适当阶的已知矩阵, 其元素是 $t$ 的分段连续函数.

**定理 2.2** 对于任意的 $t\in\mathbb{R}$, 方程 (2.1.5) 有唯一解 $\boldsymbol{X}(t;t_0,\boldsymbol{X}_0)$, 并且

$$
\boldsymbol{X}(t;t_0,\boldsymbol{X}_0)=\boldsymbol{\Phi}_1(t,t_0)\boldsymbol{X}_0\boldsymbol{\Phi}_2(t,t_0)+\int_{t_0}^{t}\boldsymbol{\Phi}_1(t,\tau)\boldsymbol{F}(\tau)\boldsymbol{\Phi}_2(t,\tau)\mathrm{d}\tau
$$

其中, 矩阵 $\boldsymbol{\Phi}_1(t,\tau)$ 和 $\boldsymbol{\Phi}_2(t,\tau)$ 满足:

$$
\begin{aligned}
\frac{\partial\boldsymbol{\Phi}_1}{\partial t}&=\boldsymbol{E}(t)\boldsymbol{\Phi}_1, \quad \boldsymbol{\Phi}_1(\tau,\tau)=\boldsymbol{I}_m \\
\frac{\partial\boldsymbol{\Phi}_2}{\partial t}&=\boldsymbol{\Phi}_2\boldsymbol{D}(t), \quad \boldsymbol{\Phi}_2(\tau,\tau)=\boldsymbol{I}_n
\end{aligned}
$$

**推论 2.1** 对于任意的 $t\in\mathbb{R}$, 线性定常矩阵微分方程

$$
\dot{\boldsymbol{X}}=\boldsymbol{X}\boldsymbol{A}+\boldsymbol{A}^{\mathrm{T}}\boldsymbol{X}+\boldsymbol{Q}, \quad \boldsymbol{X}(t_0)=\boldsymbol{X}_0
$$

有唯一解

$$
\boldsymbol{X}(t;t_0,\boldsymbol{X}_0)=\mathrm{e}^{\boldsymbol{A}^{\mathrm{T}}(t-t_0)}\boldsymbol{X}_0\mathrm{e}^{\boldsymbol{A}(t-t_0)}+\int_{t_0}^{t}\mathrm{e}^{\boldsymbol{A}^{\mathrm{T}}(t-\tau)}\boldsymbol{Q}\mathrm{e}^{\boldsymbol{A}(t-\tau)}\mathrm{d}\tau
$$

且当 $\boldsymbol{Q}=\boldsymbol{Q}^{\mathrm{T}},\boldsymbol{X}_0=\boldsymbol{X}_0^{\mathrm{T}}$ 时, 有

$$
\boldsymbol{X}(t;t_0,\boldsymbol{X}_0)=[\boldsymbol{X}(t;t_0,\boldsymbol{X}_0)]^{\mathrm{T}}\in\mathbb{R}^{n\times n}
$$

显然, 上面推论中 $\boldsymbol{A},\boldsymbol{Q}$ 是常矩阵, 解 $\boldsymbol{X}(t)$ 肯定是存在的. 如果希望矩阵 $\boldsymbol{X}$ 是常值的, 则化为矩阵方程 $\boldsymbol{XA}+\boldsymbol{A}^{\mathrm{T}}\boldsymbol{X}+\boldsymbol{Q}=0$. 自然就出现问题, 它是否有解? 如有, 那是否唯一? 下面我们考虑更一般的线性矩阵方程:

$$\boldsymbol{AX}+\boldsymbol{XB}=\boldsymbol{F} \tag{2.1.6}$$

解的存在性. 其中, $\boldsymbol{A}\in\mathbb{C}^{m\times m},\boldsymbol{B}\in\mathbb{C}^{n\times n},\boldsymbol{F}\in\mathbb{C}^{m\times n}$ 为已知矩阵; $\boldsymbol{X}\in\mathbb{C}^{m\times n}$ 为未知矩阵.

**定理 2.3**　方程 (2.1.6) 存在唯一解的充要条件是: $\boldsymbol{A}$ 和 $\boldsymbol{B}$ 的特征值满足

$$\lambda_i(\boldsymbol{A})+\mu_j(\boldsymbol{B})\neq 0,\qquad i=1,2,\cdots,m;\ j=1,2,\cdots,n$$

其中, $\lambda_i(\boldsymbol{A})$ 和 $\mu_j(\boldsymbol{B})$ 分别是 $\boldsymbol{A}$ 和 $\boldsymbol{B}$ 的第 $i$ 个和第 $j$ 个特征值.

证明: 我们有

$\boldsymbol{AX}+\boldsymbol{XB}=\boldsymbol{F}$ 有唯一解

$\Leftrightarrow V_r(\boldsymbol{AX}+\boldsymbol{XB})=V_r\boldsymbol{F}$ 有唯一解

$\Leftrightarrow (\boldsymbol{A}\otimes\boldsymbol{I}_n+\boldsymbol{I}_m\otimes\boldsymbol{B}^{\mathrm{T}})V_r\boldsymbol{X}=V_r\boldsymbol{F}$ 有唯一解

$\Leftrightarrow \det(\boldsymbol{A}\otimes\boldsymbol{I}_n+\boldsymbol{I}_m\otimes\boldsymbol{B}^{T})\neq 0$.

下证 $\boldsymbol{A}\otimes\boldsymbol{I}_n+\boldsymbol{I}_m\otimes\boldsymbol{B}^{\mathrm{T}}$ 的特征值为 $\lambda_i+\mu_j$.

令 $\boldsymbol{P}^{-1}\boldsymbol{AP}=\boldsymbol{T}_1$, $\boldsymbol{Q}^{-1}\boldsymbol{B}^{\mathrm{T}}\boldsymbol{Q}=\boldsymbol{T}_2$, 其中 $\boldsymbol{T}_1$ 和 $\boldsymbol{T}_2$ 是上三角阵. 我们有:

$$(\boldsymbol{P}\otimes\boldsymbol{Q})^{-1}(\boldsymbol{A}\otimes\boldsymbol{I}_n+\boldsymbol{I}_m\otimes\boldsymbol{B}^{\mathrm{T}})(\boldsymbol{P}\otimes\boldsymbol{Q})=\boldsymbol{T}_1\otimes\boldsymbol{I}_n+\boldsymbol{I}_m\otimes\boldsymbol{T}_2$$

该式右边仍然是上三角矩阵, 其对角线元素都具有形式 $\lambda_i+\mu_j$ 且刚好是所有的 $\lambda_i+\mu_j$ $(i=1,2,\cdots,m;\ j=1,2,\cdots,n)$ 组合. 证毕. ■

## 2.2　Gronwall 不等式与比较原理

如不特别指出, 本书中出现的常微分方程都满足解的存在与唯一性.

### 2.2.1　Gronwall 不等式

**定理 2.4 (Gronwall 不等式)**　设 $K$ 为非负常数, $f(t)$ 和 $g(t)$ 为区间 $\alpha\leqslant t\leqslant\beta$ 上的连续非负函数, 且满足不等式

$$f(t)\leqslant K+\int_{\alpha}^{t}f(s)g(s)\mathrm{d}s,\qquad \alpha\leqslant t\leqslant\beta$$

则有

$$f(t)\leqslant K\exp\left(\int_{\alpha}^{t}g(s)\mathrm{d}s\right),\qquad \alpha\leqslant t\leqslant\beta$$

证明: **证法 1.** 若 $K>0$, 则有

$$\frac{f(t)g(t)}{K+\int_{\alpha}^{t} f(s)g(s)\mathrm{d}s} \leqslant g(t)$$

两边从 $\alpha$ 到 $t$ 积分, 得

$$\ln\left[K+\int_{\alpha}^{t} f(s)g(s)\mathrm{d}s\right]-\ln K \leqslant \int_{\alpha}^{t} g(s)\mathrm{d}s$$

从而有

$$f(t) \leqslant K+\int_{\alpha}^{t} f(s)g(s)\mathrm{d}s \leqslant K\exp\left(\int_{\alpha}^{t} g(s)\mathrm{d}s\right)$$

若 $K=0$, 取 $k_n>0$ 且 $\lim\limits_{n\to+\infty} k_n=0$. 则有

$$f(t) \leqslant k_n+\int_{\alpha}^{t} f(s)g(s)\mathrm{d}s$$

于是

$$f(t) \leqslant k_n \exp\left(\int_{\alpha}^{t} g(s)\mathrm{d}s\right)$$

令 $n\to+\infty$, 则有

$$f(t) \equiv 0$$

**证法 2.** 令 $z(t)=\int_{\alpha}^{t} f(s)g(s)\mathrm{d}s$, 于是

$$v(t)=z(t)+K-f(t) \geqslant 0$$

显然 $z$ 是可微的且

$$\dot{z}=f(t)g(t)=g(t)z(t)+Kg(t)-g(t)v(t) \tag{2.2.1}$$

由于线性方程 (2.2.1) 对应齐次方程的解是

$$\Phi(t,s)=\exp\left(\int_{s}^{t} g(\tau)\mathrm{d}\tau\right)$$

且 $z(a)=0$, 于是我们有

$$z(t)=\int_{\alpha}^{t} \Phi(t,s)[Kg(s)-v(s)g(s)]\mathrm{d}s$$

显然

$$\int_{\alpha}^{t} \Phi(t,s)v(s)g(s)\mathrm{d}s$$

是非负的. 因此有

$$\begin{aligned}
z(t) &\leqslant \int_{\alpha}^{t} \exp\left(\int_{s}^{t} g(\tau)\mathrm{d}\tau\right) Kg(s)\mathrm{d}s \\
&= -K\int_{\alpha}^{t} \frac{\mathrm{d}}{\mathrm{d}s}\left[\exp\left(\int_{s}^{t} g(\tau)\mathrm{d}\tau\right)\right]\mathrm{d}s \\
&= -K\exp\left(\int_{s}^{t} g(\tau)\mathrm{d}\tau\right)\Bigg|_{s=\alpha}^{s=t} \\
&= -K + K\exp\left(\int_{\alpha}^{t} g(\tau)\mathrm{d}\tau\right)
\end{aligned}$$

再由 $f(t) \leqslant K + z(t)$ 即得所需结果. ■

1919 年, Gronwall 给出过如下结果.

**命题 2.1** 若连续函数 $x(t)$ 满足下面不等式

$$0 \leqslant x(t) \leqslant \int_{\alpha}^{t} [Mx(\tau) + A]\mathrm{d}\tau, \qquad t \in [\alpha, \alpha + h]$$

其中 $M$ 和 $A$ 是非负常数, 则

$$0 \leqslant x(t) \leqslant Ah\exp(Mh), \qquad t \in [\alpha, \alpha + h]$$

更早在 1885 年, 此不等式的特殊情形在 Peano 的论文中就已出现过. Gronwall 不等式有很多推广, 比如下面结论.

**命题 2.2** 设 $\alpha \in \mathbb{R}, \varphi(t), \psi(t), \beta(t)$ 是 $[0,\tau]$ 上的连续函数, $\psi(t)$ 非负. 如果

$$\varphi(t) \leqslant \alpha + \int_{0}^{t} [\psi(s)\varphi(s) + \beta(s)]\mathrm{d}s, \quad t \in [0,\tau]$$

则有

$$\varphi(t) \leqslant \alpha \mathrm{e}^{\int_0^t \psi(s)\mathrm{d}s} + \int_{0}^{t} \mathrm{e}^{\int_s^t \psi(r)\mathrm{d}r}\beta(s)\mathrm{d}s, \quad t \in [0,\tau]$$

这些不等式一般都称为 Gronwall 或 Gronwall-Bellman 不等式.

### 2.2.2 比较原理

首先介绍上右导数这个概念.

**定义 2.4** 函数 $v(t)$ 的上右导数 $D^+v(t)$ 定义为

$$D^+v(t) \triangleq \limsup_{h\to 0^+} \frac{v(t+h)-v(t)}{h}$$

**定理 2.5 (比较原理)** 考虑下面常微分方程

$$\dot{u} = f(t,u), \qquad u(t_0)=u_0, \qquad t \geqslant t_0, \qquad u \in J \subseteq \mathbb{R}$$

其中, 函数 $f(t,u)$ 对 $t$ 是连续的且对 $u$ 是局部 Lipschitz 的. 令 $[t_0,T)$ ($T$ 可为无穷) 是解的最大存在区间. 设对任意 $t\in[t_0,T)$ 有 $u(t)\in J$. 如果 $v(t)\in J$ 为在区间 $[t_0,T)$ 上的连续函数且其上右导数 $D^+v(t)$ 满足下面微分不等式

$$D^+v(t) \leqslant f(t,v(t)), \qquad v(t_0)\leqslant u_0$$

则对任意 $t\in[t_0,T)$ 有 $v(t)\leqslant u(t)$.

证明: 考虑下面微分方程

$$\dot{z} = f(t,z)+\lambda, \qquad z(t_0)=u_0 \tag{2.2.2}$$

其中, $\lambda$ 是正常数. 在任意紧区间 $[t_0,t_1]$ 上, 由常微分方程解对参数的连续性可知, 对任意 $\epsilon>0$, 存在 $\delta>0$ 使得 $\lambda<\delta$, 则式 (2.2.2) 在 $[t_0,t_1]$ 上有唯一解且

$$|z(t,\lambda)-u(t)|<\epsilon, \qquad \forall t\in[t_0,t_1] \tag{2.2.3}$$

**第一步:** 证明对任意 $t\in[t_0,t_1]$, 有 $v(t)\leqslant z(t,\lambda)$.

用反证法. 否则存在时刻 $a,b\in(t_0,t_1]$ 使得对 $a<t\leqslant b$ 有 $v(a)=z(a,\lambda)$ 且 $v(t)>z(t,\lambda)$. 于是

$$v(t)-v(a) > z(t,\lambda)-z(a,\lambda), \qquad \forall t\in(a,b]$$

可得

$$D^+v(a) \geqslant \dot{z}(a,\lambda) = f(a,z(a,\lambda))+\lambda > f(a,v(a))$$

与已知 $D^+v(t)\leqslant f(t,v(t))$ 矛盾.

**第二步:** 证明对任意 $t\in[t_0,t_1]$, 有 $v(t)\leqslant u(t)$.

同样用反证法. 否则存在 $a\in(t_0,t_1]$ 使得 $v(a)>u(a)$. 令 $\epsilon=\dfrac{v(a)-u(a)}{2}$. 再由式 (2.2.3) 可得

$$v(a)-z(a,\lambda) = v(a)-u(a)+u(a)-z(a,\lambda) \geqslant \epsilon$$

由第一步可得矛盾.

因此我们得到对任意 $t \in [t_0, t_1]$, 有 $v(t) \leqslant u(t)$. 由于此结论对任意紧区间都成立, 于是此结果对任意 $t \geqslant t_0$ 都成立. ■

下面用比较原理证明命题 2.2.

证明: 令 $v(t) = \alpha + \int_0^t [\psi(s)\varphi(s) + \beta(s)]\mathrm{d}s$, 则有 $\varphi(t) \leqslant v(t)$. 又显然 $v(t)$ 可导且

$$\dot{v}(t) = \psi(t)\varphi(t) + \beta(t) \leqslant \psi(t)v(t) + \beta(t)$$

令 $\Phi(t)$ 为 $\dot{x} = \psi(t)x + \beta(t), \Phi(0) = \alpha$ 的解, 解之得

$$\Phi(t) = \alpha \mathrm{e}^{\int_0^t \psi(s)\mathrm{d}s} + \int_0^t \mathrm{e}^{\int_s^t \psi(r)\mathrm{d}r} \beta(s)\mathrm{d}s$$

由定理 2.5, 有 $v(t) \leqslant \Phi(t), t \in [0, \tau]$. 于是有 $\varphi(t) \leqslant \Phi(t), t \in [0, \tau]$. ■

## 2.3 常微分方程定性与稳定性理论

由于一阶常微分方程一般都无法得到其解析解, 而在实际应用中又需要知道微分方程解的性质, 于是在 19 世纪后期, 法国数学家 Poincare 创立了常微分方程定性理论. 其基本思想是用微分方程本身的特征来推断解的性质, 这样一些特殊的解对常微分方程所确定的解的大范围性质有重要影响. 这些解包括奇点、周期解、极限环, 以及更一般的轨线的极限集等. 经过不断发展充实, 定性理论已成为微分方程理论中重要组成部分.

稳定性理论研究当初始条件发生变化时, 解随时间增长的变化情况. 稳定性是控制理论研究中的一个基本问题, 因为稳定性是一切自动控制系统必须满足的一个性能指标, 它是系统在受到扰动作用后可返回到原平衡状态的一种性能. 1892 年, 俄国数学家和力学家李雅普诺夫在其博士论文《运动稳定性的一般问题》中完成关于稳定性理论的奠基性工作.

### 2.3.1 轨线与相空间

考虑如下自治微分方程

$$\dot{\boldsymbol{x}} = \boldsymbol{f}(\boldsymbol{x}), \quad \boldsymbol{x} \in \mathbb{R}^n \tag{2.3.1}$$

如果 $\boldsymbol{f}(\boldsymbol{x})$ 满足解的存在与唯一性条件, 则对任意初始条件

$$\boldsymbol{x}(t_0) = \boldsymbol{x}_0$$

方程 (2.3.1) 存在唯一满足初始条件的解

$$\boldsymbol{x} = \boldsymbol{\varphi}(t, t_0, \boldsymbol{x}_0)$$

我们称 $\boldsymbol{x}$ 取值的空间 $\mathbb{R}^n$ 为相空间, $(t, \boldsymbol{x})$ 取值的空间为增广相空间.

自治方程的几个基本性质如下所示.

(1) 积分曲线的平移不变性: 系统 (2.3.1) 的积分曲线在增广相空间中沿 $t$ 轴平移后还是系统 (2.3.1) 的积分曲线. 即, 如果 $\boldsymbol{x} = \varphi(t)$ 是系统 (2.3.1) 的解, 则 $\boldsymbol{x} = \varphi(t + C)$ 也是系统 (2.3.1) 的解.

(2) 轨线的唯一性: 系统 (2.3.1) 过相空间中任意一点只有一条曲线通过.

(3) 群的性质: 系统 (2.3.1) 的解满足

$$\boldsymbol{\varphi}(t_2, \boldsymbol{\varphi}(t_1, \boldsymbol{x}_0)) = \boldsymbol{\varphi}(t_2 + t_1, \boldsymbol{x}_0)$$

高维系统轨线的整体结构非常复杂, 因此我们将主要讨论平面系统. 对于平面系统轨线的整体结构, 奇点和闭轨将起到非常重要的作用. 下面考虑以原点为唯一奇点的线性系统:

$$\begin{cases} \dot{x} = ax + by \\ \dot{y} = cx + dy \end{cases} \tag{2.3.2}$$

经过标准化后, 矩阵 $\boldsymbol{A} = \begin{bmatrix} a & b \\ c & d \end{bmatrix}$ 必为下面三种情形之一:

$$\begin{bmatrix} \lambda & 0 \\ 0 & \mu \end{bmatrix}, \begin{bmatrix} \lambda & 1 \\ 0 & \lambda \end{bmatrix}, \begin{bmatrix} \alpha & -\beta \\ \beta & \alpha \end{bmatrix}$$

其中, $\lambda, \mu, \beta$ 均不为零. 这样我们可对奇点进行如下分类.

(1) $\boldsymbol{A} = \begin{bmatrix} \lambda & 0 \\ 0 & \mu \end{bmatrix}$ 时:

① $\lambda = \mu$: 临界结点; $\lambda < 0$ 为稳定的, $\lambda > 0$ 为不稳定的.

② $\lambda\mu > 0$: 结点; $\lambda$ 和 $\mu$ 都小于零为稳定的, 都大于零为不稳定的.

③ $\lambda\mu < 0$: 鞍点.

(2) $\boldsymbol{A} = \begin{bmatrix} \lambda & 1 \\ 0 & \lambda \end{bmatrix}$, $\lambda \neq 0$ 时: 退化结点; $\lambda < 0$ 为稳定的, $\lambda > 0$ 为不稳定的.

(3) $\boldsymbol{A} = \begin{bmatrix} \alpha & -\beta \\ \beta & \alpha \end{bmatrix}$, $\beta \neq 0$ 时:

① $\alpha = 0$: 中心.

② $\alpha \neq 0$: 焦点; $\alpha < 0$ 为稳定的, $\alpha > 0$ 为不稳定的.

### 2.3.2 极限环与旋转度

考虑二维自治系统:

$$\begin{aligned}\dot{x} &= p(x,y)\\ \dot{y} &= q(x,y)\end{aligned} \tag{2.3.3}$$

其中, $x$-$y$ 平面称为相平面, $(x,y)$ 称为相点, 相点的轨迹称为相轨线.

**定义 2.5** 若点 $(x_0,y_0)$ 使 $p(x_0,y_0)=0, q(x_0,y_0)=0$, 则称 $(x_0,y_0)$ 为系统 (2.3.3) 的平衡点/奇点/零点.

考虑非线性系统:

$$\begin{aligned}\dot{x} &= -y + x[1-(x^2+y^2)]\\ \dot{y} &= x + y[1-(x^2+y^2)]\end{aligned}$$

对其作极坐标变换, 令 $r^2=x^2+y^2, \theta=\arctan\dfrac{y}{x}$, 则原方程可化为

$$\begin{aligned}\frac{1}{2}\frac{\mathrm{d}r^2}{\mathrm{d}t} =& r^2(1-r^2)\\ \frac{\mathrm{d}\theta}{\mathrm{d}t} =& 1\end{aligned}$$

显然, 此方程有两个特殊解, 一个是 $r=0$, 它对应着原点 (平衡点); 另一个是 $r=1$, 它对应着单位圆 (周期解). 如果初值在单位圆内部, 即 $r_0<1$, 则有 $\dfrac{\mathrm{d}r^2}{\mathrm{d}t}>0$, 又由于 $\theta=t+c$, 所以单位圆内部的轨线是逆时针旋转的且趋于单位圆. 类似可知, 单位圆外的轨线也是逆时针旋转的且趋于单位圆, 见图 2.1.

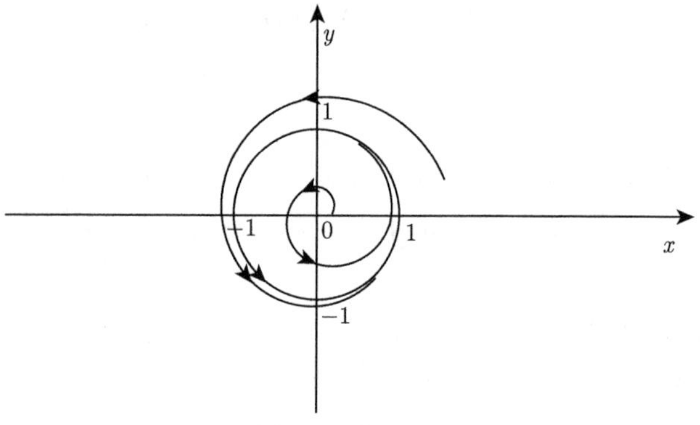


图 2.1 极限环

我们把孤立的闭轨线 (周期解) 称为极限环. 即, 存在此闭轨线的一个邻域, 在这个邻域内没有其他闭轨线.

**定义 2.6** 如果存在包含极限环 $\Gamma$ 的环形区域 $U$, 使得从 $U$ 内出发的轨线当 $t \to +\infty$ 时都渐近趋于极限环 $\Gamma$, 则称极限环 $\Gamma$ 是稳定的. 否则称为不稳定的.

我们可以把系统 (2.3.3) 的解看作平面向量场 $(p(x,y), q(x,y))$ 的积分曲线. 类似地, 如果存在点 $(x_0, y_0)$ 使 $p(x_0,y_0)=0, q(x_0,y_0)=0$, 则称点 $(x_0,y_0)$ 为向量场的奇点.

**定义 2.7** 令 $N$ 是平面上不经过向量场 $(p(x,y), q(x,y))$ 的奇点的简单闭曲线. 令点 $M$ 沿 $N$ 逆时针方向运动一周回到原处, 点 $M$ 处的向量 $(p(M), q(M))$ 一定转过了几个整数圈, 即向量场 $(p(x,y), q(x,y))$ 转过了 $2\pi j$ ($j$ 为整数) 回到原处. 则称这个整数 $j$ 为闭轨线 $N$ 关于向量场 $(p(x,y), q(x,y))$ 的旋转度, 表示为

$$j = \frac{1}{2\pi}\oint \mathrm{d}\arctan\frac{q(x,y)}{p(x,y)} = \frac{1}{2\pi}\oint \frac{p\mathrm{d}q - q\mathrm{d}p}{p^2+q^2} \tag{2.3.4}$$

**定理 2.6** 若闭曲线 $N$ 是系统 (2.3.3) 的闭轨线, 则 $N$ 关于向量场 $(p(x,y), q(x,y))$ 的旋转度为 1.

**定理 2.7** 若闭曲线 $N$ 所围的区域 $D$ 内没有向量场 $(p(x,y), q(x,y))$ 的奇点, 则 $N$ 关于向量场 $(p(x,y), q(x,y))$ 的旋转度为 0.

证明: 为简单起见, 不妨设 $(p(x,y), q(x,y))$ 具有 2 阶连续偏导数. 又令 $f(p,q) = \dfrac{-q}{p^2+q^2}, g(p,q) = \dfrac{p}{p^2+q^2}$. 于是有

$$\begin{aligned} j =& \frac{1}{2\pi}\oint f(p,q)\mathrm{d}p + g(p,q)\mathrm{d}q \\ =& \frac{1}{2\pi}\oint [f(p,q)p'_x + g(p,q)q'_x]\mathrm{d}x + [f(p,q)p'_y + g(p,q)q'_y]\mathrm{d}y \\ \triangleq& \frac{1}{2\pi}\oint M\mathrm{d}x + N\mathrm{d}y \end{aligned} \tag{2.3.5}$$

易知

$$\begin{aligned} \frac{\partial M}{\partial y} &= \left[\frac{\partial f}{\partial p}p'_y + \frac{\partial f}{\partial q}q'_y\right]p'_x + f(p,q)p''_{xy} + \left[\frac{\partial g}{\partial p}p'_y + \frac{\partial g}{\partial q}q'_y\right]q'_x + g(p,q)q''_{xy} \\ \frac{\partial N}{\partial x} &= \left[\frac{\partial f}{\partial p}p'_x + \frac{\partial f}{\partial q}q'_x\right]p'_y + f(p,q)p''_{xy} + \left[\frac{\partial g}{\partial p}p'_x + \frac{\partial g}{\partial q}q'_x\right]q'_y + g(p,q)q''_{xy} \end{aligned}$$

显然有 $\dfrac{\partial f}{\partial q} = \dfrac{\partial g}{\partial p}$. 易得 $\dfrac{\partial M}{\partial y} = \dfrac{\partial N}{\partial x}$.

由于区域 $D$ 内向量场 $(p(x,y), q(x,y))$ 没有奇点, 故 $p^2+q^2 \neq 0$, 这样式 (2.3.5) 中的被积函数在 $D$ 内连续且有连续偏导数. 根据格林公式故积分为零. ■

**推论 2.2** 闭轨线内一定有奇点. 特别地, 极限环内一定有奇点.

下面进一步考虑判断极限环存在性和可能的位置. 首先讨论不存在性. 显然如系统无奇点, 则一定没有闭轨线 (极限环), 但显然这个条件太强了, 一般很难满足. 下面介绍两个更为实用的判断系统无闭轨的方法.

**定理 2.8 (Bendixson)** 如果在某个单连通区域 $D$ 内 $\dfrac{\partial p}{\partial x}+\dfrac{\partial q}{\partial y}$ 不变号且不在 $D$ 的任何子区域内恒为零, 则系统 (2.3.3) 在 $D$ 内无闭轨线.

证明: 设系统 (2.3.3) 在 $D$ 内有闭轨线 $\varGamma$, 令 $\varOmega$ 为 $\varGamma$ 所围的区域, 显然有 $\varOmega\subseteq D$. 由格林公式

$$\iint\limits_{\varOmega}\left(\frac{\partial p}{\partial x}+\frac{\partial q}{\partial y}\right)\mathrm{d}x\mathrm{d}y=\oint_{\varGamma}p\mathrm{d}y-q\mathrm{d}x \tag{2.3.6}$$

且由于 $\varGamma$ 是系统 (2.3.3) 的闭轨线, 故

$$p\mathrm{d}y-q\mathrm{d}x=(pq-pq)\mathrm{d}t=0$$

而由定理的假设, 式 (2.3.6) 的左端不为零. 矛盾. ■

**定理 2.9 (Dulac)** 若有连续函数 $k(x,y)\neq 0,\forall(x,y)\in D$, 且有连续偏导数, 使得单连通区域 $D$ 内 $\dfrac{\partial(kp)}{\partial x}+\dfrac{\partial(kq)}{\partial y}$ 不变号, 则系统 (2.3.3) 在 $D$ 内无闭轨线.

Dulac 定理的证明与上面 Bendixson 定理类似. 这是因为向量场 $(p,q)$ 与 $(kp,kq)$ 的轨线是一样的, 只是质点的移动速率有所区别.

**例 2.1** 考虑如下多项式系统:

$$\begin{aligned}\dot{x}&=y\\ \dot{y}&=-ax-by+\alpha x^2+\beta y^2\end{aligned}$$

由 Bendixson 法

$$\frac{\partial p}{\partial x}+\frac{\partial q}{\partial y}=-b+2\beta y$$

故知在 $y>\dfrac{b}{2\beta}$ 与 $y<\dfrac{b}{2\beta}$ 两个半平面内无闭轨线, 但不能排除与直线 $y=\dfrac{b}{2\beta}$ 相交的闭轨线.

进一步用 Dulac 法, 考虑形如 $\mathrm{e}^{mx+ny}$ 的函数 $k$ , 其中 $m,n$ 待定.

$$\frac{\partial(kp)}{\partial x}+\frac{\partial(kq)}{\partial y}=\mathrm{e}^{mx+ny}[-b-anx-(bn-m-2\beta)y+\alpha nx^2+\beta ny^2]$$

取 $n=0, m=-2\beta$, 有

$$\frac{\partial(kp)}{\partial x}+\frac{\partial(kq)}{\partial y}=-b\mathrm{e}^{-2\beta x}$$

故只要 $b\neq 0$ , 则此系统在全平面上无闭轨线. ■

通过上面的方法, 我们可以判断系统何时不存在闭轨线. 那系统什么时候存在闭轨线呢? 下面介绍闭轨线/极限环存在的两个充分条件.

**定理 2.10** 如果系统 (2.3.3) 的轨线在环形区域 $U$ 的边界上总是由外向内, 且系统 (2.3.3) 在 $U$ 内无平衡点, 则在 $U$ 内至少有一个闭轨线 (周期解). 进一步, 如果在环形区域 $U$ 内的闭轨线是唯一的, 则此闭轨线是稳定的极限环.

**定理 2.11** 如果系统 (2.3.3) 的轨线在区域 $D$ 的边界上总是由外向内, 又系统 (2.3.3) 在 $D$ 内的平衡点都是不稳定的焦点或结点, 则在 $D$ 内至少有一个闭轨线 (周期解). 进一步, 如果在区域 $D$ 内的闭轨线是唯一的, 则此闭轨线是稳定的极限环.

上面两个定理可由下节的 Poincare-Bendixson 定理证明, 故此省略其证明. 下面介绍两个存在稳定极限环的例子.

**例 2.2** Van der Pol 方程

$$\begin{aligned}
&\dot{x}=y\\
&\dot{y}=-x+\mu(1-x^2)y, \quad \mu>0
\end{aligned}$$

存在稳定极限环.

**例 2.3** Lienard 方程

$$\begin{aligned}
&\dot{x}=y\\
&\dot{y}=-f(x)y-g(x)
\end{aligned}$$

有唯一的周期解, 并且此周期解稳定, 如果以下成立.

(1) $f(x)$ 是偶函数, $f(0)<0$; $g(x)$ 是奇函数, $xg(x)>0$, 当 $x\neq 0$.

(2) $f(x)$ 和 $g(x)$ 连续且 $g(x)$ 满足局部 Lipschitz 条件.

(3) $F(x)=\displaystyle\int_0^x f(s)\mathrm{d}s\to\pm\infty$, 当 $x\to\pm\infty$.

(4) $F(x)$ 有唯一正零点 $x=a$, 且对 $x\geqslant a$, $F(x)$ 是单调增加的.

显然 Lienard 方程是 Van der Pol 方程的推广. 上面两个例子的证明很复杂, 大致思路是构造合适的环状区域满足定理 2.10 的要求, 具体可见参考文献 (张锦炎等, 2000; 张芷芬等, 1997).

Lienard 方程极限环存在与唯一性理论在生态平衡、机械振动和电机振荡等实际问题中有广泛的应用. 值得提下, D. Hilbert 第 16 号问题的后半部分和极限环有密切的关系. 它的内容是: 当方程 (2.3.3) 的右端是 $n$ 次多项式时, 其极限环的最大数目和位置. 在这个问题上, 欧美、苏联和中国数学家都曾取得重要成果. 可惜到目前为止, 当 $n=2$ 时也不清楚极限环的最大个数是多少.

### 2.3.3 极限集与 Poincare-Bendixson 定理

考虑 $n$ 维自治系统

$$\dot{\boldsymbol{x}}=\boldsymbol{f}(\boldsymbol{x}) \tag{2.3.7}$$

其中, $\boldsymbol{f}:\mathbb{R}^n\to\mathbb{R}^n$ 处处满足局部 Lipstchitz 条件.

**定义 2.8** 自治系统 (2.3.7) 与系统

$$\dot{\boldsymbol{x}}=\boldsymbol{h}(\boldsymbol{x}),\quad \boldsymbol{x}\in\mathbb{R}^n$$

称作等价的, 如果它们的轨线在相空间 $\mathbb{R}^n$ 的几何图形两两重合 (包括奇点), 即它们具有相同的 (相) 轨线.

**命题 2.3** 设 $\boldsymbol{f}(\boldsymbol{x})$ 在全空间 $\mathbb{R}^n$ 连续且对 $\boldsymbol{x}$ 满足局部 Lipschitz 条件, 又设 $\|\boldsymbol{f}(\boldsymbol{x})\|\leqslant N$, 其中常数 $N>0$, 即 $\|\boldsymbol{f}(\boldsymbol{x})\|$ 有界, 则系统 (2.3.7) 的所有解的存在区间为 $(-\infty,\infty)$.

此命题可直接根据常微分方程解的延拓性证明. 证明略.

**命题 2.4** 设微分方程组 (2.3.7) 的右侧函数 $\boldsymbol{f}(\boldsymbol{x})$ 在 $\mathbb{R}^n$ 上连续, 且满足局部 Lipschitz 条件, 则在 $\mathbb{R}^n$ 上存在与式 (2.3.7) 等价的微分方程组, 而它的所有解的存在区间为无限的.

容易看出, $\dot{\boldsymbol{x}}=\boldsymbol{f}(\boldsymbol{x})/(\|\boldsymbol{f}(\boldsymbol{x})\|+1)$ 就是一个我们需要的微分方程组.

令 $\boldsymbol{\varphi}(t,\boldsymbol{x}_0)$ 为系统 (2.3.7) 初值为 $\boldsymbol{x}_0$ 的轨线, 即 $\boldsymbol{\varphi}(0,\boldsymbol{x}_0)=\boldsymbol{x}_0$. 根据上面命题, 我们不妨直接假设 $\boldsymbol{\varphi}(t,\boldsymbol{x}_0)$ 的存在区间为 $t\in(-\infty,+\infty)$. 下面我们将主要讨论轨线 $\boldsymbol{\varphi}(t,\boldsymbol{x}_0)$ 当 $t\to+\infty$ 和 $t\to-\infty$ 时的状态.

**定理 2.12** 系统 (2.3.7) 的轨线在 $\boldsymbol{\varphi}(t,\boldsymbol{x}_0)$ 必为下面三种类型之一.

(1) 不封闭: 当 $t_1\neq t_2$ 时, $\boldsymbol{\varphi}(t_1,\boldsymbol{x}_0)\neq\boldsymbol{\varphi}(t_2,\boldsymbol{x}_0)$.

(2) 闭轨线: 存在一个数 $T>0$, 使 $\boldsymbol{\varphi}(T,\boldsymbol{x}_0)=\boldsymbol{\varphi}(0,\boldsymbol{x}_0)=\boldsymbol{x}_0$.

(3) 平衡点: $\boldsymbol{\varphi}(t,\boldsymbol{x}_0)\equiv\boldsymbol{x}_0$.

**定义 2.9** 若存在序列 $t_n\to+\infty$ 使得 $\boldsymbol{\varphi}(t_n,\boldsymbol{x}_0)\to\bar{\boldsymbol{x}}$, 则称 $\bar{\boldsymbol{x}}$ 为轨线 $\boldsymbol{\varphi}(t,\boldsymbol{x}_0)$ 的正极限点. 称 $\boldsymbol{\varphi}(t,\boldsymbol{x}_0)$ 所有的正极限点的集合为 $\boldsymbol{\varphi}(t,\boldsymbol{x}_0)$ 的正极限集, 记作 $L_+(\boldsymbol{x}_0)$. 类似地, 考虑 $t\to-\infty$, 得到轨线 $\boldsymbol{\varphi}(t,\boldsymbol{x}_0)$ 的负极限点与负极限集 $L_-(\boldsymbol{x}_0)$ 的定义.

**例 2.4** (1) 轨线 $\boldsymbol{\varphi}(t,\boldsymbol{x}_0)$ 为平衡点: 此轨线的极限点 (集) 为其本身.

(2) 轨线 $\boldsymbol{\varphi}(t,\boldsymbol{x}_0)$ 为闭轨: 此轨线的极限点 (集) 为其本身.

(3) $\boldsymbol{x}_0$ 是一个渐近稳定的平衡点①: 它是一切 $t\to+\infty$ 时趋于其轨线的正极限点 (集).

(4) 稳定的极限环: 它是渐近趋于其轨线的正极限点 (集).

**性质 2.3** 极限集是 $n$ 维空间中的闭集.

证明: 先考虑正极限集. 设 $\bar{\boldsymbol{x}}\in\overline{L_+(\boldsymbol{x}_0)}$, 于是存在序列 $\boldsymbol{x}_n\in L_+(\boldsymbol{x}_0)$, 使 $\|\boldsymbol{x}_n-\bar{\boldsymbol{x}}\|<\dfrac{1}{n}$. 因此可得到一个时间序列 $t_n, t_n\to+\infty$, 使得 $|\boldsymbol{\varphi}(t_n,\boldsymbol{x}_0)-\boldsymbol{x}_n|<\dfrac{1}{n}$, 于是

$$|\boldsymbol{\varphi}(t_n,\boldsymbol{x}_0)-\bar{\boldsymbol{x}}|<\frac{2}{n}$$

即 $\bar{\boldsymbol{x}}\in L_+(\boldsymbol{x}_0)$, 于是 $L_+(\boldsymbol{x}_0)$ 是闭集. 类似, 可证 $L_-(\boldsymbol{x}_0)$ 也是闭集. ■

**性质 2.4** 如果轨线位于有界区域内, 则其正 (负) 半轨线的正 (负) 极限集是连通的②.

证明: 由于 $L_+(\boldsymbol{x}_0)$ 是闭的, 若不连通, 则可分为两个不相交的闭集 $L_1$ 和 $L_2$. 于是 $\rho(L_1,L_2)=\rho_0>0$. 分别作 $L_1$ 和 $L_2$ 的 $\dfrac{\rho_0}{3}$ 邻域 $K_1$ 和 $K_2$, 显然 $K_1$ 和 $K_2$ 不相交. 因为 $L_1$ 和 $L_2$ 内的点是 $\boldsymbol{\varphi}(t,\boldsymbol{x}_0)$ 的正极限点, 所以存在序列 $\boldsymbol{\varphi}(t'_n,\boldsymbol{x}_0)(t'_n\to+\infty)$ 和 $\boldsymbol{\varphi}(t''_n,\boldsymbol{x}_0)(t''_n>t'_n)$ 分别在 $K_1$ 和 $K_2$ 内. 由轨线的连续性, 故存在序列 $\boldsymbol{\varphi}(t_n,\boldsymbol{x}_0)(t''_n>t_n>t'_n)$ 在 $K_1$ 和 $K_2$ 之外, 但 $\boldsymbol{\varphi}(t_n,\boldsymbol{x}_0)$ 在有界区域内, 故有收敛子序列 $\boldsymbol{\varphi}(t_{n_k},\boldsymbol{x}_0)\to\bar{\boldsymbol{x}}$. 于是 $\bar{\boldsymbol{x}}\in L_+(\boldsymbol{x}_0)$. 显然 $\bar{\boldsymbol{x}}\notin L_1\cup L_2=L_+(\boldsymbol{x}_0)$. 矛盾. ■

轨线的极限集可以刻画出当 $t$ 很大时轨线的大致状态, 可是一般来说, 极限集是非常复杂的. 对于二维系统, 由于有下面 Poincare-Bendixson 定理, 它的极限集就比较简单.

**定理 2.13 (Poincare-Bendixson)** 对二维自治系统, 若其极限集非空、有界、不包含平衡点, 则一定是一条闭轨线.

**推论 2.3** 有界区域内半轨线的极限集只可能是以下三类之一.

(1) 平衡点.

(2) 闭轨线.

(3) 平衡点与 $t\to+\infty, t\to-\infty$ 时趋于这些平衡点的轨线.

---

① 渐近稳定平衡点的定义可参见第 2.3.4 节.

② 令 $\boldsymbol{\varphi}(t,\boldsymbol{x}_0)$ 为系统在 $t=0$ 时刻经过初值为 $\boldsymbol{x}_0$ 的轨线. 则其正负半轨分别为集合 $\{\boldsymbol{\varphi}(t,\boldsymbol{x}_0)|\ t>0\}$ 和 $\{\boldsymbol{\varphi}(t,\boldsymbol{x}_0)|\ t<0\}$.

### 2.3.4 李雅普诺夫稳定性

考虑 $n$ 维自治系统

$$\dot{\boldsymbol{x}} = \boldsymbol{f}(\boldsymbol{x}) \tag{2.3.8}$$

其中, $\boldsymbol{f}: D \to \mathbb{R}^n$ 是从 $D \subseteq \mathbb{R}^n$ 到 $\mathbb{R}^n$ 的局部 Lipschitz 映射. 不妨设 $\mathbf{0}$ 是系统 (2.3.8) 的平衡点.

**定义 2.10** 系统 (2.3.8) 的平衡点 $\boldsymbol{x} = \mathbf{0}$ 性质如下.

(1) **稳定的**, 如果对任意 $\epsilon > 0$, 存在 $\delta = \delta(\epsilon) > 0$, 使得

$$\|\boldsymbol{x}(0)\| < \delta \Rightarrow \|\boldsymbol{x}(t)\| < \epsilon, \quad \forall\, t \geqslant 0$$

(2) **不稳定的**, 如果系统 (2.3.8) 不是稳定的.

(3) **渐近稳定的**, 如果系统 (2.3.8) 是稳定的, 且存在 $\delta > 0$ 使得

$$\|\boldsymbol{x}(0)\| < \delta \Rightarrow \lim_{t \to +\infty} \|\boldsymbol{x}(t)\| = 0$$

**定理 2.14 (李雅普诺夫)** 令 $\boldsymbol{x} = \mathbf{0}$ 是系统 (2.3.8) 的平衡点及 $D \subseteq \mathbb{R}^n$ 是包含点 $\boldsymbol{x} = \mathbf{0}$ 的区域. 如果存在连续可微函数 $V: D \to \mathbb{R}$, 使得

$$V(\mathbf{0}) = 0,\ V(\boldsymbol{x}) > 0, \quad \boldsymbol{x} \in D \setminus \mathbf{0} \tag{2.3.9}$$

$$\dot{V}(\boldsymbol{x}) \leqslant 0, \quad \boldsymbol{x} \in D \tag{2.3.10}$$

则 $\boldsymbol{x} = \mathbf{0}$ 是稳定的. 进一步, 如果

$$\dot{V}(\boldsymbol{x}) < 0, \quad \boldsymbol{x} \in D \setminus \mathbf{0} \tag{2.3.11}$$

则 $\boldsymbol{x} = \mathbf{0}$ 是渐近稳定的.

$\dot{V}(\boldsymbol{x})$ 称为全导数, $\dot{V}(\boldsymbol{x}) = \dfrac{\partial V(\boldsymbol{x})}{\partial \boldsymbol{x}} \dot{\boldsymbol{x}} = \dfrac{\partial V(\boldsymbol{x})}{\partial \boldsymbol{x}} \boldsymbol{f}(\boldsymbol{x})$, 其中

$$\frac{\partial V(\boldsymbol{x})}{\partial \boldsymbol{x}} = \nabla V(\boldsymbol{x}) = \left( \frac{\partial V(\boldsymbol{x})}{\partial x_1}, \quad \frac{\partial V(\boldsymbol{x})}{\partial x_2}, \quad \cdots, \quad \frac{\partial V(\boldsymbol{x})}{\partial x_n} \right)$$

证明: 任意 $\epsilon > 0$, 取 $r \in (0, \epsilon]$ 使得

$$B_r = \{\boldsymbol{x} \in \mathbb{R}^n |\ \|\boldsymbol{x}\| \leqslant r\} \subset D$$

令 $\alpha = \min\limits_{\|\boldsymbol{x}\|=r} V(\boldsymbol{x})$. 由式 (2.3.9) 有 $\alpha > 0$. 取 $\beta \in (0, \alpha)$, 再令 $\Omega_\beta = \{\boldsymbol{x} \in B_r |\ V(\boldsymbol{x}) \leqslant \beta\}$, 则 $\Omega_\beta$ 在 $B_r$ 的内部, 如图 2.2 所示.

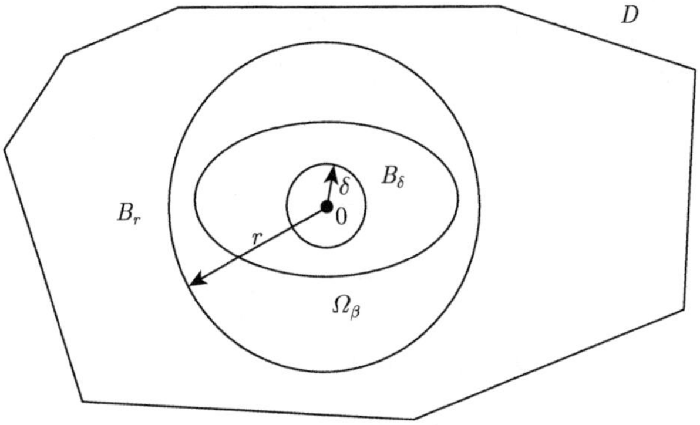


图 2.2 确定稳定的邻域

于是有从 $\Omega_\beta$ 内部出发的轨线对所有 $t \geqslant 0$ 都在 $\Omega_\beta$ 内, 因为

$$\dot{V}(\boldsymbol{x}(t)) \leqslant 0 \Rightarrow V(\boldsymbol{x}(t)) \leqslant V(\boldsymbol{x}(0)) \leqslant \beta, \quad \forall t \geqslant 0$$

由于 $V(\boldsymbol{x})$ 连续和 $V(\mathbf{0}) = 0$, 存在 $\delta > 0$ 使得

$$\|\boldsymbol{x}\| \leqslant \delta \Rightarrow V(\boldsymbol{x}) < \beta$$

于是

$$B_\delta \subset \Omega_\beta \subset B_r$$

及

$$\boldsymbol{x}(0) \in B_\delta \Rightarrow \boldsymbol{x}(0) \in \Omega_\beta \Rightarrow \boldsymbol{x}(t) \in \Omega_\beta \Rightarrow \boldsymbol{x}(t) \in B_r$$

因此

$$\|\boldsymbol{x}(0)\| < \delta \Rightarrow \|\boldsymbol{x}(t)\| < r \leqslant \epsilon, \quad \forall t \geqslant 0$$

这证明了平衡点是稳定的. 下面来证明平衡点是渐近稳定的.

重复上述步骤, 可以得到 $B_\delta \subset \Omega_\beta \subset B_r$, 令 $\|\boldsymbol{x}(0)\| \leqslant \delta$, 则有

$$\dot{V}(\boldsymbol{x}(t)) < 0 \Rightarrow V(\boldsymbol{x}(t)) \to c \geqslant 0, \quad t \to +\infty$$

如果 $c > 0$, 则 $V(\boldsymbol{x}(t)) \to c$ 意味着对所有的 $t \geqslant 0$ 轨线 $\boldsymbol{x}(t)$ 位于某个球 $B_d$ 之外. 于是令

$$-\gamma = \max_{d \leqslant \|\boldsymbol{x}\| \leqslant r} \dot{V}(\boldsymbol{x})$$

由式 (2.3.11) 知 $\gamma > 0$. 这样有

$$V(\boldsymbol{x}(t)) = V(\boldsymbol{x}(0)) + \int_0^t \dot{V}(\boldsymbol{x}(s))\mathrm{d}s \leqslant V(\boldsymbol{x}(0)) - \gamma t$$

由于当 $t$ 很大时, 上式右边为负, 而左边恒正, 矛盾. 故 $c = 0$, 系统渐近稳定. ■

我们称满足式 (2.3.9) 和式 (2.3.10) 的连续可微函数 $V(\boldsymbol{x})$ 为李雅普诺夫函数. 而只满足式 (2.3.9) 的函数称为待定李雅普诺夫函数.

**例 2.5** 考虑一阶微分方程

$$\dot{x} = -g(x) \tag{2.3.12}$$

其中, $g(x)$ 在区间 $(-a, a)$ 上是局部 Lipschitz 的, 且满足

$$g(0) = 0;\ xg(x) > 0, \forall x \neq 0, x \in (-a, a)$$

不难得到, 此系统在原点有唯一的平衡点且原点是渐近稳定的平衡点, 因为在原点外出发的轨线都朝着原点方向走. 要以李雅普诺夫定理证明此结论, 我们考虑函数

$$V(x) = \int_0^x g(s)\mathrm{d}s$$

在区域 $(-a, a)$ 上, $V(x)$ 是连续可微的, $V(0) = 0$ 及对任意 $x \neq 0$, $V(x) > 0$, 因此 $V(x)$ 可作为待定李雅普诺夫函数. 要确认它是否是李雅普诺夫函数, 我们计算其沿着系统轨线的导数:

$$\dot{V}(x) = \frac{\partial V}{\partial x}[-g(x)] = -g^2(x) < 0, \forall\ x \in (-a, a) \setminus \{0\}$$

因此, 由定理 2.14 知原点是渐近稳定的. ■

**例 2.6** 考虑无摩擦的单摆方程

$$\begin{aligned} \dot{x} &= y \\ \dot{y} &= -\left(\frac{g}{l}\right)\sin x \end{aligned}$$

平衡点在原点的稳定性. 很自然, 我们把能量函数

$$V(x, y) = \left(\frac{g}{l}\right)(1 - \cos x) + \frac{1}{2}y^2$$

作为待定李雅普诺夫函数. 显然, $V(0, 0) = 0$ 且 $V(x, y)$ 在区域 $-2\pi < x < 2\pi$ 上是正定的. $V$ 沿着系统轨线的导数为

$$\begin{aligned} \dot{V}(x, y) &= \left(\frac{g}{l}\right)\dot{x}\sin x + y\dot{y} \\ &= \left(\frac{g}{l}\right)y\sin x - \left(\frac{g}{l}\right)y\sin x \\ &= 0 \end{aligned}$$

由定理 2.14 知原点是稳定的. 又因为 $\dot{V}(x,y)\equiv 0$, 可知原点不是渐近稳定的, 这是由于从李雅普诺夫函数等高线 $V(x,y)=c$ 上出发的轨线将永远在这条等高线上. ■

**例 2.7** 考虑有摩擦的单摆方程

$$
\begin{aligned}
\dot{x} &= y \\
\dot{y} &= -\left(\frac{g}{l}\right)\sin x-\left(\frac{k}{m}\right)y
\end{aligned}
$$

再次利用

$$V(x,y)=\left(\frac{g}{l}\right)(1-\cos x)+\frac{1}{2}y^2$$

作为待定李雅普诺夫函数, 有

$$\dot{V}(x,y)=\left(\frac{g}{l}\right)\dot{x}\sin x+y\dot{y}=-\left(\frac{k}{m}\right)y^2$$

是半负定, 因此还是只能得到原点是稳定的. 由上述方程的物理意义, 我们知道它应该是渐近稳定的. 下节中更有力的 LaSalle 不变原理可以保证它的渐近稳定性. 这里我们采用重新构造李雅普诺夫函数来讨论其渐近稳定性. 我们用更一般的二次型 $\frac{1}{2}(x,y)\boldsymbol{P}(x,y)^{\mathrm{T}}$ 来代替 $V$ 中的 $\frac{1}{2}y^2$ 项. 于是

$$
\begin{aligned}
V(x,y) &= \frac{1}{2}(x,y)\boldsymbol{P}^{\mathrm{T}}(x,y)+\left(\frac{g}{l}\right)(1-\cos x) \\
&= \frac{1}{2}(x,y)\begin{bmatrix} p_{11} & p_{12} \\ p_{12} & p_{22} \end{bmatrix}\begin{pmatrix} x \\ y \end{pmatrix}+\left(\frac{g}{l}\right)(1-\cos x)
\end{aligned}
$$

如果二次型 $\frac{1}{2}(x,y)\boldsymbol{P}^{\mathrm{T}}(x,y)$ 是正定的, 则矩阵 $\boldsymbol{P}$ 中的元素必须满足

$$p_{11}>0;\ p_{12}>0;\ p_{11}p_{12}-p_{12}^2>0$$

函数 $V$ 对系统轨线的全导数为

$$
\begin{aligned}
\dot{V}(x,y) &= \left[p_{11}x+p_{12}y+\left(\frac{g}{l}\right)\sin x\right]y \\
&\quad +(p_{12}x+p_{22}y)\left[-\left(\frac{g}{l}\right)\sin x-\left(\frac{k}{m}\right)y\right] \\
&= \left(\frac{g}{l}\right)(1-p_{22})y\sin x-\left(\frac{g}{l}\right)p_{12}x\sin x
\end{aligned}
$$

$$+\left[p_{11}-p_{12}\left(\frac{k}{m}\right)\right]xy+\left[p_{12}-p_{22}\left(\frac{k}{m}\right)\right]y^2$$

下面我们选取合适的 $p_{11},p_{12}$ 和 $p_{22}$ 使得 $\dot{V}(x,y)$ 是负定的. 令 $p_{22}=1,p_{11}=\dfrac{k}{m}p_{12}$ 以消去交叉项, 这样 $V$ 要正定 $p_{12}$ 必须满足 $0<p_{12}<\dfrac{k}{m}$. 令 $p_{12}=\dfrac{k}{2m}$, 则

$$\dot{V}(x,y)=-\frac{gk}{2ml}x\sin x-\frac{k}{2m}y^2$$

这样在区域 $D=\{(x,y)\in\mathbb{R}^2\big||x|<\pi\}$ 上 $V$ 正定且 $\dot{V}$ 负定. 故由定理 2.14 知原点是渐近稳定的. ■

当系统 (2.3.8) 渐近稳定时, 我们希望知道离原点多远的点出发的轨线依然趋于原点. 这就引出了下面吸引域的概念.

**定义 2.11** 令系统 (2.3.8) 是渐近稳定的, $\boldsymbol{\varphi}(t,\boldsymbol{x})$ 为系统 (2.3.8) 以点 $\boldsymbol{x}$ 为初值的解. 系统 (2.3.8) 的吸引域是满足如下条件点 $\boldsymbol{x}$ 的集合:

$$\lim_{t\to+\infty}\boldsymbol{\varphi}(t,\boldsymbol{x})\to 0$$

如果对任何的初值 $\boldsymbol{x}$ 都满足上面性质, 则系统 (2.3.8) 称为全局渐近稳定的.

系统 (2.3.8) 在何时是全局渐近稳定的? 是否定理 2.14 对 $D=\mathbb{R}^n$ 满足就可以了. 通过采用定理 2.14 的方法, 我们发现如果任意一点 $\boldsymbol{x}_0\in\mathbb{R}^n$ 都存在一个常数 $c$, 使得 $\boldsymbol{x}_0$ 在有界集 $\Omega_c$ 的内部, 其中 $\Omega_c=\{\boldsymbol{x}\in\mathbb{R}^n\big|V(\boldsymbol{x})\leqslant c\}$, 则可证得全局结论. 显然一般的李雅普诺夫函数并不满足这个条件. 比如对于下面系统:

$$\dot{x}=-x+2x^3y^2$$

$$\dot{y}=-y$$

有待定李雅普诺夫函数

$$V(x,y)=\frac{x^2}{1+x^2}+2y^2>0,\quad \forall(x,y)^{\mathrm{T}}\neq(0,0)^{\mathrm{T}}$$

然而 $V$ 的全导数

$$\begin{aligned}\dot{V}(x,y)=&\frac{2x}{(1+x^2)^2}(-x+2x^3y^2)+4y(-y)\\=&\frac{-2x^2-4y^2-8x^2y^2}{(1+x^2)^2}<0,\quad \forall(x,y)^{\mathrm{T}}\neq(0,0)^{\mathrm{T}}\end{aligned}$$

可以验证系统有解 $x=\mathrm{e}^t,y=\mathrm{e}^{-t}$, 所以此系统不可能是全局渐近稳定的.

**定义 2.12** 函数 $V(\boldsymbol{x})$ 称为是径向无界的, 如果满足

$$V(\boldsymbol{x}) \to +\infty, \text{当 } \|\boldsymbol{x}\| \to +\infty$$

**定理 2.15 (Barbashin-Krasovskii)** 令 $\boldsymbol{x} = \boldsymbol{0}$ 是系统 (2.3.8) 的平衡点; $V : \mathbb{R}^n \to \mathbb{R}$ 是连续可微函数, 满足:

① $V(\boldsymbol{0}) = 0, V(\boldsymbol{x}) > 0, \boldsymbol{x} \neq \boldsymbol{0}$,

② $\|\boldsymbol{x}\| \to +\infty \Rightarrow V(\boldsymbol{x}) \to +\infty$,

③ $\dot{V}(\boldsymbol{x}) < 0, \boldsymbol{x} \neq \boldsymbol{0}$,

则 $\boldsymbol{x} = \boldsymbol{0}$ 是全局渐近稳定的.

由于李雅普诺夫函数没有一般性的构造方法, 在运用时需要有相当的经验与技巧, 因此寻找不需要构造李雅普诺夫函数就可判定系统稳定性的方法就很有必要. 下面介绍关于系统全局稳定性的 Jacobi 猜想, 也称之为 Markus-Yamabe 猜想. 1960 年, Markus 和 Yamabe 在文献 (Markus et al., 1960) 中明确提出此猜想, 且在相当强的外加条件下给予证明.

我们知道如果系统 (2.3.8) 是线性的, 即

$$\dot{\boldsymbol{x}} = \boldsymbol{A}\boldsymbol{x} \tag{2.3.13}$$

则矩阵 $\boldsymbol{A}$ 的特征值都具有负实部等价于系统 (2.3.13) 是 (全局) 渐近稳定的. 可以证明如果对系统 (2.3.8) 有 $\dfrac{\partial \boldsymbol{f}}{\partial \boldsymbol{x}}(\boldsymbol{0})$ 的特征值都具有负实部, 则系统 (2.3.8) 是渐近稳定的 [①]. 当然这是局部渐近稳定的, 但如果 $\boldsymbol{f}$ 的 Jacobi 矩阵 $\dfrac{\partial \boldsymbol{f}}{\partial \boldsymbol{x}}(\boldsymbol{x})$ 对所有的 $\boldsymbol{x}$, 特征值都具有负实部, 系统 (2.3.8) 是全局渐近稳定的吗? 这就是全局渐近稳定性之 Jacobi 猜想, 也称 Markus-Yamabe 猜想.

二维 Markus-Yamabe 猜想现在已经被证明, 故现在可以称之为 Markus-Yamabe 定理[②]. 三维及更高维已有反例, 可参见文献 (Cima, 1997). 因此, 高维情形需要增加什么条件才能保证 Markus-Yamabe 猜想成立, 这依然是个公开问题.

**定理 2.16** 考虑平面自治系统

$$\dot{\boldsymbol{x}} = \boldsymbol{f}(\boldsymbol{x}) \tag{2.3.14}$$

① 可参见本书第 2.4 节和第 9.1 节.

② 二维 Markus-Yamabe 猜想在 20 世纪 90 年代中期由中外数学家几乎同时各自独自证明, 中国数学家投稿后被告知该猜想已被证明, 但还没发表. 故中国数学家只是发表晚点, 但是独立证明的. 具体可参见文献 (陈彭年等, 2001; Fessler, 1995; Glutsyuk, 1996; Gutierrez, 1995).

其中, $\boldsymbol{f}:\mathbb{R}^2\to\mathbb{R}^2$ 是连续可微映射, $\boldsymbol{f}(\mathbf{0})=\mathbf{0}$. 如果 $\forall\ \boldsymbol{x}\in\mathbb{R}^2$, $\boldsymbol{f}$ 的 Jacobi 矩阵 $\dfrac{\partial \boldsymbol{f}}{\partial \boldsymbol{x}}(\boldsymbol{x})$ 的特征值都具有负实部, 则系统 (2.3.14) 的平衡点 $\boldsymbol{x}=\mathbf{0}$ 是全局渐近稳定的.

### 2.3.5 LaSalle 不变原理

回顾第 2.3.4 节有摩擦的单摆方程, 我们利用能量函数作为待定李雅普诺夫函数, 证明系统是稳定的, 但也只能证明系统是稳定的, 而根据其物理意义它显然是渐近稳定的. 本节主要研究在这种情况下需要什么其他条件才能得到系统的渐近稳定性, 而不是重新构造新的李雅普诺夫函数.

考虑 $n$ 维自治系统:

$$\dot{\boldsymbol{x}}=\boldsymbol{f}(\boldsymbol{x}) \tag{2.3.15}$$

其中, $\boldsymbol{f}:D\to\mathbb{R}^n$ 是从 $D\subseteq\mathbb{R}^n$ 到 $\mathbb{R}^n$ 的局部 Lipschitz 映射. $\mathbf{0}$ 是系统 (2.3.15) 的平衡点.

**定义 2.13** 集合 $M$ 称为系统 (2.3.15) 的不变集, 如果

$$\boldsymbol{x}(0)=\boldsymbol{x}_0\in M\Rightarrow \boldsymbol{x}(t)=\boldsymbol{\varphi}(t,\boldsymbol{x}_0)\in M,\ \forall\ t\in\mathbb{R}$$

类似地, 可以给出正不变集的定义.

**例 2.8** 在 2.3.4 节李雅普诺夫定理 2.14 的证明中, 集合

$$\Omega_c=\{\boldsymbol{x}\in\mathbb{R}^n|V(\boldsymbol{x})\leqslant c,\dot{V}(\boldsymbol{x})\leqslant 0\}$$

是正不变集.

我们称当 $t\to+\infty$ 时, $\boldsymbol{x}(t)$ 趋向于集合 $M$, 如果对任意 $\epsilon>0$ 存在 $T>0$ 使得

$$\operatorname{dist}(\boldsymbol{x}(t),M)<\epsilon,\forall\ t>T$$

其中, $\operatorname{dist}(p,M)$ 表示点 $p$ 到集合 $M$ 的距离, 即

$$\operatorname{dist}(p,M)=\inf_{\boldsymbol{x}\in M}\|p-\boldsymbol{x}\|$$

**引理 2.1** 如果系统 (2.3.15) 的解 $\boldsymbol{x}(t)$ 是有界的且对 $\forall\ t\geqslant 0$ 都属于 $D$, 则它的正极限集 $L_+$ 是非空的、紧的不变集. 进一步, 有

$$\boldsymbol{x}(t)\to L_+,t\to+\infty$$

证明: 由 2.3.4 节的知识, 显然, 正极限集 $L_+$ 是非空的、紧的不变集. 下面用反证法证明 $\boldsymbol{x}(t)\to L_+,t\to+\infty$.

否则, 存在 $\epsilon_0 > 0$ 和 $t_n \to +\infty, n \to +\infty$, 使得 $\text{dist}(\boldsymbol{x}(t_n), L_+) > \epsilon_0$. 由于 $\boldsymbol{x}(t_n)$ 有界, 存在一个子列 $\boldsymbol{x}(t_{n_i}) \to \boldsymbol{x}^*, i \to +\infty$. 故 $\boldsymbol{x}^* \in L_+$, 但我们有

$$\text{dist}(\boldsymbol{x}^*, L_+) = \lim_{i\to+\infty} \text{dist}(\boldsymbol{x}(t_{n_i}), L_+) \geqslant \epsilon_0 > 0$$

矛盾. 故 $\boldsymbol{x}(t) \to L_+, t \to +\infty$. ■

**定理 2.17 (LaSalle)** 令系统 (2.3.15) 的正不变集 $\Omega \subseteq D$ 是紧的, $V : D \to \mathbb{R}$ 是连续可微函数使得在 $\Omega$ 内 $\dot{V}(\boldsymbol{x}) \leqslant 0$. 又令 $E = \{\boldsymbol{x} \in \Omega | \dot{V}(\boldsymbol{x}) = 0\}$. 再令 $M$ 为 $E$ 中最大正不变集, 则当 $t \to +\infty$, 从 $\Omega$ 出发的每一轨线都趋于 $M$.

证明: 令 $\boldsymbol{x}(t)$ 是系统 (2.3.15) 从 $\Omega$ 出发的轨线. 由于 $\dot{V}(\boldsymbol{x}) \leqslant 0$, 则 $V(\boldsymbol{x}(t))$ 是时间 $t$ 的递减函数. 又由于 $V(\boldsymbol{x})$ 在紧集 $\Omega$ 上连续, 自然它有下界. 因此 $\lim\limits_{t\to+\infty} V(\boldsymbol{x}(t))$ 存在.

因为 $\Omega$ 是闭集, 故轨线 $\boldsymbol{x}(t)$ 的正极限集 $L_+$ 在 $\Omega$ 内. 对任意 $p \in L_+$, 存在数列 $t_n \to +\infty$ 使得 $\boldsymbol{x}(t_n) \to p, n \to +\infty$. 由 $V(\boldsymbol{x})$ 的连续性, $V(p) = \lim\limits_{n\to+\infty} V(\boldsymbol{x}(t_n)) = a$. 因此在 $L_+$ 上 $V(\boldsymbol{x}) \equiv a$. 由于 $L_+$ 是不变集, 在 $L_+$ 上 $\dot{V}(\boldsymbol{x}) = 0$. 于是

$$L_+ \subseteq M \subseteq E \subseteq \Omega$$

由于 $\boldsymbol{x}(t)$ 是有界的, 则当 $t \to +\infty$ 时 $\boldsymbol{x}(t) \to L_+$. 于是 $\boldsymbol{x}(t) \to M, t \to +\infty$. ■

下面以有摩擦单摆方程 (2.7) 为例阐述如何应用 LaSalle 不变原理. 由

$$\dot{V}(x, y) = -\left(\frac{k}{m}\right) y^2 = 0$$

有 $y = 0$, 即 $E = (x, 0)$. $M$ 为 $E$ 中最大正不变集. 因为不变集是由一些轨线组成, 故设其中一条为 $(x(t), y(t)) \subset M \subseteq E$, 它满足有摩擦单摆方程, 显然有 $y(t) \equiv 0$. 于是

$$\begin{aligned}\dot{x}(t) =& 0 \Rightarrow x(t) = c \\ \dot{y}(t) =& 0 = -\left(\frac{g}{l}\right) \sin x(t)\end{aligned}$$

显然在带状区域 $-\pi < x < \pi$ 内只有 $x(t) \equiv 0, y(t) \equiv 0$ 满足要求, 即 $M = (0, 0)$. 于是当 $t \to +\infty$, 从 $\Omega$ 出发的每一轨线都趋于原点, $\Omega$ 为原点的一个合适的邻域. 又显然有摩擦单摆方程原点是稳定的, 故原点是渐近稳定的.

**推论 2.4 (Barbashin-Krasovskii)** 令 $\boldsymbol{x} = \boldsymbol{0}$ 为系统 (2.3.15) 的平衡点. $D$ 包含原点 $\boldsymbol{x} = \boldsymbol{0}$, $V : D \to \mathbb{R}$ 是在 $D$ 内的连续可微正定函数, 使得在 $D$ 内

$\dot{V}(\boldsymbol{x}) \leqslant 0$. 令 $S = \{\boldsymbol{x} \in D | \dot{V}(\boldsymbol{x}) = 0\}$ 并假设除了平凡解 $\boldsymbol{x} = \boldsymbol{0}$ 外没有其他解恒在 $S$ 内, 则原点是渐近稳定的.

**推论 2.5 (Barbashin-Krasovskii)** 令 $\boldsymbol{x} = \boldsymbol{0}$ 为系统 (2.3.15) 的平衡点. $V : \mathbb{R}^n \to \mathbb{R}$ 是连续可微径向无界正定函数, 使得 $\dot{V}(\boldsymbol{x}) \leqslant 0, \forall \boldsymbol{x} \in \mathbb{R}^n$. 令 $S = \{\boldsymbol{x} \in \mathbb{R}^n | \dot{V}(\boldsymbol{x}) = 0\}$ 并假设除了平凡解 $\boldsymbol{x} = \boldsymbol{0}$ 外没有其他解恒在 $S$ 内, 则原点是全局渐近稳定的.

## 2.4 线性系统的稳定性

### 2.4.1 Routh-Hurwitz 判据

考虑如下自治线性系统, 也称定常线性系统

$$\dot{\boldsymbol{x}} = \boldsymbol{A}\boldsymbol{x} \tag{2.4.1}$$

**定理 2.18** (1) 如果 $\boldsymbol{A}$ 的所有特征值都有非正实部, 并且它的具有零实部的特征值是它的最小多项式的单根, 则系统 (2.4.1) 是稳定的, 否则就是不稳定的.

(2) 系统 (2.4.1) 是渐近稳定的充分必要条件是 $\boldsymbol{A}$ 的所有特征值都有负实部.

上面定理把系统 (2.4.1) 是稳定和渐近稳定性与矩阵 $\boldsymbol{A}$ 的特征值联系起来. 矩阵 $\boldsymbol{A}$ 的特征值即它的特征多项式

$$f(\lambda) = \det(\lambda \boldsymbol{I}_n - \boldsymbol{A}) = \lambda^n + \alpha_{n-1}\lambda^{n-1} + \cdots + \alpha_1\lambda + \alpha_0$$

的零点. 当 $n \geqslant 5$ 时, 没有一般求根公式, 因而无法通过求出方程的根方法来判断系统的稳定性. 然而此时我们只关心根是否在左半平面上, 并不在乎根的具体值. 因此我们有可能找到方法直接根据 $\boldsymbol{A}$ 的特征多项式的系数来判断系统的稳定性.

**定义 2.14** 如果 $\boldsymbol{A}$ 的特征值都有负实部, 则称它为稳定矩阵①. 稳定矩阵的特征多项式称为稳定多项式或 Hurwitz 多项式.

为了从多项式 $f(\lambda)$ 的系数来研究它的稳定性, 下面研究由 $f(\lambda)$ 的系数排成的 $n \times n$ 阶方阵 $\boldsymbol{H}_n$:

$$\boldsymbol{H}_n = \begin{bmatrix} \alpha_{n-1} & 1 & 0 & 0 & \cdots & 0 \\ \alpha_{n-3} & \alpha_{n-2} & \alpha_{n-1} & 1 & \cdots & 0 \\ \alpha_{n-5} & \alpha_{n-4} & \alpha_{n-3} & \alpha_{n-2} & \cdots & 0 \\ \vdots & \vdots & \vdots & \vdots & & \vdots \\ 0 & 0 & 0 & 0 & \cdots & \alpha_0 \end{bmatrix}$$

① 在控制理论中, 如果没有明确指出, 很多情况下稳定性默认指渐近稳定性.

在 $\boldsymbol{H}_n$ 中, 当 $n < i$ 时, $\alpha_{n-i} = 0$. 通常称 $\boldsymbol{H}_n$ 为 $f(\lambda)$ 的 Hurwitz 矩阵, 它的主对角线上的元就是 $f(\lambda)$ 的多项式系数. 比如, $f(\lambda) = \lambda^5 + \alpha_4\lambda^4 + \alpha_3\lambda^3 + \alpha_2\lambda^2 + \alpha_1\lambda + \alpha_0$, 则

$$\boldsymbol{H}_5 = \begin{bmatrix} \alpha_4 & 1 & 0 & 0 & 0 \\ \alpha_2 & \alpha_3 & \alpha_4 & 1 & 0 \\ \alpha_0 & \alpha_1 & \alpha_2 & \alpha_3 & \alpha_4 \\ 0 & 0 & \alpha_0 & \alpha_1 & \alpha_2 \\ 0 & 0 & 0 & 0 & \alpha_0 \end{bmatrix}$$

Hurwitz 矩阵的主子式记为 $\Delta_1, \Delta_2, \cdots, \Delta_n$, 它们分别定义为

$$\begin{aligned}
&\Delta_1 = \alpha_{n-1} \\
&\Delta_2 = \det \begin{bmatrix} \alpha_{n-1} & 1 \\ \alpha_{n-3} & \alpha_{n-2} \end{bmatrix} \\
&\Delta_3 = \det \begin{bmatrix} \alpha_{n-1} & 1 & 0 \\ \alpha_{n-3} & \alpha_{n-2} & \alpha_{n-1} \\ \alpha_{n-5} & \alpha_{n-4} & \alpha_{n-3} \end{bmatrix} \\
&\quad \vdots \\
&\Delta_{n-1} = \det \begin{bmatrix} \alpha_{n-1} & 1 & 0 & 0 & \cdots & 0 \\ \alpha_{n-3} & \alpha_{n-2} & \alpha_{n-1} & 1 & \cdots & 0 \\ \alpha_{n-5} & \alpha_{n-4} & \alpha_{n-3} & \alpha_{n-2} & \cdots & 0 \\ \vdots & \vdots & \vdots & \vdots & & \vdots \\ 0 & 0 & 0 & 0 & \cdots & \alpha_1 \end{bmatrix} \\
&\Delta_n = \det \boldsymbol{H}_n = \alpha_0 \Delta_{n-1}
\end{aligned} \tag{2.4.2}$$

其中, $\Delta_1, \Delta_2, \cdots, \Delta_n$ 称为 Hurwitz 行列式.

**定理 2.19 (Routh-Hurwitz)** $n$ 次多项式 $f(\lambda) = \lambda^n + \alpha_{n-1}\lambda^{n-1} + \cdots + \alpha_1\lambda + \alpha_0$ 是稳定的充分必要条件为: 它的 Hurwitz 行列式皆为正, 即 $\Delta_i > 0, i = 1, 2, \cdots, n$.

对于定常系统, 能用矩阵 $\boldsymbol{A}$ 的特征值来判断系统的稳定性, 但此结论一般不能推广到时变系统, 即矩阵 $\boldsymbol{A}(t)$ 对每一固定值 $t$ 都是稳定的不能推出系统是稳定的. 反例如下.

**例 2.9** 研究下面系统

$$at^2\frac{\mathrm{d}^2x}{\mathrm{d}t^2}+bt\frac{\mathrm{d}x}{\mathrm{d}t}+x=0,\quad t\geqslant t_0>0,\quad a>0,\quad b>0 \tag{2.4.3}$$

设 $t=\mathrm{e}^s$, 代入式 (2.4.3) 有

$$a\frac{\mathrm{d}^2x}{\mathrm{d}s^2}+(b-a)\frac{\mathrm{d}x}{\mathrm{d}s}+x=0 \tag{2.4.4}$$

它的特征方程

$$a\lambda^2+(b-a)\lambda+1=0$$

的解为

$$\lambda_{1,2}=\frac{a-b\pm\sqrt{(b-a)^2-4a}}{2a}$$

选取合适的 $a$ 和 $b$ 使得 $a-b>0,\quad (b-a)^2-4a<0$. 令

$$\frac{a-b}{2a}=\rho>0,\qquad \frac{\sqrt{4a-(b-a)^2}}{2a}=\omega>0$$

于是有 $\lambda_{1,2}=\rho\pm\mathrm{i}\omega$. 方程 (2.4.4) 的解为

$$x(s)=C_1\mathrm{e}^{\lambda_1 s}+C_2\mathrm{e}^{\lambda_2 s}$$

或者

$$x(t)=t^{\rho}(\hat{C}_1\cos\omega\ln t+\hat{C}_2\sin\omega\ln t) \tag{2.4.5}$$

由式 (2.4.5) 知方程 (2.4.3) 的零点是不稳定的. 然而 $t$ 为固定值时, 当 $t>0$ 时方程 (2.4.3) 的特征根都具有负实部. ■

### 2.4.2 李雅普诺夫函数法

**定理 2.20** 对定常线性系统

$$\dot{\boldsymbol{x}}=\boldsymbol{A}\boldsymbol{x} \tag{2.4.6}$$

(1) 如果存在一个正定函数 $V(\boldsymbol{x})$, 使得它沿着系统 (2.4.6) 轨线的全导数 $\dot{V}(\boldsymbol{x})$ 是半负定的, 则系统 (2.4.6) 是稳定的.

(2) 如果存在一个正定函数 $V(\boldsymbol{x})$, 使得它沿着系统 (2.4.6) 轨线的全导数 $\dot{V}(\boldsymbol{x})$ 是负定的, 则系统 (2.4.6) 是渐近稳定的.

(3) 如果存在一个正定函数 $V(\boldsymbol{x})$, 使得它沿着系统 (2.4.6) 轨线的全导数 $\dot{V}(\boldsymbol{x})$ 是正定的, 则系统 (2.4.6) 是不稳定的.

(4) 如果存在一个函数 $V(\boldsymbol{x})$, 使得它沿着系统 (2.4.6) 轨线的全导数

$$\dot{V}(\boldsymbol{x}) \geqslant \beta V(\boldsymbol{x}), \qquad \beta > 0$$

并且在 $\boldsymbol{x}=\boldsymbol{0}$ 的任何邻域内, $V(\boldsymbol{x})$ 总能取到正值, 则系统 (2.4.6) 是不稳定的①.

下面研究系统 (2.4.6) 的李雅普诺夫函数的存在性.

**定理 2.21** 如果系统矩阵 $\boldsymbol{A}$ 的特征值都有负实部, 那么存在正定二次型 $V(\boldsymbol{x})$, 使得它沿着系统 (2.4.6) 轨线的全导数 $\dot{V}(\boldsymbol{x})$ 是负定二次型.

证明: 因为 $\boldsymbol{A}$ 的特征值都有负实部, 故对任意 $\boldsymbol{x}_0$ 都有

$$\lim_{t\to+\infty} \boldsymbol{x}(t;t_0,\boldsymbol{x}_0) = \lim_{t\to+\infty} \mathrm{e}^{\boldsymbol{A}(t-t_0)}\boldsymbol{x}_0 = \boldsymbol{0}$$

不难证明

$$\int_{t_0}^{+\infty} \boldsymbol{x}^{\mathrm{T}}(t;t_0,\boldsymbol{x}_0)\boldsymbol{x}(t;t_0,\boldsymbol{x}_0)\mathrm{d}t > 0, \quad \boldsymbol{x}_0 \neq \boldsymbol{0}$$

即对任意的 $\boldsymbol{x}_0 \neq \boldsymbol{0}$ 有

$$\boldsymbol{x}_0^{\mathrm{T}}\left(\int_0^{+\infty} \mathrm{e}^{\boldsymbol{A}^{\mathrm{T}}t}\mathrm{e}^{\boldsymbol{A}t}\mathrm{d}t\right)\boldsymbol{x}_0 > 0$$

所以

$$\boldsymbol{P} = \int_0^{+\infty} \mathrm{e}^{\boldsymbol{A}^{\mathrm{T}}t}\mathrm{e}^{\boldsymbol{A}t}\mathrm{d}t$$

是正定对称矩阵.

令 $\boldsymbol{x}(t)$ 是系统 (2.4.6) 的任意非零解, 记

$$V(\boldsymbol{x}) = \boldsymbol{x}^{\mathrm{T}}\boldsymbol{P}\boldsymbol{x}$$

不难计算

$$\dot{V}(\boldsymbol{x}) = \boldsymbol{x}^{\mathrm{T}}[\boldsymbol{A}^{\mathrm{T}}\boldsymbol{P} + \boldsymbol{P}\boldsymbol{A}]\boldsymbol{x}$$

注意到

$$\begin{aligned}
\boldsymbol{A}^{\mathrm{T}}\boldsymbol{P} + \boldsymbol{P}\boldsymbol{A} &= \int_0^{+\infty} \left(\boldsymbol{A}^{\mathrm{T}}\mathrm{e}^{\boldsymbol{A}^{\mathrm{T}}t}\mathrm{e}^{\boldsymbol{A}t} + \mathrm{e}^{\boldsymbol{A}^{\mathrm{T}}t}\mathrm{e}^{\boldsymbol{A}t}\boldsymbol{A}\right)\mathrm{d}t \\
&= \int_0^{+\infty} \frac{\mathrm{d}}{\mathrm{d}t}(\mathrm{e}^{\boldsymbol{A}^{\mathrm{T}}t}\mathrm{e}^{\boldsymbol{A}t})\mathrm{d}t \\
&= \mathrm{e}^{\boldsymbol{A}^{\mathrm{T}}t}\mathrm{e}^{\boldsymbol{A}t}\Big|_0^{+\infty} = -\boldsymbol{I}_n
\end{aligned}$$

① 此定理的前三部分可由李雅普诺夫定理 2.14 证明, 第四部分可由比较原理证明. 证明留作习题.

由此得出

$$\dot{V}(\boldsymbol{x}) = -\boldsymbol{x}^{\mathrm{T}}\boldsymbol{x}$$

可见 $\dot{V}(\boldsymbol{x})$ 是 $\boldsymbol{x}$ 的负定二次型. ■

**定理 2.22**　系统 (2.4.6) 是渐近稳定的充分必要条件是线性矩阵方程

$$\boldsymbol{A}^{\mathrm{T}}\boldsymbol{P} + \boldsymbol{P}\boldsymbol{A} = -\boldsymbol{Q} \tag{2.4.7}$$

对任意的正定对称矩阵 $\boldsymbol{Q}$ 都有唯一的正定对称解

$$\boldsymbol{P} = \int_0^{+\infty} \mathrm{e}^{\boldsymbol{A}^{\mathrm{T}}t}\boldsymbol{Q}\mathrm{e}^{\boldsymbol{A}t}\mathrm{d}t$$

**推论 2.6**　矩阵方程 (2.4.7) 有唯一正定解 $\boldsymbol{P}$ 的充分必要条件是 $\boldsymbol{A}$ 的特征值都有负实部.

**推论 2.7**　任给 $n \times n$ 阶正定对称矩阵 $\boldsymbol{Q}$ 及正数 $\rho$, 矩阵方程

$$2\rho\boldsymbol{P} + \boldsymbol{A}^{\mathrm{T}}\boldsymbol{P} + \boldsymbol{P}\boldsymbol{A} = -\boldsymbol{Q} \tag{2.4.8}$$

有唯一正定对称解的充分必要条件是矩阵 $\boldsymbol{A}$ 的每个特征值 $\lambda_i$, $i = 1, 2, \cdots, n$ 满足不等式

$$\mathrm{Re}\,\lambda_i < -\rho, \quad i = 1, 2, \cdots, n$$

## 思考与练习

(1) 证明: 实对称阵的特征值是实数, 反对称阵的特征值是零或纯虚数, 正交阵的特征值为单位虚数, 即 $|\lambda| = 1$.

(2) 证明 Kronecker 积的性质.

(3) 当方阵 $\boldsymbol{AB} = \boldsymbol{BA}$ 时, 证明 $\mathrm{e}^{\boldsymbol{A}+\boldsymbol{B}} = \mathrm{e}^{\boldsymbol{A}} \cdot \mathrm{e}^{\boldsymbol{B}}$.

(4) 证明: 矩阵方程 $\sum\limits_{i=0}^{l} \boldsymbol{A}^i\boldsymbol{X}\boldsymbol{B}^i = \boldsymbol{F}$ 存在唯一解的充要条件是: 对 $\boldsymbol{A}$ 的任意特征值 $\lambda_i$ 和 $\boldsymbol{B}$ 的任意特征值 $\mu_j$, $i = 1, 2, \cdots, m$, $j = 1, 2, \cdots, n$, 有 $1 + (\lambda_i\mu_j) + \cdots + (\lambda_i\mu_j)^l \neq 0$, 其中 $l$ 为正整数.

(5) 当 $\boldsymbol{A}$ 的特征值全为负实部时, 证明 $\boldsymbol{X} = \int_0^{+\infty} \mathrm{e}^{\boldsymbol{A}^{\mathrm{T}}t}\boldsymbol{Q}\mathrm{e}^{\boldsymbol{A}t}\mathrm{d}t$ 存在, 且是矩阵方程 $\boldsymbol{A}^{\mathrm{T}}\boldsymbol{X} + \boldsymbol{X}\boldsymbol{A} = -\boldsymbol{Q}$ 的解.

(6) 令函数 $\lambda(t)$ 在区间 $\alpha \leqslant t \leqslant \beta$ 上连续, $g(t)$ 为区间 $\alpha \leqslant t \leqslant \beta$ 上的连续非负函数, 连续函数 $f(t)$ 满足不等式

$$f(t) \leqslant \lambda(t) + \int_\alpha^t f(s)g(s)\mathrm{d}s, \qquad \alpha \leqslant t \leqslant \beta$$

试给出相应的 Gronwall 不等式结论.

(7) 当 $p(x,y),q(x,y)$ 只具有一阶连续偏导数时, 试证定理 2.7.

(8) 我们称集合 $A$ 称为不变集, 如果 $\boldsymbol{x}\in A$, 则对一切 $t\in\mathbb{R}$, $\boldsymbol{\varphi}(t,\boldsymbol{x})\in A$; 集合 $A$ 称为正 (负) 不变集, 如果 $\boldsymbol{x}\in A$, 则对一切 $t>0(<0)$, $\boldsymbol{\varphi}(t,\boldsymbol{x})\in A$. 试证明下面命题:

① 任意整轨线[①] 都是一个不变集; 正 (负) 半轨线是正 (负) 不变集.

② 任意不变集都是由一些整轨线组成的; 正 (负) 不变集是由一些正 (负) 半轨线组成的.

(9) 试证明极限集有如下性质:

① 极限集是不变集, 因此是由整轨线组成的.

② $A$ 是闭的不变集 (特别地, $A$ 是一个极限集), 若 $\boldsymbol{x}\in A$, 则 $L_+(\boldsymbol{x}_0)\subseteq A$ 且 $L_-(\boldsymbol{x}_0)\subseteq A$.

③ 正 (负) 极限集是空集的充要条件为 $t\to+\infty(-\infty)$ 时轨线趋向无穷, 即

$$\|\boldsymbol{\varphi}(t,\boldsymbol{x}_0)\|\to+\infty$$

④ 正 (负) 极限集只有唯一一个点 $\bar{\boldsymbol{x}}$ 的充要条件是

$$\lim_{t\to+\infty}\boldsymbol{\varphi}(t,\boldsymbol{x}_0)=\bar{\boldsymbol{x}}\qquad\left(\lim_{t\to-\infty}\boldsymbol{\varphi}(t,\boldsymbol{x}_0)=\bar{\boldsymbol{x}}\right)$$

(10) 设系统 $\dot{\boldsymbol{x}}=\boldsymbol{f}(\boldsymbol{x})$, $\boldsymbol{x}\in\mathbb{R}^n$ 的原点是渐近稳定平衡点, 证明其吸引域是开集; 进一步, 可证明吸引域同胚于 $\mathbb{R}^n$, 由此吸引域是单连通的.

(11) 令函数 $\phi(t):[0,+\infty)\to\mathbb{R}$ 在定义域上一致连续. 假设 $\displaystyle\int_0^{+\infty}\phi(t)\mathrm{d}t$ 存在且有界. 则有

$$\lim_{t\to+\infty}\phi(t)=0$$

(12) 考虑系统 $\dot{\boldsymbol{x}}=\boldsymbol{f}(\boldsymbol{x})$, $\boldsymbol{x}\in\mathbb{R}^n$. 称系统的解是全局有界的, 如果对任意的 $\boldsymbol{x}_0\in\mathbb{R}^n$ 存在一个常数 $B(\boldsymbol{x}_0)>0$ 使得以 $\boldsymbol{x}_0$ 为初值的解 $\boldsymbol{x}(t)$ 满足对任意 $t>0$ 有 $\|\boldsymbol{x}(t)\|\leqslant B(\boldsymbol{x}_0)$.

令 $\boldsymbol{x}=0$ 为系统的平衡点及 $\boldsymbol{f}(\boldsymbol{x})$ 是局部 Lipschitz 的. 又存在连续可微的, 正定的和径向无界的函数 $V:\mathbb{R}^n\to\mathbb{R}$ 使得

$$\dot{V}=\frac{\partial V}{\partial\boldsymbol{x}}(\boldsymbol{x})\boldsymbol{f}(\boldsymbol{x})\leqslant-W(\boldsymbol{x})\leqslant0,\quad\forall\boldsymbol{x}\in\mathbb{R}^n$$

其中, $W(\boldsymbol{x})$ 是连续可微的. 则系统 $\dot{\boldsymbol{x}}=\boldsymbol{f}(\boldsymbol{x})$ 的所有解是全局有界的, 且满足

$$\lim_{t\to+\infty}W(\boldsymbol{x}(t))=0$$

进一步, 如果 $W(\boldsymbol{x})$ 是正定的, 则平衡点 $\boldsymbol{x}=\mathbf{0}$ 是全局渐近稳定的.

(13) 假设在 LaSalle 定理中的集合 $M$ 由有限个孤立点组成. 证明 $\lim\limits_{t\to+\infty}\boldsymbol{x}(t)$ 存在且等于这些点中的一个.

(14) 用 LaSalle 定理判断下面系统

$$\dot{x}_1=x_2$$

① 整轨线为经过某点的整条轨线, 包括正半轨和负半轨.

$$\dot{x}_2 = -x_1 - x_1^2 x_2$$

在原点是否 (全局) 渐近稳定?

(15) $f(\lambda) = \lambda^n + \alpha_{n-1}\lambda^{n-1} + \cdots + \alpha_1\lambda + \alpha_0$ 是实系数稳定多项式的必要条件为它的系数皆为正, 即 $\alpha_i > 0, i = 0, 1, \cdots, n-1$.

(16) 考虑实系数多项式

$$f(\lambda) = a_0\lambda^3 + a_1\lambda^2 + a_2\lambda + a_3, \quad a_0 > 0$$

① 证明 $f(\lambda)$ 是稳定的, 当且仅当 $a_1, a_2, a_3$ 是正的, 且满足不等式

$$a_1 a_2 > a_0 a_3$$

② 试给出 $f(\lambda)$ 的所有特征根都具有正实部的判别条件.

③ 如果 $f(\lambda)$ 的所有特征根实部都小于 $-\rho$, 则它的系数需要满足什么条件?

(17) 参数 $\alpha, \beta \in \mathbb{R}$ 满足什么条件, 系统

$$\dot{x} = -x + \alpha y$$

$$\dot{y} = \beta x - y + \alpha z$$

$$\dot{z} = \beta y - z$$

在原点渐近稳定?

# 第 3 章　线性控制系统的数学描述

## 3.1　传递函数法

### 3.1.1　Laplace 变换

令函数 $f:[0,+\infty)\to\mathbb{R}$ 为分段连续函数, 且满足: 存在 $M>0, a\geqslant 0$, 使得 $\forall t\geqslant 0$, 有 $|f(t)|\leqslant M\mathrm{e}^{at}$, 其中 $a$ 称为函数 $f(t)$ 的增长指数. 下面定义 $f$ 的 Laplace 变换.

**定义 3.1**　对于满足上面条件的实函数 $f(t)$, 称函数

$$F(s)=\int_0^{+\infty}f(t)\mathrm{e}^{-st}\mathrm{d}t \tag{3.1.1}$$

为 $f(t)$ 的 Laplace 变换, 其中 $s=\sigma+\mathrm{i}\omega$ 为复数自变量.

显然 $F(s)$ 在复半平面 $\{s\in\mathbb{C}|\mathrm{Re}\ s=\sigma>a\}$ 上有意义. Laplace 变换有下面性质.

**性质 3.1 (线性)**　设 $g(t)=af_1(t)+bf_2(t)$, 则 $G(s)=aF_1(s)+bF_2(s)$.

**性质 3.2 (衰减)**　设 $g(t)=f(t)\mathrm{e}^{-at}$, 则 $G(s)=F(s+a)$.

**性质 3.3 (延迟)**　设原函数在时间上延迟 $a(\geqslant 0)$, 即有

$$g(t)=\begin{cases}0, & t<a\\ f(t-a), & t\geqslant a\end{cases}$$

则 $G(s)=\mathrm{e}^{-as}F(s)$.

**性质 3.4 (时间尺度)**　若 $g(t)=f\left(\dfrac{t}{a}\right)$, 其中 $a>0$, 则 $G(s)=aF(as)$.

**性质 3.5 (积分)**　若 $f(t)=\displaystyle\int g(t)\mathrm{d}t$, 则 $F(s)=\dfrac{G(s)}{s}+\dfrac{f(0)}{s}$.

**性质 3.6 (微分)**　若 $g(t)=f'(t)$, 则 $G(s)=sF(s)-f(0)$.

**性质 3.7 (卷积)**　设当 $t<0$ 时函数 $f_1(t)$ 和 $f_2(t)$ 均等于 0, 且有

$$f(t)=\int_0^t f_1(t-\tau)f_2(\tau)\mathrm{d}\tau,\quad \tau>0 \tag{3.1.2}$$

则称函数 $f(t)$ 为 $f_1(t)$ 和 $f_2(t)$ 的卷积, 记为

$$f(t) = f_1(t) * f_2(t)$$

可证有

$$f_1(t) * f_2(t) = f_2(t) * f_1(t)$$

设 $f_1(t)$ 和 $f_2(t)$ 的 Laplace 变换分别为 $F_1(s)$ 和 $F_2(s)$, 则有

$$F(s) = F_1(s)F_2(s)$$

**性质 3.8 (Laplace 反变换)** Laplace 反变换为

$$\begin{aligned} f(t) =& \frac{1}{2\pi \mathrm{i}} \int_{\sigma-\mathrm{i}\infty}^{\sigma+\mathrm{i}\infty} F(s)\mathrm{e}^{st}\mathrm{d}s \\ =& \lim_{\omega\to+\infty} \frac{1}{2\pi \mathrm{i}} \int_{\sigma-\mathrm{i}\omega}^{\sigma+\mathrm{i}\omega} F(s)\mathrm{e}^{st}\mathrm{d}s, \quad t \geqslant 0, \sigma \geqslant 0 \end{aligned} \tag{3.1.3}$$

式 (3.1.3) 是沿任意 Re $s = \sigma > a$ 积分, 其中 $a$ 是函数 $f(t)$ 的增长指数.

### 3.1.2 传递函数

系统可暂时看作一个黑箱, 如图 3.1 所示, 有输入和相应的输出. 输入和输出可连续也可离散. 本书主要以连续情形讲述系统理论. 输入和输出之间存在动态关系, 如何描述它们之间的动态关系, 需要建立合适的模型. 本书主要考虑输入输出之间的动态关系可由下列常系数线性常微分方程来描述:

$$\begin{aligned} & y^{(n)}(t) + a_{n-1}y^{(n-1)}(t) + \cdots + a_1\dot{y}(t) + a_0y(t) \\ =& b_mu^{(m)}(t) + b_{m-1}u^{(m-1)}(t) + \cdots + b_1\dot{u}(t) + b_0u(t) \end{aligned} \tag{3.1.4}$$

其中, $y(t)$ 叫作系统输出, $u(t)$ 叫作系统输入, $t$ 表示时间, $a_i, b_j$ 都是实常数. 这种系统称为定常线性系统.

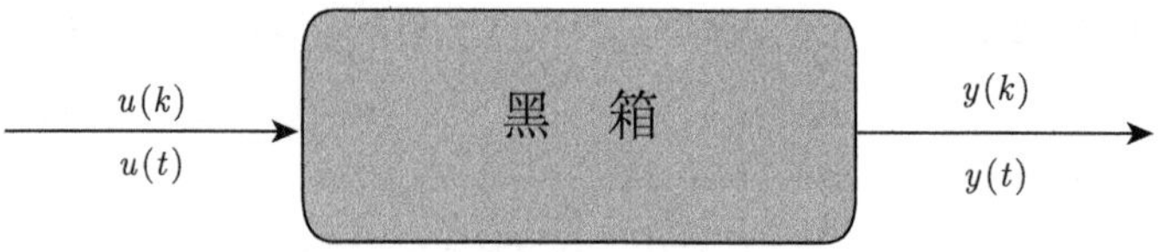


图 3.1　黑箱

不失一般性, 假设 $y(t)$ 及它的直到 $n-1$ 阶导数和 $u(t)$ 及它的直到 $m-1$ 阶导数的初始值全为零, 并令初始时刻 $t_0 = 0$. 这样的理由是: ① 输入是在 $t \geqslant 0$ 时

才作用于系统, 故在 0 时刻之前输入量及各阶 (左) 导数均为零; ② 在输入施加于系统前, 系统处于稳定的工作状态, 即输出量及各阶 (左) 导数为零.

对方程 (3.1.4) 两边作 Laplace 变换, 有

$$\begin{aligned}&(s^n+a_{n-1}s^{n-1}+\cdots+a_1s+a_0)Y(s)\\=&(b_ms^m+b_{m-1}s^{m-1}+\cdots+b_1s+b_0)U(s)\end{aligned}\tag{3.1.5}$$

或

$$\frac{Y(s)}{U(s)}=\frac{b_ms^m+b_{m-1}s^{m-1}+\cdots+b_1s+b_0}{s^n+a_{n-1}s^{n-1}+\cdots+a_1s+a_0}\tag{3.1.6}$$

我们称

$$G(s)=\frac{b_ms^m+b_{m-1}s^{m-1}+\cdots+b_1s+b_0}{s^n+a_{n-1}s^{n-1}+\cdots+a_1s+a_0}\tag{3.1.7}$$

为系统 (3.1.4) 的传递函数.

给定了一个传递函数, 就相当于确定了一个系统. 传递函数刻画了系统的输入-输出关系, 反映系统的外部联系.

如果 $m\leqslant n$, 则 $G(s)$ 为 $s$ 的真有理分式, 这时称系统 (3.1.4) 为物理能实现的. 所谓物理能实现是指系统输出不能与未来的输入有关, 也就是时间的不可逆性. 今后, 我们总是讨论物理能实现的系统.

多项式 $s^n+a_{n-1}s^{n-1}+\cdots+a_1s+a_0$ 称作系统 (3.1.4) 的特征多项式. 方程

$$s^n+a_{n-1}s^{n-1}+\cdots+a_1s+a_0=0$$

称作系统 (3.1.4) 的特征方程.

特征方程的根叫作系统的极点. 如果系统的所有极点都在左半复平面, 则称系统是稳定的. 极点决定了系统的自然属性或非强迫属性, 即无控制时的属性.

方程 $b_ms^m+b_{m-1}s^{m-1}+\cdots+b_1s+b_0=0$ 的根叫作系统的零点, 它对应于系统信号传输阻断性质, 也称为系统的传输零点. 如果非零输入 $u=u_0\mathrm{e}^{s_0t}$, $s_0$ 为零点且非极点, 则输入对输出没有影响 (被阻断, 相当于输入为零), 即当 $y(t)$ 及它的直到 $n-1$ 阶导数的初始值全为零时, 输出 $y(t)\equiv 0$.

如果系统有相同的极点和零点, 则称系统有零极相消, 此时系统可能出现一些不希望出现的性能. 零极相消后剩下的系统零点和极点分别称为传递函数 $G(s)$ 的零点和极点.

如果稳定系统的所有零点都在左半复平面, 那么称这个系统为最小相位的.

### 3.1.3 脉冲响应函数

假如 $G(s)$ 的 Laplace 反变换为 $g(t)$, 那么对

$$Y(s) = G(s)U(s)$$

求 Laplace 反变换可得

$$y(t) = \int_0^t g(t-\tau)u(\tau)\mathrm{d}\tau \tag{3.1.8}$$

令

$$h(t-\tau) = \begin{cases} g(t-\tau), & t \geqslant \tau \\ 0, & t < \tau \end{cases}$$

那么

$$y(t) = \int_{-\infty}^t h(t-\tau)u(\tau)\mathrm{d}\tau \tag{3.1.9}$$

式 (3.1.9) 也反映了系统 (3.1.4) 的输入-输出关系. 给定了输入 $u(t)$, 系统的输出就被式 (3.1.9) 决定. 输出 $y(t)$ 称为对输入 $u(t)$ 的响应.

如何确定函数 $h(\cdot)$ 呢? 可设输入是一个单位脉冲函数, 即 $u(t) = \delta(t)$. 这里 $\delta(t)$ 称为单位脉冲函数, 也称 Dirac delta 函数, 定义为

$$\delta(t-\tau) = \begin{cases} +\infty, & t = \tau \\ 0, & t \neq \tau \end{cases}, \quad 且 \quad \int_{-\infty}^{+\infty} \delta(t)\mathrm{d}t = 1$$

并且对每个分段连续的实函数 $f(t)$ 都有

$$\int f(t)\delta(t-\tau)\mathrm{d}\tau = f(t)$$

于是系统的响应为

$$y(t) = h(t) = g(t)$$

即函数 $h(t)$ 是系统对单位脉冲输入的响应, $h(t-\tau)$ 称为单位脉冲响应函数.

脉冲响应函数和传递函数从不同的角度描述了系统的输入-输出关系. 前者描述了系统输入-输出的时域关系, 后者描述了它们的频域关系. 根据这些方法发展出来的控制理论现在称之为经典控制理论.

# 3.2 状态空间法

经典控制理论存在以下不足: ① 只能描述定常线性系统; ② 只能表现系统的输入-输出关系, 即系统的外部联系, 对系统内部结构不能提供任何信息. 在数学研究成果的积累和实际工程的需求下, 特别是现代空间技术的发展和电子计算机的广泛应用下, 在 20 世纪 50 年代末, 60 年代初产生了一种新的描述方法——状态空间法.

一个系统的状态变量是指描述该系统的动力学行为所需要的一组最少的独立变量. 它们所组成的空间向量称为系统的状态向量, 状态向量所对应的有限维欧式空间称为系统的状态空间. 状态变量所满足的一阶常微分方程组称为系统的状态方程. 系统的状态方程刻画了系统的输入和状态的关系. 描述系统的输出与状态关系的代数方程叫作系统的量测方程或输出方程. 用状态方程和输出方程来描述系统的方法称为状态空间法.

## 3.2.1 时变线性系统

用状态空间法描述的线性系统是由下面的向量-矩阵方程给出:

$$\dot{\boldsymbol{x}}(t)=\boldsymbol{A}(t)\boldsymbol{x}(t)+\boldsymbol{B}(t)\boldsymbol{u}(t) \quad (\text{状态方程}) \tag{3.2.1}$$

$$\boldsymbol{y}(t)=\boldsymbol{C}(t)\boldsymbol{x}(t)+\boldsymbol{D}(t)\boldsymbol{u}(t) \quad (\text{量测方程}) \tag{3.2.2}$$

其中, $\boldsymbol{x}(t)$ 是 $n$ 维向量, 称作系统的状态向量; $\boldsymbol{u}(t)$ 是 $r$ 维向量, 称为系统的控制输入向量; $\boldsymbol{y}(t)$ 是 $m$ 维向量, 称为系统的量测输出向量. $\boldsymbol{A}(t)$ 是 $n\times n$ 阶矩阵, 称为系统矩阵; $\boldsymbol{B}(t)$ 是 $n\times r$ 阶矩阵, 称为控制矩阵; $\boldsymbol{C}(t)$ 是 $m\times n$ 阶矩阵, 称为量测矩阵; $\boldsymbol{D}(t)$ 是 $m\times r$ 阶矩阵, 称为前馈矩阵. 假设这些矩阵中的每个元都是 $t$ 的分段连续函数. 为简单起见, 我们以后都用 $\dot{\boldsymbol{x}}$ 表示变量 $\boldsymbol{x}$ 对时间 $t$ 的导数, 相应方程中不必要的 “($t$)” 都将略去.

在研究状态方程 (3.2.1) 之前, 我们首先回顾一下自由系统 (线性齐次方程)

$$\dot{\boldsymbol{x}}=\boldsymbol{A}(t)\boldsymbol{x} \tag{3.2.3}$$

的解.

**定理 3.1** 系统 (3.2.3) 的所有解组成实数域上的 $n$ 维向量空间.

**定义 3.2** 设 $\boldsymbol{\psi}_1(t),\boldsymbol{\psi}_2(t),\cdots,\boldsymbol{\psi}_n(t)$ 是方程 (3.2.3) 的一组线性无关解, 那么矩阵

$$\boldsymbol{\Psi}(t)=[\boldsymbol{\psi}_1(t),\boldsymbol{\psi}_2(t),\cdots,\boldsymbol{\psi}_n(t)]$$

称为方程 (3.2.3) 的基本解矩阵.

**定义 3.3** 令 $\boldsymbol{\Psi}(t)$ 是方程 (3.2.3) 的基本解矩阵, 则矩阵

$$\boldsymbol{\Phi}(t,t_0)=\boldsymbol{\Psi}(t)\boldsymbol{\Psi}^{-1}(t_0),\qquad t\geqslant t_0$$

称为系统 (3.2.1) 的状态转移矩阵.

状态转移矩阵有如下重要性质.

(1) 对任意 $t$, 有 $\boldsymbol{\Phi}(t,t)=\boldsymbol{I}_n$.

(2) 对任意 $t$ 和 $t_0$, 有 $\boldsymbol{\Phi}^{-1}(t,t_0)=\boldsymbol{\Phi}(t_0,t)$.

(3) 对任意 $t_0$, $t_1$ 和 $t_2$, 有 $\boldsymbol{\Phi}(t_2,t_0)=\boldsymbol{\Phi}(t_2,t_1)\boldsymbol{\Phi}(t_1,t_0)$.

状态方程 (3.2.1) 以 $\boldsymbol{x}_0$ 为初值的解可以用状态转移矩阵表示出来:

$$\boldsymbol{x}=\boldsymbol{\Phi}(t,t_0)\boldsymbol{x}_0+\int_{t_0}^{t}\boldsymbol{\Phi}(t,s)\boldsymbol{B}(s)\boldsymbol{u}(s)\mathrm{d}s \tag{3.2.4}$$

令 $\varphi(t;t_0,\boldsymbol{x}_0,\boldsymbol{u}(t))$ 是在 $\boldsymbol{x}(t_0)=\boldsymbol{x}_0$ 和输入 $\boldsymbol{u}(t)$ 下状态方程的解轨线, 即

$$\boldsymbol{x}(t)=\varphi(t;t_0,\boldsymbol{x}_0,\boldsymbol{u}(t))$$

(1) 如果 $\boldsymbol{u}(t)\equiv\mathbf{0}$, 则

$$\varphi(t;t_0,\boldsymbol{x}_0,\mathbf{0})=\boldsymbol{\Phi}(t,t_0)\boldsymbol{x}_0$$

(2) 如果 $\boldsymbol{x}_0=\mathbf{0}$, 则

$$\varphi(t;t_0,\mathbf{0},\boldsymbol{u}(t))=\int_{t_0}^{t}\boldsymbol{\Phi}(t,s)\boldsymbol{B}(s)\boldsymbol{u}(s)\mathrm{d}s$$

其中, $\varphi(t;t_0,\boldsymbol{x}_0,\mathbf{0})$ 称为状态方程 (3.2.1) 的零输入响应, $\varphi(t;t_0,\mathbf{0},\boldsymbol{u}(t))$ 称为状态方程 (3.2.1) 的零初值响应, 也就是一个线性系统的状态方程的响应总可以分解为零输入响应和零初值响应两部分. 这是线性系统的一个重要性质, 即可叠加性.

类似地, 我们来研究系统 (3.2.1) 的输出响应. 由式 (3.2.2) 和式 (3.2.4) 得

$$\boldsymbol{y}=\boldsymbol{C}(t)\boldsymbol{\Phi}(t,t_0)\boldsymbol{x}_0+\boldsymbol{C}(t)\int_{t_0}^{t}\boldsymbol{\Phi}(t,s)\boldsymbol{B}(s)\boldsymbol{u}(s)\mathrm{d}s+\boldsymbol{D}(t)\boldsymbol{u}(t) \tag{3.2.5}$$

若系统 (3.2.1) 的初始状态为 $\mathbf{0}$, 则系统的输出响应为

$$\boldsymbol{y}=\int_{t_0}^{t}[\boldsymbol{C}(t)\boldsymbol{\Phi}(t,s)\boldsymbol{B}(s)+\boldsymbol{D}(s)\delta(s-t)]\boldsymbol{u}(s)\mathrm{d}s$$

令

$$H(t,s)=\begin{cases} C(t)\Phi(t,s)B(s)+D(s)\delta(s-t), & t\geqslant s\\ \mathbf{0}, & t<s\end{cases}$$

则系统的零初值输出响应为

$$y=\int_{t_0}^{t}H(t,s)u(s)\mathrm{d}s$$

其中, $H(t,s)$ 称为系统 (3.2.1) 的脉冲响应函数矩阵, 它决定的系统的零初值输出响应.

### 3.2.2 定常线性系统

考虑下面定常 (时不变) 线性系统

$$\begin{aligned}\dot{x}=&Ax+Bu(t)\\ y=&Cx+Du(t)\end{aligned} \tag{3.2.6}$$

其中, $A,B,C$ 和 $D$ 分别是 $n\times n$, $n\times r$, $m\times n$ 和 $m\times r$ 阶矩阵.

此时, 状态方程的基本解阵可写成:

$$\Psi(t)=\mathrm{e}^{At}$$

状态转移矩阵为

$$\Phi(t,t_0)=\mathrm{e}^{At}\left(\mathrm{e}^{At_0}\right)^{-1}=\mathrm{e}^{A(t-t_0)}$$

状态方程的解为

$$x(t)=\mathrm{e}^{A(t-t_0)}x_0+\int_{t_0}^{t}\mathrm{e}^{A(t-s)}Bu(s)\mathrm{d}s$$

系统的输出为

$$y(t)=C\mathrm{e}^{A(t-t_0)}x_0+\int_{t_0}^{t}C\mathrm{e}^{A(t-s)}Bu(s)\mathrm{d}s+Du(t)$$

脉冲响应矩阵为

$$H(t-s)=\begin{cases} C\mathrm{e}^{A(t-s)}B+D\delta(s-t), & t\geqslant s\\ \mathbf{0}, & t<s\end{cases}$$

多输入-多输出定常线性系统可以用传递函数矩阵描述. 对系统 (3.2.6) 的状态方程和量测方程两边分别取 Laplace 变换, 得

$$\begin{aligned}\boldsymbol{X}(s) =&(s\boldsymbol{I}_n-\boldsymbol{A})^{-1}\boldsymbol{x}_0+(s\boldsymbol{I}_n-\boldsymbol{A})^{-1}\boldsymbol{B}\boldsymbol{U}(s)\\ \boldsymbol{Y}(s) =&\boldsymbol{C}(s\boldsymbol{I}_n-\boldsymbol{A})^{-1}\boldsymbol{x}_0+\boldsymbol{C}(s\boldsymbol{I}_n-\boldsymbol{A})^{-1}\boldsymbol{B}\boldsymbol{U}(s)+\boldsymbol{D}\boldsymbol{U}(s)\end{aligned}$$

其中, $\boldsymbol{X}(s),\boldsymbol{Y}(s),\boldsymbol{U}(s)$ 分别是 $\boldsymbol{x}(t),\boldsymbol{y}(t),\boldsymbol{u}(t)$ 的 Laplace 变换, $\boldsymbol{x}_0$ 为系统的初始状态. 当 $\boldsymbol{x}_0=\boldsymbol{0}$ 时, 有

$$\boldsymbol{Y}(s)=[\boldsymbol{C}(s\boldsymbol{I}_n-\boldsymbol{A})^{-1}\boldsymbol{B}+\boldsymbol{D}]\boldsymbol{U}(s)$$

真有理分式矩阵

$$\boldsymbol{W}(s)\triangleq\frac{\boldsymbol{Y}(s)}{\boldsymbol{U}(s)}=\boldsymbol{C}(s\boldsymbol{I}_n-\boldsymbol{A})^{-1}\boldsymbol{B}+\boldsymbol{D}$$

称为系统 (3.2.6) 的传递函数矩阵, 它是脉冲响应函数矩阵 $\boldsymbol{H}(t-s)$ 的 Laplace 变换.

**定义 3.4**　$(s\boldsymbol{I}_n-\boldsymbol{A})^{-1}$ 称为矩阵 $\boldsymbol{A}$ 的预解矩阵. $\det(s\boldsymbol{I}_n-\boldsymbol{A})$ 称为系统的特征多项式. 方程 $\det(s\boldsymbol{I}_n-\boldsymbol{A})=0$ 称为系统的特征方程, 特征方程的根称为系统的**极点**.

系统的零点比较复杂, 下面介绍两个常用的零点定义.

**定义 3.5**　**输入解耦零点**, 如果 $s$ 满足 $\operatorname{rank}[s\boldsymbol{I}_n-\boldsymbol{A},\boldsymbol{B}]<n$.

**输出解耦零点**, 如果 $s$ 满足 $\operatorname{rank}\begin{bmatrix}s\boldsymbol{I}_n-\boldsymbol{A}\\ \boldsymbol{C}\end{bmatrix}<n$.

### 3.2.3　线性系统的等价性

采用状态空间方法描述系统时, 需要选取一组状态变量, 可状态的选取并不唯一. 这就导致建立的状态方程和量测方程也不唯一. 于是产生一个问题: 采用不同的状态变量是否会改变系统的外部输入-输出性质. 考虑定常线性系统 (3.2.6), $\boldsymbol{T}$ 是 $n$ 阶任意非奇异方阵. 令

$$\widetilde{\boldsymbol{x}}=\boldsymbol{T}\boldsymbol{x}$$

则有

$$\begin{aligned}\dot{\widetilde{\boldsymbol{x}}} =&\boldsymbol{T}\boldsymbol{A}\boldsymbol{T}^{-1}\widetilde{\boldsymbol{x}}+\boldsymbol{T}\boldsymbol{B}\boldsymbol{u}(t)\triangleq\widetilde{\boldsymbol{A}}\widetilde{\boldsymbol{x}}+\widetilde{\boldsymbol{B}}\boldsymbol{u}(t)\\ \boldsymbol{y} =&\boldsymbol{C}\boldsymbol{T}^{-1}\widetilde{\boldsymbol{x}}+\boldsymbol{D}\boldsymbol{u}\triangleq\widetilde{\boldsymbol{C}}\widetilde{\boldsymbol{x}}+\boldsymbol{D}\boldsymbol{u}(t)\end{aligned}\tag{3.2.7}$$

我们称系统 (3.2.6) 和系统 (3.2.7) 为代数等价系统. 易知

$$
\begin{aligned}
\det[s\boldsymbol{I}_n - \widetilde{\boldsymbol{A}}] =& \det\boldsymbol{T}[s\boldsymbol{I}_n - \boldsymbol{A}]\boldsymbol{T}^{-1} = \det[s\boldsymbol{I}_n - \boldsymbol{A}] \\
\widetilde{\boldsymbol{W}}(s) =& \widetilde{\boldsymbol{C}}(s\boldsymbol{I}_n - \widetilde{\boldsymbol{A}})^{-1}\widetilde{\boldsymbol{B}} + \boldsymbol{D} = \boldsymbol{C}(s\boldsymbol{I}_n - \boldsymbol{A})^{-1}\boldsymbol{B} + \boldsymbol{D} = \boldsymbol{W}(s)
\end{aligned}
$$

因此代数等价系统的特征多项式和传递函数矩阵保持不变, 也就是说坐标变换保持系统的输入-输出关系不变. 这很容易理解, 状态变换反映了系统内部状态的不同选择, 不会也不应该影响系统的外部联系, 所以它能保持系统的输入-输出关系不变. 另外要注意反过来未必成立, 即具有相同传递函数矩阵的系统未必是代数等价系统, 可参见后面 6.3 小节——定常线性系统的实现.

### 3.2.4 复合系统的数学模型

在控制理论中, 一个复杂的系统常常由多个子系统通过并联, 串联和反馈三种连接方式连接而成.

1. 并联复合系统

两个子系统以如图 3.2 并联方式连接而成一个大系统.

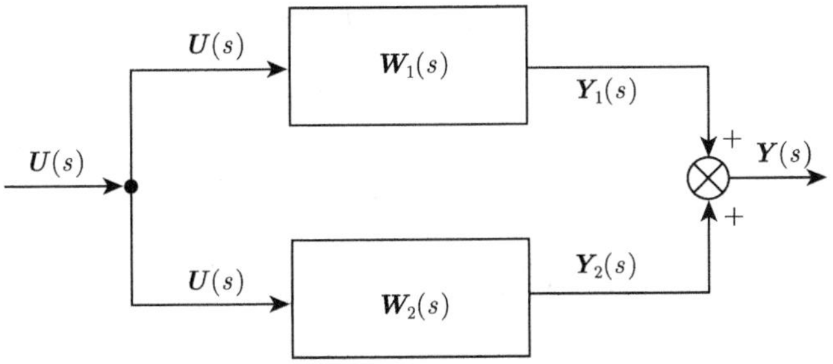


图 3.2 并联复合系统

易知两个子系统输入输出的维数要相同. 设两个子系统的状态方程为

$$
\begin{aligned}
\dot{\boldsymbol{x}}_i =& \boldsymbol{A}_i(t)\boldsymbol{x}_i + \boldsymbol{B}_i(t)\boldsymbol{u}(t), \quad i = 1, 2 \\
\boldsymbol{y}_i =& \boldsymbol{C}_i(t)\boldsymbol{x}_i + \boldsymbol{D}_i(t)\boldsymbol{u}(t), \quad i = 1, 2 \\
\boldsymbol{y} =& \boldsymbol{y}_1 + \boldsymbol{y}_2
\end{aligned}
\tag{3.2.8}
$$

并联复合系统的状态向量为

$$
\begin{pmatrix} \boldsymbol{x}_1 \\ \boldsymbol{x}_2 \end{pmatrix}
$$

于是并联复合系统的状态方程和量测方程为

$$\begin{aligned}\begin{pmatrix}\dot{\boldsymbol{x}}_1\\ \dot{\boldsymbol{x}}_2\end{pmatrix}&=\begin{bmatrix}\boldsymbol{A}_1(t) & \boldsymbol{0}\\ \boldsymbol{0} & \boldsymbol{A}_2(t)\end{bmatrix}\begin{pmatrix}\boldsymbol{x}_1\\ \boldsymbol{x}_2\end{pmatrix}+\begin{bmatrix}\boldsymbol{B}_1(t)\\ \boldsymbol{B}_2(t)\end{bmatrix}\boldsymbol{u}(t)\\ \boldsymbol{y}&=\begin{bmatrix}\boldsymbol{C}_1(t), & \boldsymbol{C}_2(t)\end{bmatrix}\begin{pmatrix}\boldsymbol{x}_1\\ \boldsymbol{x}_2\end{pmatrix}+[\boldsymbol{D}_1(t)+\boldsymbol{D}_2(t)]\boldsymbol{u}(t)\end{aligned} \tag{3.2.9}$$

如果系统 (3.2.8) 是定常系统, 则令它的传递函数矩阵为

$$\boldsymbol{W}_i(s)=\boldsymbol{C}_i(s\boldsymbol{I}_{n_i}-\boldsymbol{A}_i)^{-1}\boldsymbol{B}_i+\boldsymbol{D}_i,\quad i=1,2$$

于是有 $\boldsymbol{Y}(s)=\boldsymbol{Y}_1(s)+\boldsymbol{Y}_2(s)=\boldsymbol{W}_1(s)\boldsymbol{U}(s)+\boldsymbol{W}_2(s)\boldsymbol{U}(s)=[\boldsymbol{W}_1(s)+\boldsymbol{W}_2(s)]\boldsymbol{U}(s)$. 可知并联复合系统的传递函数矩阵为

$$\boldsymbol{W}(s)=\boldsymbol{W}_1(s)+\boldsymbol{W}_2(s)$$

2. 串联复合系统

两个子系统以如图 3.3 串联方式连接而成一个大系统, 前一个系统的输出刚好是后一个系统的输入.

$$\begin{aligned}\dot{\boldsymbol{x}}_1&=\boldsymbol{A}_1(t)\boldsymbol{x}_1+\boldsymbol{B}_1(t)\boldsymbol{u}(t)\\ \boldsymbol{y}_1&=\boldsymbol{C}_1(t)\boldsymbol{x}_1+\boldsymbol{D}_1(t)\boldsymbol{u}(t)\end{aligned} \tag{3.2.10}$$

$$\begin{aligned}\dot{\boldsymbol{x}}_2&=\boldsymbol{A}_2(t)\boldsymbol{x}_2+\boldsymbol{B}_2(t)\boldsymbol{y}_1\\ \boldsymbol{y}_2&=\boldsymbol{C}_2(t)\boldsymbol{x}_2+\boldsymbol{D}_2(t)\boldsymbol{y}_1\end{aligned} \tag{3.2.11}$$

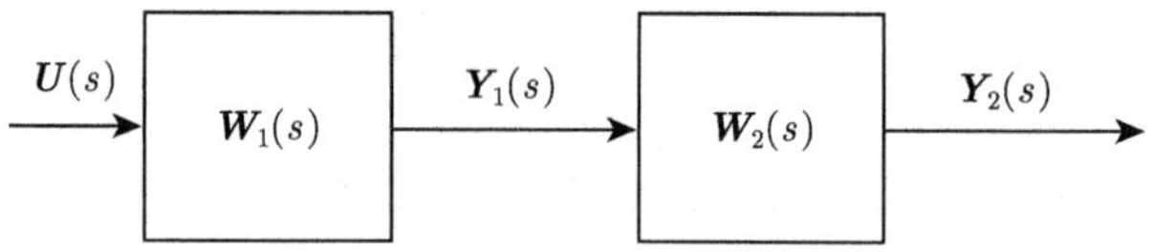


图 3.3　串联复合系统

类似地, 可以得到串联复合系统的状态方程和量测方程:

$$\begin{aligned}\begin{pmatrix}\dot{\boldsymbol{x}}_1\\ \dot{\boldsymbol{x}}_2\end{pmatrix}&=\begin{bmatrix}\boldsymbol{A}_1(t) & \boldsymbol{0}\\ \boldsymbol{B}_2(t)\boldsymbol{C}_1(t) & \boldsymbol{A}_2(t)\end{bmatrix}\begin{pmatrix}\boldsymbol{x}_1\\ \boldsymbol{x}_2\end{pmatrix}+\begin{bmatrix}\boldsymbol{B}_1(t)\\ \boldsymbol{B}_2(t)\boldsymbol{D}_1(t)\end{bmatrix}\boldsymbol{u}(t)\\ \boldsymbol{y}&=\begin{bmatrix}\boldsymbol{D}_2(t)\boldsymbol{C}_1(t), & \boldsymbol{C}_2(t)\end{bmatrix}\begin{pmatrix}\boldsymbol{x}_1\\ \boldsymbol{x}_2\end{pmatrix}+\boldsymbol{D}_2(t)\boldsymbol{D}_1(t)\boldsymbol{u}(t)\end{aligned} \tag{3.2.12}$$

当系统 (3.2.10) 和系统 (3.2.11) 都是定常系统时, 令它们的传递函数矩阵分别为

$$\boldsymbol{W}_i(s) = \boldsymbol{C}_i(s\boldsymbol{I}_{n_i} - \boldsymbol{A}_i)^{-1}\boldsymbol{B}_i + \boldsymbol{D}_i, \quad i = 1, 2$$

由 $\boldsymbol{Y}_2(s) = \boldsymbol{W}_2(s)\boldsymbol{Y}_1(s) = \boldsymbol{W}_2(s)\boldsymbol{W}_1(s)\boldsymbol{U}(s)$, 可知串联复合系统的传递函数矩阵为

$$\boldsymbol{W}(s) = \boldsymbol{W}_2(s)\boldsymbol{W}_1(s)$$

3. 反馈复合系统

两个子系统以如图 3.4 反馈方式连接而成一个大系统, 第一个系统的输出刚好是第二个系统的输入, 第二个系统的输出又返回作为第一个系统的输入. 这里的 $\boldsymbol{u}(\cdot)$ 看作整个大系统的控制输入.

$$\begin{aligned} \dot{\boldsymbol{x}}_1 &= \boldsymbol{A}_1(t)\boldsymbol{x}_1 + \boldsymbol{B}_1(t)\boldsymbol{u}_1(t) \\ \boldsymbol{y} &= \boldsymbol{C}_1(t)\boldsymbol{x}_1 + \boldsymbol{D}_1(t)\boldsymbol{u}_1(t) \end{aligned} \tag{3.2.13}$$

$$\begin{aligned} \dot{\boldsymbol{x}}_2 &= \boldsymbol{A}_2(t)\boldsymbol{x}_2 + \boldsymbol{B}_2(t)\boldsymbol{y}(t) \\ \boldsymbol{y}_1 &= \boldsymbol{C}_2(t)\boldsymbol{x}_2 + \boldsymbol{D}_2(t)\boldsymbol{y}(t) \\ \boldsymbol{u}_1(t) &= \boldsymbol{y}_1(t) + \boldsymbol{u}(t) \end{aligned} \tag{3.2.14}$$

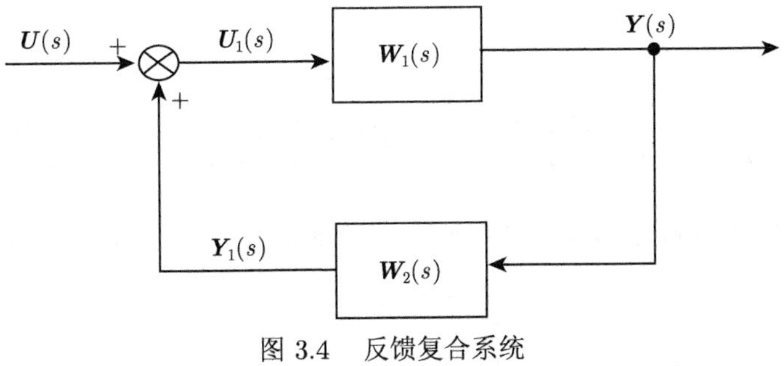


图 3.4　反馈复合系统

如果系统 (3.2.13) 和系统 (3.2.14) 都是定常系统时, 则有 $\boldsymbol{Y}(s) = \boldsymbol{W}_1(s)\boldsymbol{U}_1(s)$, $\boldsymbol{Y}_1(s) = \boldsymbol{W}_2(s)\boldsymbol{Y}(s)$, $\boldsymbol{U}_1(s) = \boldsymbol{Y}_1(s) + \boldsymbol{U}(s)$. 于是有

$$\begin{aligned} \boldsymbol{Y}(s) &= \boldsymbol{W}_1(s)[\boldsymbol{Y}_1(s) + \boldsymbol{U}(s)] = \boldsymbol{W}_1(s)[\boldsymbol{W}_2(s)\boldsymbol{Y}(s) + \boldsymbol{U}(s)] \\ &= \boldsymbol{W}_1(s)\boldsymbol{W}_2(s)\boldsymbol{Y}(s) + \boldsymbol{W}_1(s)\boldsymbol{U}(s) \end{aligned} \tag{3.2.15}$$

移项有 $[\boldsymbol{I}-\boldsymbol{W}_1(s)\boldsymbol{W}_2(s)]\boldsymbol{Y}(s)=\boldsymbol{W}_1(s)\boldsymbol{U}(s)$. 于是反馈复合系统的传递函数矩阵为

$$\boldsymbol{W}(s)=[\boldsymbol{I}-\boldsymbol{W}_1(s)\boldsymbol{W}_2(s)]^{-1}\boldsymbol{W}_1(s)$$

另外由于

$$[\boldsymbol{I}-\boldsymbol{W}_1(s)\boldsymbol{W}_2(s)]^{-1}\boldsymbol{W}_1(s)=\boldsymbol{W}_1(s)[\boldsymbol{I}-\boldsymbol{W}_2(s)\boldsymbol{W}_1(s)]^{-1}$$

故反馈复合系统的传递函数矩阵也写为

$$\boldsymbol{W}(s)=\boldsymbol{W}_1(s)[\boldsymbol{I}-\boldsymbol{W}_2(s)\boldsymbol{W}_1(s)]^{-1}$$

注意 $\det[\boldsymbol{I}-\boldsymbol{W}_1(s)\boldsymbol{W}_2(s)]\neq 0$ 是使反馈系统有意义的不可或缺的条件, 或者说是反馈系统物理能实现的条件.

## 思考与练习

(1) 在反馈复合系统中, 令 $\boldsymbol{D}(t)=\boldsymbol{I}-\boldsymbol{D}_1(t)\boldsymbol{D}_2(t)$. 如果对所有的 $t$, $\boldsymbol{D}^{-1}(t)$ 存在 (此即反馈复合系统能物理实现的条件). 证明反馈复合系统的状态方程和量测方程为

$$\begin{pmatrix}\dot{\boldsymbol{x}}_1\\ \dot{\boldsymbol{x}}_2\end{pmatrix}=\boldsymbol{A}(t)\begin{pmatrix}\boldsymbol{x}_1\\ \boldsymbol{x}_2\end{pmatrix}+\begin{bmatrix}\boldsymbol{B}_1(t)+\boldsymbol{B}_1(t)\boldsymbol{D}_2(t)\boldsymbol{D}^{-1}(t)\boldsymbol{D}_1(t)\\ \boldsymbol{B}_2(t)\boldsymbol{D}^{-1}(t)\boldsymbol{D}_1(t)\end{bmatrix}\boldsymbol{u}(t)$$

$$\boldsymbol{y}=[\ \boldsymbol{D}^{-1}(t)\boldsymbol{C}_1(t),\quad \boldsymbol{D}^{-1}(t)\boldsymbol{D}_1(t)\boldsymbol{C}_2(t)\ ]\begin{pmatrix}\boldsymbol{x}_1\\ \boldsymbol{x}_2\end{pmatrix}+\boldsymbol{D}^{-1}(t)\boldsymbol{D}_1(t)\boldsymbol{u}(t)$$

其中

$$\begin{aligned}&\boldsymbol{A}(t)\\ =&\begin{bmatrix}\boldsymbol{A}_1(t)+\boldsymbol{B}_1(t)\boldsymbol{D}_2(t)\boldsymbol{D}^{-1}(t)\boldsymbol{C}_1(t) & \boldsymbol{B}_1(t)\boldsymbol{C}_2(t)+\boldsymbol{B}_1(t)\boldsymbol{D}_2(t)\boldsymbol{D}^{-1}(t)\boldsymbol{D}_1(t)\boldsymbol{C}_2(t)\\ \boldsymbol{B}_2(t)\boldsymbol{D}^{-1}(t)\boldsymbol{C}_1(t) & \boldsymbol{A}_2(t)+\boldsymbol{B}_2(t)\boldsymbol{D}^{-1}(t)\boldsymbol{D}_1(t)\boldsymbol{C}_2(t)\end{bmatrix}\end{aligned}$$

(2) 已知某系统的输出和输入的关系如图 3.5 所示, 求出该系统的输入输出传递函数.

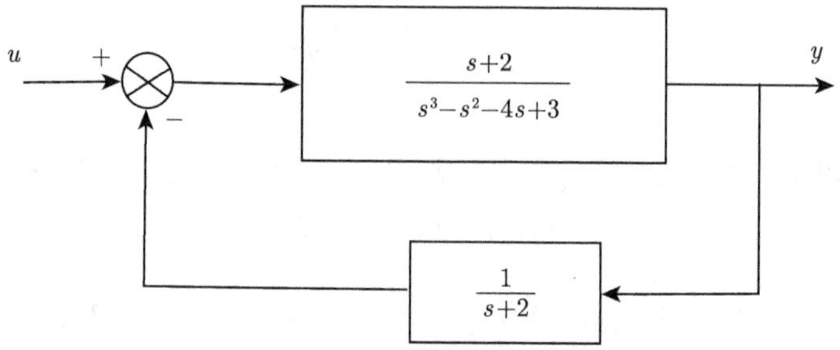


图 3.5　方块图

(3) 已知某系统的输出和输入关系如图 3.6 所示, 其控制变量为 $u$, 输出变量为 $y$. 试求其输入输出传递函数.

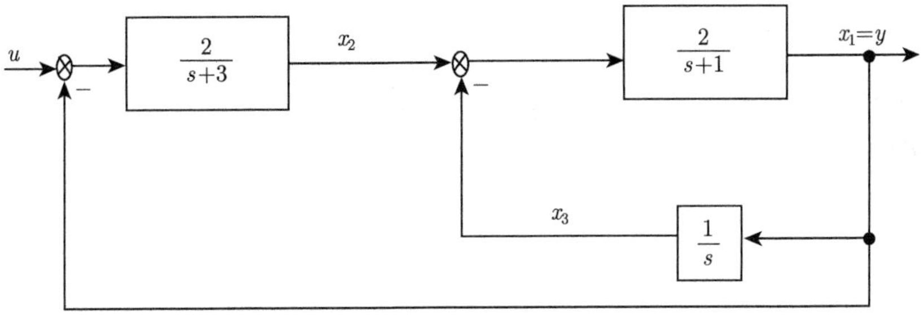


图 3.6 方块图

(4) 某反馈系统如图 3.7 所示, 其中输入是 $u$, 输出是 $y$. 求输入输出传递函数, 又是否有合适的参数 $k,a,b$ 使得反馈系统是最小相位的? 如无, 试证明之; 如有, 试给出满足要求的参数取值范围.

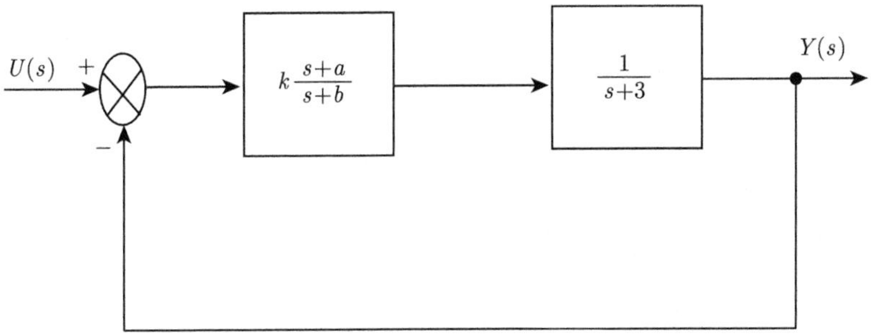


图 3.7 方块图

(5) 考虑图 3.8 所示反馈复合系统, 应用 Routh-Hurwitz 稳定性判据, 求使得该反馈复合系统稳定 (即极点在左半平面) 的 $k$ 取值范围.

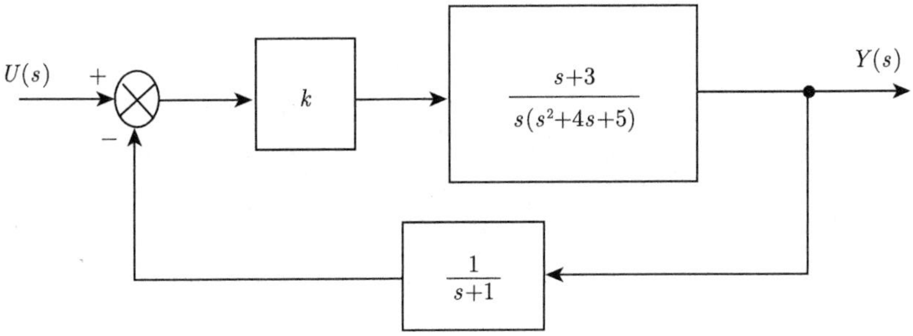


图 3.8 方块图

(6) 考虑下面定常线性系统

$$\begin{aligned} \dot{\boldsymbol{x}} &= \boldsymbol{A}\boldsymbol{x} + \boldsymbol{B}\boldsymbol{u}(t) \\ \boldsymbol{y} &= \boldsymbol{C}\boldsymbol{x} \end{aligned} \tag{3.2.16}$$

证明: 如果 $\boldsymbol{A}$ 是稳定的, 则当输入是常值时, 输出 $\boldsymbol{y}(t)$ 的极限存在, 即当 $\boldsymbol{u}(t) \equiv \boldsymbol{k}$ 时, $\lim\limits_{t\to+\infty} \boldsymbol{y}(t)$ 存在.

# 第 4 章　线性系统的能控性

系统的能控性和第 5 章将要介绍的能观测性是控制系统的两个最基本的性质, 它们刻画了控制系统的内在结构特性. 本章首先介绍系统的能控性.

## 4.1　能控性的定义

能控性, 顾名思义应该就是已知系统当前的时刻和状态, 能否找到合适的控制来驱动系统在有限时间内到达某个希望的状态, 也就是控制输入在多大程度上影响系统每一状态的运动问题. 由于在控制系统中, 控制 $\boldsymbol{u}(t)$ 是我们所施加的, 当然是为我们所知的, $\boldsymbol{y}$ 是可量测的输出, 也是我们所知的. 故可构造新的输出 $\widetilde{\boldsymbol{y}}=\boldsymbol{y}-\boldsymbol{D}(t)\boldsymbol{u}(t)=\boldsymbol{C}(t)\boldsymbol{x}$. 为简单起见, 今后的量测方程都省略 $\boldsymbol{D}(t)\boldsymbol{u}(t)$ 项. 下面考虑如下用状态空间法描述的线性系统:

$$
\begin{aligned}
\dot{\boldsymbol{x}} &=\boldsymbol{A}(t)\boldsymbol{x}+\boldsymbol{B}(t)\boldsymbol{u}(t)\\
\boldsymbol{y} &=\boldsymbol{C}(t)\boldsymbol{x}
\end{aligned}
\tag{4.1.1}
$$

为方便起见, 有时我们记系统 (4.1.1) 为 $(\boldsymbol{A}(t),\boldsymbol{B}(t),\boldsymbol{C}(t))$. 如果系统 (4.1.1) 是定常的, 也记为 $(\boldsymbol{A},\boldsymbol{B},\boldsymbol{C})$. 在给出能控性的定义前, 先来看几个例子.

**例 4.1**　考虑一维系统

$$
\dot{x}=x+u(t),\quad x(t_0)=x_0
$$

其中, $u(\cdot)$ 为控制输入. 给定初始状态, 寻找一个容许控制输入 $u(\cdot)$, 以及某个有限的时刻 $t_1>t_0$, 使得系统在控制输入 $u$ 作用下, 在 $t_1$ 时刻状态 $x(t_1)=0$.

解系统状态方程得

$$
x(t)=\mathrm{e}^{t-t_0}x_0+\int_{t_0}^{t}\mathrm{e}^{t-s}u(s)\mathrm{d}s
$$

令

$$
u(t)=\frac{-1}{\displaystyle\int_{t_0}^{t_1}\mathrm{e}^{2(t_1-s)}\mathrm{d}s}\mathrm{e}^{2t_1-t-t_0}x_0
$$

则可得到 $x(t_1)=0$, 其中 $t_1$ 是任意大于 $t_0$ 的时刻. ■

**例 4.2** 考虑二阶系统

$$\dot{x}_1 = x_2$$
$$\dot{x}_2 = u(t)$$

试对给定初始状态 $(x_{10}, x_{20})^{\mathrm{T}}$, 寻找某个有限的时刻 $t_1 > t_0$, 和定义在 $[t_0, t_1]$ 上的一个容许控制输入 $u(\cdot)$, 使得系统由初始状态 $(x_{10}, x_{20})^{\mathrm{T}}$ 出发的轨线在 $t_1$ 时刻到达零状态, 即 $x_1(t_1) = 0, x_2(t_1) = 0$.

解系统状态方程得

$$x_1(t) = x_{10} + (t - t_0)x_{20} + \int_{t_0}^{t} (t - s)u(s)\mathrm{d}s$$
$$x_2(t) = x_{20} + \int_{t_0}^{t} u(s)\mathrm{d}s$$

用向量-矩阵形式写出状态方程的解, 有

$$\boldsymbol{x}(t) = \boldsymbol{\Phi}(t - t_0)\boldsymbol{x}_0 + \int_{t_0}^{t} \boldsymbol{\Phi}(t - s)\boldsymbol{b}u(s)\mathrm{d}s$$

其中

$$\boldsymbol{x}(t) = \begin{pmatrix} x_1(t) \\ x_2(t) \end{pmatrix}, \boldsymbol{x}_0 = \begin{pmatrix} x_{10} \\ x_{20} \end{pmatrix}, \boldsymbol{b} = \begin{pmatrix} 0 \\ 1 \end{pmatrix}$$

$$\boldsymbol{\Phi}(t - t_0) = \begin{bmatrix} 1 & t - t_0 \\ 0 & 1 \end{bmatrix}$$

是系统的状态转移矩阵. 定义矩阵

$$\boldsymbol{W}(t, t_0) \triangleq \int_{t_0}^{t} \boldsymbol{\Phi}(t - s)\boldsymbol{b}\boldsymbol{b}^{\mathrm{T}}\boldsymbol{\Phi}^{\mathrm{T}}(t - s)\mathrm{d}s$$
$$= \int_{t_0}^{t} \begin{bmatrix} (t - s)^2 & t - s \\ t - s & 1 \end{bmatrix} \mathrm{d}s = \begin{bmatrix} \frac{1}{3}(t - t_0)^3 & \frac{1}{2}(t - t_0)^2 \\ \frac{1}{2}(t - t_0)^2 & t - t_0 \end{bmatrix}$$

其行列式

$$\det \boldsymbol{W}(t, t_0) = \frac{1}{12}(t - t_0)^4$$

于是任取 $t_1 > t_0$, 及令

$$u(t) = -\boldsymbol{b}^{\mathrm{T}}\boldsymbol{\Phi}^{\mathrm{T}}(t_1 - t)\boldsymbol{W}^{-1}(t_1, t_0)\boldsymbol{\Phi}(t_1 - t_0)\boldsymbol{x}_0$$

易验证在这个控制下有 $\boldsymbol{x}(t_1) = \mathbf{0}$. ■

**例 4.3** 研究二阶系统

$$\begin{aligned}\dot{x}_1 &= u(t)\\ \dot{x}_2 &= u(t)\end{aligned}$$

初始值 $x_1(t_0) = x_{10}, x_2(t_0) = x_{20}$.

显然有

$$\begin{aligned}x_1(t) &= x_{10} + \int_{t_0}^{t} u(s)\mathrm{d}s\\ x_2(t) &= x_{20} + \int_{t_0}^{t} u(s)\mathrm{d}s\end{aligned}$$

容易看出, 只要 $x_{10} \neq x_{20}$, 那无论在任何时刻 $t_1 > t_0$, 都不可能找到容许控制 $u(t), t \in [t_0, t_1]$, 使得在这个容许控制下, $x_1(t), x_2(t)$ 同时达到零状态. ■

**定义 4.1** 如果系统 (4.1.1) 在 $t_0$ 时刻对任意给定的初始状态 $\boldsymbol{x}(t_0) = \boldsymbol{x}_0$, 总能找到某个有限时刻 $t_1 > t_0$ 和定义在 $[t_0, t_1]$ 上的一个容许控制[①]输入 $\boldsymbol{u}(\cdot)$, 使得系统从 $\boldsymbol{x}_0$ 出发的轨线在此控制的作用下在 $t_1$ 时刻到达零状态, 即 $\boldsymbol{x}(t_1) = \mathbf{0}$, 那么称系统在 $t_0$ 时刻是完全能控的, 简称能控的. 如果系统在时间间隔 $[t_0, T]$ 上的每一个时刻都是完全能控的, 那么系统在 $[t_0, T]$ 上是完全能控的.

**定义 4.2** 在 $t_0$ 时刻给定系统 (4.1.1) 的初始状态 $\boldsymbol{x}(t_0) = \boldsymbol{x}_0$, 如果存在某个有限时刻 $t_1 > t_0$ 和定义在 $[t_0, t_1]$ 上的一个容许控制输入 $\boldsymbol{u}(\cdot)$, 使得系统在这个控制的作用下, 从 $\boldsymbol{x}_0$ 出发的运动轨线在 $t_1$ 时刻到达零状态, 即 $\boldsymbol{x}(t_1) = \mathbf{0}$, 那么 $\boldsymbol{x}_0$ 是系统 (4.1.1) 在 $t_0$ 时刻的能控状态.

能控状态这个概念对系统的初始状态进行分类, 部分状态是能控的, 另外一部分是不能控的. 比如例 4.3 中状态 $(x_{10}, x_{20})^{\mathrm{T}}$, 当 $x_{10} = x_{20}$ 时就是能控状态, 否则就不是能控状态.

**定义 4.3** 如果对系统 (4.1.1) 任意给定的状态 $\boldsymbol{x}_1$, 总能找到某个有限时刻 $t_1 > t_0$ 和定义在 $[t_0, t_1]$ 上的一个容许控制输入 $\boldsymbol{u}(\cdot)$, 使得系统在这个控制的作用下, 在 $t_0$ 时刻从零状态出发的轨线在 $t_1$ 时刻到达状态 $\boldsymbol{x}(t_1) = \boldsymbol{x}_1$, 那么称系统 (4.1.1) 在 $t_0$ 时刻是完全能达的. 如果系统在时间间隔 $[t_0, T]$ 上的每一个时刻都是完全能达的, 那么系统在 $[t_0, T]$ 上是完全能达的.

① 控制目标不同, 容许控制的定义也不同. 一般情况下, 容许控制选取为时间的右连续分段函数.

## 4.2 能控性判据

**定理 4.1** 系统 (4.1.1) 在 $t_0$ 时刻能控的充分必要条件是: 存在某有限时刻 $t_1 > t_0$, 使得矩阵

$$\boldsymbol{W}(t_1,t_0)=\int_{t_0}^{t_1}\boldsymbol{\Phi}(t_1,s)\boldsymbol{B}(s)\boldsymbol{B}^{\mathrm{T}}(s)\boldsymbol{\Phi}^{\mathrm{T}}(t_1,s)\mathrm{d}s$$

是正定的, 其中 $\boldsymbol{\Phi}(t,s)$ 是系统 (4.1.1) 的状态转移矩阵.

证明: (1) **充分性**.

设存在 $t_1 > t_0$ 使得 $\boldsymbol{W}(t_1,t_0) > 0$. 又设 $\boldsymbol{x}_0$ 是系统 (4.1.1) 在 $t_0$ 时刻的任意初始状态, 定义控制输入

$$\boldsymbol{u}(t)=-\boldsymbol{B}^{\mathrm{T}}(t)\boldsymbol{\Phi}^{\mathrm{T}}(t_1,t)\boldsymbol{W}^{-1}(t_1,t_0)\boldsymbol{\Phi}(t_1,t_0)\boldsymbol{x}_0,\qquad t\in[t_0,t_1] \tag{4.2.1}$$

由系统的状态方程的解有

$$\boldsymbol{x}(t_1)=\boldsymbol{\Phi}(t_1,t_0)\boldsymbol{x}_0+\int_{t_0}^{t_1}\boldsymbol{\Phi}(t_1,s)\boldsymbol{B}(s)\boldsymbol{u}(s)\mathrm{d}s$$

易知, 系统在此控制 (4.2.1) 的作用下有 $\boldsymbol{x}(t_1)=\boldsymbol{0}$. 故系统 (4.1.1) 在 $t_0$ 时刻是完全能控的.

(2) **必要性**.

用反证法. 否则, 任意 $t_1 > t_0$, $\boldsymbol{W}(t_1,t_0)$ 是奇异的. 又系统是完全能控的, 则存在某时刻 $t_1^* > t_0$, 使得对每个初始状态 $\boldsymbol{x}_0$, 都能找到一个定义在 $[t_0,t_1^*]$ 上的容许控制, 使得系统由 $\boldsymbol{x}_0$ 出发的轨线在此控制下在 $t_1^*$① 时到达零状态, 即 $\boldsymbol{x}(t_1^*)=\boldsymbol{0}$.

又依假设: 对此 $t_1^*$, $\boldsymbol{W}(t_1^*,t_0)$ 是奇异的, 于是有非零 $n$ 维向量 $\boldsymbol{z}$, 使得

$$\boldsymbol{z}^{\mathrm{T}}\boldsymbol{W}(t_1^*,t_0)\boldsymbol{z}=0$$

即

$$\int_{t_0}^{t_1^*}\boldsymbol{z}^{\mathrm{T}}\boldsymbol{\Phi}(t_1^*,s)\boldsymbol{B}(s)\boldsymbol{B}^{\mathrm{T}}(s)\boldsymbol{\Phi}^{\mathrm{T}}(t_1^*,s)\boldsymbol{z}\mathrm{d}s=0$$

故

$$\boldsymbol{z}^{\mathrm{T}}\boldsymbol{\Phi}(t_1^*,s)\boldsymbol{B}(s)\overset{a.e.}{=}\boldsymbol{0},\qquad s\in[t_0,t_1^*]$$

① 注意此处与能控性定义的区别, 在这里 $t_1^*$ 是不变的, 不随着初始状态 $\boldsymbol{x}_0$ 的改变而改变. 为什么可以这样? 留作思考题.

这里 $\stackrel{a.e.}{=}$ 表示几乎处处相等.

又因为系统完全能控, 因此对初始状态 $\boldsymbol{x}_0 = -\boldsymbol{\Phi}(t_0, t_1^*)\boldsymbol{z}$ 也能找到定义在 $[t_0, t_1^*]$ 上的容许控制 $\boldsymbol{u}_0(t)$ 使得

$$\boldsymbol{0} = \boldsymbol{\Phi}(t_1^*, t_0)\boldsymbol{x}_0 + \int_{t_0}^{t_1^*} \boldsymbol{\Phi}(t_1^*, s)\boldsymbol{B}(s)\boldsymbol{u}_0(s)\mathrm{d}s$$

将 $\boldsymbol{x}_0$ 代入上式, 得

$$\boldsymbol{z} = \int_{t_0}^{t_1^*} \boldsymbol{\Phi}(t_1^*, s)\boldsymbol{B}(s)\boldsymbol{u}_0(s)\mathrm{d}s$$

两边左乘 $\boldsymbol{z}^{\mathrm{T}}$ 得

$$\|\boldsymbol{z}\|^2 = \int_{t_0}^{t_1^*} \boldsymbol{z}^{\mathrm{T}}\boldsymbol{\Phi}(t_1^*, s)\boldsymbol{B}(s)\boldsymbol{u}_0(s)\mathrm{d}s = 0$$

由此得到 $\boldsymbol{z} = \boldsymbol{0}$, 矛盾. ■

通常把矩阵 $\boldsymbol{W}(t, s)$ 称为系统 (4.1.1) 的能控性矩阵. 如果存在某有限时刻 $t_1 > t_0$, 使得矩阵 $\boldsymbol{W}(t_1, t_0)$ 非奇异, 则控制函数

$$\boldsymbol{u}_0(t) = -\boldsymbol{B}^{\mathrm{T}}(t)\boldsymbol{\Phi}^{\mathrm{T}}(t_1, t)\boldsymbol{W}^{-1}(t_1, t_0)\boldsymbol{\Phi}(t_1, t_0)\boldsymbol{x}_0 \tag{4.2.2}$$

把系统 (4.1.1) 的初始状态 $\boldsymbol{x}(t_0) = \boldsymbol{x}_0$ 驱动到 $\boldsymbol{x}(t_1) = \boldsymbol{0}$.

当然, 这样的控制并非唯一, 但可以证明由式 (4.2.2) 定义的容许控制是实现这种状态转移的所有控制函数中所耗 "能量" 最小的一个. 即 $\boldsymbol{u}(t)$ 是任意一个实现上述状态转移的容许控制, 则有

$$\begin{aligned}\int_{t_0}^{t_1} \|\boldsymbol{u}(t)\|^2\mathrm{d}t &\geqslant \int_{t_0}^{t_1} \|\boldsymbol{u}_0(t)\|^2\mathrm{d}t \\ &= \boldsymbol{x}_0^{\mathrm{T}}\boldsymbol{\Phi}^{\mathrm{T}}(t_1, t_0)\boldsymbol{W}^{-1}(t_1, t_0)\boldsymbol{\Phi}(t_1, t_0)\boldsymbol{x}_0\end{aligned}$$

由于

$$\begin{aligned}\boldsymbol{0} =& \boldsymbol{\Phi}(t_1, t_0)\boldsymbol{x}_0 + \int_{t_0}^{t_1} \boldsymbol{\Phi}(t_1, s)\boldsymbol{B}(s)\boldsymbol{u}_0(s)\mathrm{d}s \\ \boldsymbol{0} =& \boldsymbol{\Phi}(t_1, t_0)\boldsymbol{x}_0 + \int_{t_0}^{t_1} \boldsymbol{\Phi}(t_1, s)\boldsymbol{B}(s)\boldsymbol{u}(s)\mathrm{d}s\end{aligned}$$

两式相减, 得

$$\int_{t_0}^{t_1} \boldsymbol{\Phi}(t_1, s)\boldsymbol{B}(s)[\boldsymbol{u}(s) - \boldsymbol{u}_0(s)]\mathrm{d}s = \boldsymbol{0}$$

两边再左乘 $\boldsymbol{x}_0^{\mathrm{T}}\boldsymbol{\varPhi}^{\mathrm{T}}(t_1,t_0)\boldsymbol{W}^{-1}(t_1,t_0)$ 得

$$\int_{t_0}^{t_1}\boldsymbol{u}_0^{\mathrm{T}}(s)[\boldsymbol{u}(s)-\boldsymbol{u}_0(s)]\mathrm{d}s=\mathbf{0}$$

即

$$\int_{t_0}^{t_1}\boldsymbol{u}_0^{\mathrm{T}}(s)\boldsymbol{u}(s)\mathrm{d}s=\int_{t_0}^{t_1}\|\boldsymbol{u}_0(s)\|^2\mathrm{d}s$$

最后, 显然有

$$\begin{aligned}0&\leqslant\int_{t_0}^{t_1}\|\boldsymbol{u}_0(s)-\boldsymbol{u}(s)\|^2\mathrm{d}s\\&=\int_{t_0}^{t_1}[\|\boldsymbol{u}_0(s)\|^2-2\boldsymbol{u}_0^{\mathrm{T}}(s)\boldsymbol{u}(s)+\|\boldsymbol{u}(s)\|^2]\mathrm{d}s\\&=\int_{t_0}^{t_1}[\|\boldsymbol{u}(s)\|^2-\|\boldsymbol{u}_0(s)\|^2]\mathrm{d}s\end{aligned}$$

即

$$\int_{t_0}^{t_1}\|\boldsymbol{u}(t)\|^2\mathrm{d}t\geqslant\int_{t_0}^{t_1}\|\boldsymbol{u}_0(t)\|^2\mathrm{d}t$$

因为系统的状态转移矩阵一般无法得到其解析解, 所以我们虽然得到了线性系统能控性的充要条件, 但并不容易验证. 下面研究能否找到较易验证的充分条件.

**定理 4.2**　假设 $\boldsymbol{A}(t),\boldsymbol{B}(t)$ 都是 $t$ 的连续函数矩阵, 则系统 (4.1.1) 在 $t_0$ 时刻能控的充分必要条件是: 存在某个有限时刻 $t_1>t_0$, 使得矩阵 $\boldsymbol{\varPhi}(t_1,s)\boldsymbol{B}(s)$ 在 $[t_0,t_1]$ 上对任意非零向量 $\boldsymbol{z}$ 都有

$$\boldsymbol{z}^{\mathrm{T}}\boldsymbol{\varPhi}(t_1,s)\boldsymbol{B}(s)\neq\mathbf{0},\qquad t_0\leqslant s\leqslant t_1\tag{4.2.3}$$

证明: (1) **充分性**.

假设式 (4.2.3) 成立, 但是系统 (4.1.1) 在 $t_0$ 时刻不能控. 则由定理 4.1 可知, 对任意 $t_1>t_0$, $\boldsymbol{W}(t_1,t_0)$ 都是奇异的. 因此对每个 $t_1>t_0$, 总存在非零矢量 $\boldsymbol{z}$, 使得

$$\boldsymbol{z}^{\mathrm{T}}\boldsymbol{W}(t_1,t_0)\boldsymbol{z}=0$$

即

$$\int_{t_0}^{t_1}\boldsymbol{z}^{\mathrm{T}}\boldsymbol{\varPhi}(t_1,\tau)\boldsymbol{B}(\tau)\boldsymbol{B}^{\mathrm{T}}(\tau)\boldsymbol{\varPhi}^{\mathrm{T}}(t_1,\tau)\boldsymbol{z}\mathrm{d}\tau=0$$

由于 $\boldsymbol{A}(t)$ 和 $\boldsymbol{B}(t)$ 都是连续的, 因此必有

$$\boldsymbol{z}^{\mathrm{T}}\boldsymbol{\Phi}(t_1,\tau)\boldsymbol{B}(\tau)\equiv\boldsymbol{0},\qquad t_0\leqslant\tau\leqslant t_1$$

这与式 (4.2.3) 矛盾. 故系统 (4.1.1) 在 $t_0$ 时刻是能控的.

(2) **必要性**.

假设系统 (4.1.1) 在 $t_0$ 时刻是能控的, 但是对任意时刻 $t_1>t_0$, 式 (4.2.3) 都不成立, 则无论 $t_1$ 多大, 总有非零向量 $\boldsymbol{z}$ 使得

$$\boldsymbol{z}^{\mathrm{T}}\boldsymbol{W}(t_1,t_0)\boldsymbol{z}=0$$

这说明 $\boldsymbol{W}(t_1,t_0)$ 是奇异的. 由定理 4.1 可知, 这与系统 (4.1.1) 在 $t_0$ 时刻能控矛盾. 于是至少存在某个 $t_1>t_0$ 使得式 (4.2.3) 成立. ■

**定理 4.3** 假设系统 (4.1.1) 中的 $\boldsymbol{A}(t),\boldsymbol{B}(t)$ 的每个元分别是 $n-2$ 和 $n-1$ 次连续可微, 记

$$\begin{aligned}&\boldsymbol{B}_1(t)=\boldsymbol{B}(t)\\&\boldsymbol{B}_i(t)=-\boldsymbol{A}(t)\boldsymbol{B}_{i-1}(t)+\dot{\boldsymbol{B}}_{i-1}(t),\quad i=2,3,\cdots,n\end{aligned}\tag{4.2.4}$$

令

$$\boldsymbol{Q}(t)\triangleq[\boldsymbol{B}_1(t),\boldsymbol{B}_2(t),\cdots,\boldsymbol{B}_n(t)]\tag{4.2.5}$$

如果存在某个时刻 $t_1>t_0$, 使得 $\mathrm{rank}\boldsymbol{Q}(t_1)=n$, 那么系统 (4.1.1) 在 $t_0$ 时刻能控.

证明: 假设系统 (4.1.1) 在 $t_0$ 时不能控, 由定理 4.2, 任意 $t_1>t_0$, 总存在非零向量 $\boldsymbol{z}$, 使得

$$\boldsymbol{z}^{\mathrm{T}}\boldsymbol{\Phi}(t_1,t)\boldsymbol{B}(t)\equiv\boldsymbol{0},\qquad t\in[t_0,t_1]$$

对上式两边微分, 得

$$\boldsymbol{z}^{\mathrm{T}}\frac{\mathrm{d}}{\mathrm{d}t}(\boldsymbol{\Phi}(t_1,t)\boldsymbol{B}(t))\equiv\boldsymbol{0},\qquad t\in[t_0,t_1]$$

由状态转移矩阵的性质有:

$$\begin{aligned}\frac{\mathrm{d}}{\mathrm{d}t}\boldsymbol{\Phi}(t_1,t)&=-\boldsymbol{\Phi}(t_1,t)\dot{\boldsymbol{\Phi}}(t,t_1)\boldsymbol{\Phi}(t_1,t)\\&=-\boldsymbol{\Phi}(t_1,t)\boldsymbol{A}(t)\boldsymbol{\Phi}(t,t_1)\boldsymbol{\Phi}(t_1,t)\\&=-\boldsymbol{\Phi}(t_1,t)\boldsymbol{A}(t)\end{aligned}$$

于是, 有

$$z^{\mathrm{T}}\boldsymbol{\Phi}(t_1,t)[-\boldsymbol{A}(t)\boldsymbol{B}(t)+\dot{\boldsymbol{B}}(t)]\equiv\mathbf{0},\qquad t\in[t_0,t_1]$$

即

$$z^{\mathrm{T}}\boldsymbol{\Phi}(t_1,t)\boldsymbol{B}_2(t)\equiv\mathbf{0},\qquad t\in[t_0,t_1]$$

继续微分, 可推知

$$z^{\mathrm{T}}\boldsymbol{\Phi}(t_1,t)\boldsymbol{B}_i(t)\equiv\mathbf{0},\qquad t\in[t_0,t_1],\qquad i=2,3,\cdots,n$$

令 $t=t_1$, 有

$$z^{\mathrm{T}}\boldsymbol{B}_i(t_1)=\mathbf{0},\qquad i=1,2,3,\cdots,n$$

从而有 $z^{\mathrm{T}}\boldsymbol{Q}(t_1)=\mathbf{0}$, 即 $\mathrm{rank}\boldsymbol{Q}(t_1)<n$. 由 $t_1$ 的任意性, 与已知矛盾. ■

## 4.3　定常系统能控性判据

考虑定常线性系统:

$$\begin{aligned}\dot{\boldsymbol{x}}=&\boldsymbol{A}\boldsymbol{x}+\boldsymbol{B}\boldsymbol{u}(t)\\ \boldsymbol{y}=&\boldsymbol{C}\boldsymbol{x}\end{aligned}\tag{4.3.1}$$

其中, $\boldsymbol{x},\boldsymbol{u}$ 和 $\boldsymbol{y}$ 分别是 $n,r$ 和 $m$ 维函数向量; $\boldsymbol{A},\boldsymbol{B},\boldsymbol{C}$ 是合适阶的常值矩阵.

### 4.3.1　代数判据

**引理 4.1**　设定常线性系统 (4.3.1) 在 $t_0$ 时刻完全能控, 则它在 $[0,+\infty)$ 上完全能控.

证明: 由于系统 (4.3.1) 是定常的, 故它的状态转移矩阵为 $\mathrm{e}^{\boldsymbol{A}(t-s)}$. 因为它在 $t_0$ 时刻完全能控, 所以对某个 $t_1>t_0$, 矩阵

$$\boldsymbol{W}(t_1,t_0)=\int_{t_0}^{t_1}\mathrm{e}^{\boldsymbol{A}(t_1-s)}\boldsymbol{B}\boldsymbol{B}^{\mathrm{T}}\mathrm{e}^{\boldsymbol{A}^{\mathrm{T}}(t_1-s)}\mathrm{d}s$$

是正定的. 现在令 $\sigma=s+t_1^*, t_1^*>-t_0$, 于是, 对 $\boldsymbol{W}(t_1,t_0)$ 作变量替换, 得

$$\begin{aligned}\boldsymbol{W}(t_1,t_0)&=\int_{t_0+t_1^*}^{t_1+t_1^*}\mathrm{e}^{\boldsymbol{A}(t_1+t_1^*-\sigma)}\boldsymbol{B}\boldsymbol{B}^{\mathrm{T}}\mathrm{e}^{\boldsymbol{A}^{\mathrm{T}}(t_1+t_1^*-\sigma)}\mathrm{d}\sigma\\&=\boldsymbol{W}(t_1+t_1^*,t_0+t_1^*)>0\end{aligned}$$

由 $t_1^*$ 的任意性及能控性的充分必要条件可知, 系统 (4.3.1) 在任意时刻 $t\geqslant 0$ 都是完全能控的. ■

**定理 4.4** 定常线性系统 (4.3.1) 能控的充分必要条件是:

$$\operatorname{rank}[\boldsymbol{B}, \boldsymbol{AB}, \cdots, \boldsymbol{A}^{n-1}\boldsymbol{B}] = n$$

证明: 充分性是定理 4.3 的推论, 由此只需证必要性即可.

由于系统 (4.3.1) 能控, 因此它在 $t_0 = 0$ 时能控. 于是对任意初始状态 $\boldsymbol{x}_0$, 都有 $t_1 > 0$, 以及定义在 $[0, t_1]$ 上的容许控制 $\boldsymbol{u}(\cdot)$, 使得

$$\boldsymbol{0} = \mathrm{e}^{\boldsymbol{A}t_1}\boldsymbol{x}_0 + \int_0^{t_1} \mathrm{e}^{\boldsymbol{A}(t_1-s)}\boldsymbol{B}\boldsymbol{u}(s)\mathrm{d}s$$

即

$$\boldsymbol{x}_0 = -\int_0^{t_1} \mathrm{e}^{-\boldsymbol{A}s}\boldsymbol{B}\boldsymbol{u}(s)\mathrm{d}s \tag{4.3.2}$$

由 $\mathrm{e}^{-\boldsymbol{A}s}$ 的定义, 可知存在连续函数 $\rho_k(s)$ 使得

$$\mathrm{e}^{-\boldsymbol{A}s} = \sum_{k=0}^{n-1} \rho_k(s)\boldsymbol{A}^k$$

代入式 (4.3.2) 得

$$\boldsymbol{x}_0 = -\sum_{k=0}^{n-1} \int_0^{t_1} \rho_k(s)\boldsymbol{A}^k\boldsymbol{B}\boldsymbol{u}(s)\mathrm{d}s \tag{4.3.3}$$

令

$$\boldsymbol{z}_k = -\int_0^{t_1} \rho_k(s)\boldsymbol{u}(s)\mathrm{d}s$$

于是有

$$\boldsymbol{x}_0 = \sum_{k=0}^{n-1} \boldsymbol{A}^k\boldsymbol{B}\boldsymbol{z}_k$$

即

$$\boldsymbol{x}_0 = [\boldsymbol{B}, \boldsymbol{AB}, \cdots, \boldsymbol{A}^{n-1}\boldsymbol{B}]\begin{bmatrix} \boldsymbol{z}_0 \\ \boldsymbol{z}_1 \\ \vdots \\ \boldsymbol{z}_{n-1} \end{bmatrix} \tag{4.3.4}$$

由 $\boldsymbol{x}_0$ 的任意性, 即对任意 $\boldsymbol{x}_0$, 方程 (4.3.4) 都有解, 因此有

$$\operatorname{rank}[\boldsymbol{B}, \boldsymbol{AB}, \cdots, \boldsymbol{A}^{n-1}\boldsymbol{B}] = n$$

定理证毕. ■

**推论 4.1**　对定常线性系统 (4.3.1), 如果 $\boldsymbol{A}$ 的最小多项式是 $k$ 次的, $k \leqslant n$, 那么系统 (4.3.1) 能控的充分必要条件是:

$$\operatorname{rank}[\boldsymbol{B}, \boldsymbol{AB}, \cdots, \boldsymbol{A}^{k-1}\boldsymbol{B}] = n$$

**推论 4.2**　如果定常线性系统 (4.3.1) 是单输入的, 即 $(\boldsymbol{A}, \boldsymbol{b}, \boldsymbol{C})$, 其中 $\boldsymbol{b}$ 是 $n$ 维向量, 那么系统 (4.3.1) 能控的充分必要条件是:

$$\det[\boldsymbol{b}, A\boldsymbol{b}, \cdots, \boldsymbol{A}^{n-1}\boldsymbol{b}] \neq 0$$

**定理 4.5 (Hautus 判据)**　定常线性系统 (4.3.1) 能控的充分必要条件是: 对每一个 $\lambda \in \sigma(\boldsymbol{A})$ 都有

$$\operatorname{rank}[\boldsymbol{A} - \lambda \boldsymbol{I}_n, \boldsymbol{B}] = n$$

其中, $\sigma(\boldsymbol{A})$ 表示 $\boldsymbol{A}$ 的特征值集合.

证明: (1) **必要性**.

设系统 (4.3.1) 能控, 若存在某个 $\lambda_0 \in \sigma(\boldsymbol{A})$ 使得

$$\operatorname{rank}[\boldsymbol{A} - \lambda_0 \boldsymbol{I}_n, \boldsymbol{B}] < n$$

则必有非零向量 $\boldsymbol{z}$ (可能是复的), 使得

$$\boldsymbol{z}^{\mathrm{T}}[\boldsymbol{A} - \lambda_0 \boldsymbol{I}_n, \boldsymbol{B}] = \boldsymbol{0}$$

于是有

$$\boldsymbol{z}^{\mathrm{T}}(\boldsymbol{A} - \lambda_0 \boldsymbol{I}_n) = \boldsymbol{0}$$
$$\boldsymbol{z}^{\mathrm{T}}\boldsymbol{B} = \boldsymbol{0}$$

这说明 $\boldsymbol{z}^{\mathrm{T}}$ 是 $\boldsymbol{A}$ 的相应于特征值 $\lambda_0$ 的右特征向量, 且它与矩阵 $\boldsymbol{B}$ 的每个列向量正交, 从而有

$$\boldsymbol{z}^{\mathrm{T}}\boldsymbol{A}^k\boldsymbol{B} = \boldsymbol{0},\ k = 0, 1, \cdots, n-1$$

于是

$$\boldsymbol{z}^{\mathrm{T}}[\boldsymbol{B}, \boldsymbol{AB}, \cdots, \boldsymbol{A}^{n-1}\boldsymbol{B}] = \boldsymbol{0}$$

因为 $\boldsymbol{z}^{\mathrm{T}} \neq \boldsymbol{0}$, 所以

$$\operatorname{rank}[\boldsymbol{B}, \boldsymbol{AB}, \cdots, \boldsymbol{A}^{n-1}\boldsymbol{B}] < n$$

这与系统 (4.3.1) 能控矛盾.

(2) **充分性**.

假设系统 (4.3.1) 不能控, 则必存在非零向量 $\boldsymbol{z}$ 使得

$$\boldsymbol{z}^{\mathrm{T}}[\boldsymbol{B}, \boldsymbol{AB}, \cdots, \boldsymbol{A}^{n-1}\boldsymbol{B}] = \boldsymbol{0}$$

即

$$\boldsymbol{z}^{\mathrm{T}}\boldsymbol{A}^k\boldsymbol{B} = \boldsymbol{0}, \qquad k = 0, 1, \cdots, n-1 \tag{4.3.5}$$

显然 $\boldsymbol{z}^{\mathrm{T}}\boldsymbol{A}^k, k = 0, 1, \cdots, n-1$ 都是 $\boldsymbol{B}$ 的左零空间中的元. 于是存在一个最小的整数 $k_0, 0 \leqslant k_0 < n-1$ 使得向量 $\boldsymbol{z}^{\mathrm{T}}, \boldsymbol{z}^{\mathrm{T}}\boldsymbol{A}, \cdots, \boldsymbol{z}^{\mathrm{T}}\boldsymbol{A}^{k_0}$ 行线性独立 ( $k_0 \neq n-1$, 否则 $\boldsymbol{B} = 0$). 这时有不全为零的实常数 $\alpha_0, \alpha_1, \cdots, \alpha_{k_0}$ 使得

$$\boldsymbol{z}^{\mathrm{T}}\boldsymbol{A}^{k_0+1} + \alpha_{k_0}\boldsymbol{z}^{\mathrm{T}}\boldsymbol{A}^{k_0} + \cdots + \alpha_1\boldsymbol{z}^{\mathrm{T}}\boldsymbol{A} + \alpha_0\boldsymbol{z}^{\mathrm{T}} = \boldsymbol{0}$$

我们称

$$f(\lambda) = \lambda^{k_0+1} + \alpha_{k_0}\lambda^{k_0} + \cdots + \alpha_1\lambda + \alpha_0$$

为 $\boldsymbol{z}^{\mathrm{T}}$ 相对 $\boldsymbol{A}$ 的最小多项式. 令 $\lambda_0$ 是 $f(\lambda)$ 的一个零点 (可能是复数), 于是可以重新写 $f(\lambda)$ 为

$$f(\lambda) = (\lambda^{k_0} + \beta_{k_0-1}\lambda^{k_0-1} + \cdots + \beta_1\lambda + \beta_0)(\lambda - \lambda_0)$$

其中, $\beta_0, \beta_1, \cdots, \beta_{k_0-1}$ 是 $k_0$ 个复常数. 于是有

$$\boldsymbol{z}^{\mathrm{T}}f(\boldsymbol{A}) = \boldsymbol{z}^{\mathrm{T}}(\boldsymbol{A}^{k_0} + \beta_{k_0-1}\boldsymbol{A}^{k_0-1} + \cdots + \beta_1\boldsymbol{A} + \beta_0\boldsymbol{I}_n)(\boldsymbol{A} - \lambda_0\boldsymbol{I}_n) = \boldsymbol{0}$$

令

$$\boldsymbol{\psi}^{\mathrm{T}} = \boldsymbol{z}^{\mathrm{T}}(\boldsymbol{A}^{k_0} + \beta_{k_0-1}\boldsymbol{A}^{k_0-1} + \cdots + \beta_1\boldsymbol{A} + \beta_0\boldsymbol{I}_n) \tag{4.3.6}$$

显然 $\boldsymbol{\psi}^{\mathrm{T}} \neq \boldsymbol{0}$, 这是因为 $\boldsymbol{z}^{\mathrm{T}}$ 相对 $\boldsymbol{A}$ 的最小多项式是 $k_0+1$ 次的. 于是 $\boldsymbol{\psi}^{\mathrm{T}}$ 是 $\boldsymbol{A}$ 相对于特征值 $\lambda_0$ 的右特征向量. 又由式 (4.3.5) 和式 (4.3.6) 可得 $\boldsymbol{\psi}^{\mathrm{T}}\boldsymbol{B} = \boldsymbol{0}$, 所以必有

$$\operatorname{rank}[\boldsymbol{A} - \lambda_0\boldsymbol{I}_n, \boldsymbol{B}] < n$$

与假设矛盾. ■

**推论 4.3** 定常线性系统 (4.3.1) 能控的充分必要条件是它没有输入解耦零点.

如果 $\lambda_0 \in \sigma(\boldsymbol{A})$ 并且满足 $\operatorname{rank}[\boldsymbol{A} - \lambda_0\boldsymbol{I}_n, \boldsymbol{B}] < n$, 这时系统 (4.3.1) 是不能控的, 称 $\lambda_0$ 为系统 (4.3.1) 的一个不能控振型. 称矩阵 $\boldsymbol{Q}_c = [\boldsymbol{B}, \boldsymbol{AB}, \cdots, \boldsymbol{A}^{n-1}\boldsymbol{B}]$ 为定常线性系统的能控性矩阵.

### 4.3.2 几何判据

把矩阵 $\boldsymbol{B}$ 看作线性变换. 令 $\mathbb{B}=\mathrm{Im}\boldsymbol{B}$ 表示线性变换 $\boldsymbol{B}$ 的像空间, 它是由 $\boldsymbol{B}$ 的各列构成的一个线性空间, 即 $\mathbb{B}=\{\boldsymbol{Bx}|\boldsymbol{x}\in\mathbb{R}^m\}$, 其中 $\boldsymbol{B}$ 为 $n\times m$ 阶矩阵. 记

$$<\boldsymbol{A}|\mathbb{B}>=\mathbb{B}+\boldsymbol{A}\mathbb{B}+\cdots+\boldsymbol{A}^{n-1}\mathbb{B}$$

若 $\boldsymbol{x}\in<\boldsymbol{A}|\mathbb{B}>$, 则有 $\boldsymbol{x}_i\in\boldsymbol{A}^i\mathbb{B}, i=0,1,2,\cdots,n-1$, 使得

$$\boldsymbol{x}=\sum_{i=0}^{n-1}\boldsymbol{x}_i$$

或者有 $\boldsymbol{u}_i$, 使得 $\boldsymbol{x}_i=\boldsymbol{A}^i\boldsymbol{B}\boldsymbol{u}_i, i=0,1,2,\cdots,n-1$, 则

$$\boldsymbol{x}=\sum_{i=0}^{n-1}\boldsymbol{A}^i\boldsymbol{B}\boldsymbol{u}_i$$

显然 $<\boldsymbol{A}|\mathbb{B}>=\mathrm{Im}\boldsymbol{Q}_c$, 即 $<\boldsymbol{A}|\mathbb{B}>$ 是 $\boldsymbol{Q}_c$ 的像空间.

**引理 4.2**　定常线性系统 (4.3.1) 有

$$<\boldsymbol{A}|\mathbb{B}>=\mathrm{Im}\boldsymbol{W}(t_1,t_0),\qquad t_1>t_0$$

证明: 注意到 $\boldsymbol{W}(t_1,t_0)$ 是对称半正定矩阵, 故有 $[\mathrm{Im}\boldsymbol{W}(t_1,t_0)]^{\perp}=\mathrm{Ker}\boldsymbol{W}(t_1,t_0)$. 由此只需证明 $<\boldsymbol{A}|\mathbb{B}>^{\perp}=\mathrm{Ker}\boldsymbol{W}(t_1,t_0)$. 这里 $\mathrm{Ker}(\cdot)$ 表示矩阵的核 (零空间).

若 $\boldsymbol{x}\in\mathrm{Ker}\boldsymbol{W}(t_1,t_0)$, 即 $\boldsymbol{x}^{\mathrm{T}}\boldsymbol{W}(t_1,t_0)\boldsymbol{x}=0$, 这样必有

$$\boldsymbol{B}^{\mathrm{T}}\mathrm{e}^{\boldsymbol{A}^{\mathrm{T}}(t_1-s)}\boldsymbol{x}\equiv\boldsymbol{0},\ s\in[t_0,t_1]$$

对上式两边取 $j$ 阶导数得

$$(-1)^j\boldsymbol{B}^{\mathrm{T}}(\boldsymbol{A}^{\mathrm{T}})^j\mathrm{e}^{\boldsymbol{A}^{\mathrm{T}}(t_1-s)}\boldsymbol{x}\equiv\boldsymbol{0},\ s\in[t_0,t_1],\ j=0,1,2,\cdots,n-1$$

令 $s=t_1$, 代入上式得

$$\boldsymbol{B}^{\mathrm{T}}(\boldsymbol{A}^{\mathrm{T}})^j\boldsymbol{x}=\boldsymbol{0},\ j=0,1,2,\cdots,n-1$$

即

$$\boldsymbol{x}^{\mathrm{T}}\boldsymbol{A}^j\boldsymbol{B}=\boldsymbol{0},\ j=0,1,2,\cdots,n-1$$

这说明 $\boldsymbol{x}$ 与 $\boldsymbol{A}^j\boldsymbol{B}$ 的每个列向量正交, 因此 $\boldsymbol{x}\in<\boldsymbol{A}|\mathbb{B}>^{\perp}$, 从而

$$\mathrm{Ker}\boldsymbol{W}(t_1,t_0)\subseteq<\boldsymbol{A}|\mathbb{B}>^{\perp}$$

反之, 若 $\boldsymbol{x} \in <\boldsymbol{A}|\mathbb{B}>^{\perp}$, 那把上述过程反推回去可发现有 $\boldsymbol{x} \in \mathrm{Ker}\boldsymbol{W}(t_1,t_0)$, 即有 $<\boldsymbol{A}|\mathbb{B}>^{\perp} \subseteq \mathrm{Ker}\boldsymbol{W}(t_1,t_0)$.

综上, 有

$$<\boldsymbol{A}|\mathbb{B}>^{\perp} = \mathrm{Ker}\boldsymbol{W}(t_1,t_0)$$

定理证毕. ■

**引理 4.3** 已知定常线性系统 (4.3.1), 则 $<\boldsymbol{A}|\mathbb{B}>$ 中的每个元都是它的能控状态. 反之, 它的每个能控状态都在 $<\boldsymbol{A}|\mathbb{B}>$ 中. 由此 $<\boldsymbol{A}|\mathbb{B}>$ 是系统 (4.3.1) 的能控子空间.

证明: 设 $\boldsymbol{x}_0 \in <\boldsymbol{A}|\mathbb{B}>$, 不难验证 $\boldsymbol{A}\boldsymbol{x}_0 \in <\boldsymbol{A}|\mathbb{B}>$, 即 $<\boldsymbol{A}|\mathbb{B}>$ 是 $\boldsymbol{A}$ 的不变子空间. 从而对任意 $t_1 > t_0$, 有

$$\mathrm{e}^{\boldsymbol{A}(t_1-t_0)}\boldsymbol{x}_0 \in <\boldsymbol{A}|\mathbb{B}>$$

于是由上面引理得 $\mathrm{e}^{\boldsymbol{A}(t_1-t_0)}\boldsymbol{x}_0 \in \mathrm{Im}\boldsymbol{W}(t_1,t_0)$. 这样存在非零向量 $\boldsymbol{z}$ 使得

$$\mathrm{e}^{\boldsymbol{A}(t_1-t_0)}\boldsymbol{x}_0 = \boldsymbol{W}(t_1,t_0)\boldsymbol{z}$$

取

$$\boldsymbol{u}(s) = -\boldsymbol{B}^{\mathrm{T}}\mathrm{e}^{\boldsymbol{A}^{\mathrm{T}}(t_1-s)}\boldsymbol{z}$$

因此对 $t_1 > t_0$ 有

$$\boldsymbol{x}(t_1) = \mathrm{e}^{\boldsymbol{A}(t_1-t_0)}\boldsymbol{x}_0 + \int_{t_0}^{t_1} \mathrm{e}^{\boldsymbol{A}(t_1-s)}\boldsymbol{B}\boldsymbol{u}(s)\mathrm{d}s = \boldsymbol{0}$$

即 $\boldsymbol{x}_0$ 是系统 (4.3.1) 的能控状态. 由 $\boldsymbol{x}_0$ 的任意性, 有 $<\boldsymbol{A}|\mathbb{B}>$ 中的每个元都是能控状态.

反之, 若 $\boldsymbol{x}_0$ 是系统 (4.3.1) 的能控状态, 则根据定义存在某个时刻 $t_1 > t_0$ 和定义在 $[t_0,t_1]$ 上的控制输入 $\boldsymbol{u}(\cdot)$, 使得

$$\boldsymbol{0} = \mathrm{e}^{\boldsymbol{A}(t_1-t_0)}\boldsymbol{x}_0 + \int_{t_0}^{t_1} \mathrm{e}^{\boldsymbol{A}(t_1-s)}\boldsymbol{B}\boldsymbol{u}(s)\mathrm{d}s$$

利用 $\mathrm{e}^{\boldsymbol{A}(t_1-t_0)}$ 的级数表达式, 有

$$\mathrm{e}^{\boldsymbol{A}(t_1-t_0)}\boldsymbol{x}_0 = -\sum_{k=0}^{n-1}\boldsymbol{A}^k\boldsymbol{B}\int_{t_0}^{t_1}\rho_k(t_1-s)\boldsymbol{u}(s)\mathrm{d}s$$

由此可见, $\mathrm{e}^{\boldsymbol{A}(t_1-t_0)}\boldsymbol{x}_0 \in <\boldsymbol{A}|\mathbb{B}>$.

又因为

$$\mathrm{e}^{\boldsymbol{A}(t_0-t_1)}=\sum_{k=0}^{n-1}\rho_k(t_0-t_1)\boldsymbol{A}^k$$

及 $<\boldsymbol{A}|\mathbb{B}>$ 是 $\boldsymbol{A}$ 的不变子空间, 故 $<\boldsymbol{A}|\mathbb{B}>$ 是 $\mathrm{e}^{\boldsymbol{A}(t_0-t_1)}$ 的不变子空间. 因此

$$\boldsymbol{x}_0=\mathrm{e}^{\boldsymbol{A}(t_0-t_1)}\mathrm{e}^{\boldsymbol{A}(t_1-t_0)}\boldsymbol{x}_0\in<\boldsymbol{A}|\mathbb{B}>$$

这表明系统 (4.3.1) 每个能控状态必属于子空间 $<\boldsymbol{A}|\mathbb{B}>$.

综上所述, $<\boldsymbol{A}|\mathbb{B}>$ 是定常线性系统 (4.3.1) 的能控子空间. ■

综上, 易得下面定理.

**定理 4.6** 定常线性系统 (4.3.1) 能控的充分必要条件是 $<\boldsymbol{A}|\mathbb{B}>=\mathbb{R}^n$.

## 思考与练习

(1) 证明对系统 (4.1.1), 在 $t_0$ 时刻的能控状态组成状态空间中的一个线性子空间.

(2) 证明定理 4.5 中的 $f(\lambda)$ 是 $\boldsymbol{A}$ 的特征多项式的一个因子.

(3) 对定常系统, 证明能控性矩阵的秩等于能控性子空间的维数.

(4) 试证, 当且仅当 $(\boldsymbol{A},\boldsymbol{B}\boldsymbol{B}^{\mathrm{T}})$ 能控时, $(\boldsymbol{A},\boldsymbol{B})$ 能控, 其中 $\boldsymbol{A},\boldsymbol{B}$ 分别为 $n\times n$ 和 $n\times m$ 阶实矩阵, $\boldsymbol{B}^T$ 是其转置.

(5) 证明能控性矩阵 $\boldsymbol{W}(t_1,t_0)$ 满足矩阵微分方程

$$\frac{\mathrm{d}\boldsymbol{W}(t_1,t_0)}{\mathrm{d}t_1}=\boldsymbol{B}\boldsymbol{B}^{\mathrm{T}}+\boldsymbol{A}\boldsymbol{W}+\boldsymbol{W}\boldsymbol{A}^{\mathrm{T}},\quad \boldsymbol{W}(t_0,t_0)=\boldsymbol{0}$$

(6) 证明: 若系统 $\dot{\boldsymbol{x}}=\boldsymbol{A}\boldsymbol{x}+\boldsymbol{B}\boldsymbol{u}$ 是能控的, 则对任意 $\tau>0$, 控制 $\boldsymbol{u}=-\boldsymbol{B}^{\mathrm{T}}\boldsymbol{W}^{-1}(0,\tau)\boldsymbol{x}$ 使得系统

$$\dot{\boldsymbol{x}}=[\boldsymbol{A}-\boldsymbol{B}\boldsymbol{B}^{\mathrm{T}}\boldsymbol{W}^{-1}(0,\tau)]\boldsymbol{x}$$

是渐近稳定的, 其中 $\boldsymbol{W}(0,\tau)=\displaystyle\int_0^{\tau}\mathrm{e}^{-\boldsymbol{A}t}\boldsymbol{B}(\mathrm{e}^{-\boldsymbol{A}t}\boldsymbol{B})^{\mathrm{T}}\mathrm{d}t$.

# 第 5 章　线性系统的能观测性

## 5.1　能观测性的定义

能观测性, 就是指已知系统在某段时间内的输入和输出, 由此能否断定系统在过去某一时刻或某一段时间内的状态, 也就是系统的输入和输出在多大程度上反映系统的状态问题. 考虑如下用状态空间法描述的线性系统:

$$\begin{aligned}\dot{\boldsymbol{x}} =& \boldsymbol{A}(t)\boldsymbol{x} + \boldsymbol{B}(t)\boldsymbol{u}(t)\\ \boldsymbol{y} =& \boldsymbol{C}(t)\boldsymbol{x}\end{aligned} \tag{5.1.1}$$

在正式给出能观测性的定义前, 先看下面几个例子.

**例 5.1**　考虑一阶系统

$$\begin{aligned}\dot{x} =& x + u(t)\\ y =& cx\end{aligned}$$

其中, $x$ 是状态变量, $u(\cdot)$ 为控制输入, $y$ 是量测输出, $c$ 为非零常数. 试由输入 $u(\cdot)$ 和量测输出 $y(\cdot)$ 确定初始状态 $x_0$.

**解:** 假设初始时刻为 0, 解系统状态方程得

$$x(t) = \mathrm{e}^t x_0 + \int_0^t \mathrm{e}^{t-s} u(s)\mathrm{d}s$$

这时量测输出为

$$y(t) = c\mathrm{e}^t x_0 + \int_0^t c\mathrm{e}^{t-s} u(s)\mathrm{d}s$$

令

$$\overline{y}(t) = y(t) - \int_0^t c\mathrm{e}^{t-s} u(s)\mathrm{d}s$$

则

$$\overline{y}(t) = c\mathrm{e}^t x_0$$

由此可唯一地确定初始状态 $x_0 = \dfrac{1}{c\mathrm{e}^t}\overline{y}(t)$. ■

**例 5.2**　考虑二阶系统

$$\begin{aligned}\dot{x}_1 &= x_2\\ \dot{x}_2 &= u(t)\\ y &= x_1\end{aligned}$$

当 $u(\cdot), y(\cdot)$ 为已知时, 求系统的初始状态 $x_{10}, x_{20}$.

**解:** 在例 4.2 中, 曾计算过此系统的状态转移矩阵为

$$\boldsymbol{\Phi}(t-t_0) = \begin{bmatrix} 1 & t-t_0 \\ 0 & 1 \end{bmatrix}$$

其中, $t_0$ 表示初始时刻. 不失一般性, 假设 $u(t) \equiv 0$, 于是

$$\begin{pmatrix} x_1(t) \\ x_2(t) \end{pmatrix} = \begin{bmatrix} 1 & t-t_0 \\ 0 & 1 \end{bmatrix} \begin{pmatrix} x_{10} \\ x_{20} \end{pmatrix}$$

此时, 系统的输出为

$$y(t) = \begin{pmatrix} 1, & 0 \end{pmatrix} \begin{bmatrix} 1 & t-t_0 \\ 0 & 1 \end{bmatrix} \begin{pmatrix} x_{10} \\ x_{20} \end{pmatrix}$$

在时间区间 $[t_0, t_1], t_1 > t_0$ 上, 能够量测到 $y(t)$. 于是对 $y(t)$ 取加权平均得

$$\begin{aligned}
&\int_{t_0}^{t_1} \begin{bmatrix} 1 & 0 \\ t-t_0 & 1 \end{bmatrix} \begin{pmatrix} 1 \\ 0 \end{pmatrix} y(t)\mathrm{d}t \\
=& \int_{t_0}^{t_1} \begin{bmatrix} 1 & 0 \\ t-t_0 & 1 \end{bmatrix} \begin{pmatrix} 1 \\ 0 \end{pmatrix} \begin{pmatrix} 1 & 0 \end{pmatrix} \begin{bmatrix} 1 & t-t_0 \\ 0 & 1 \end{bmatrix} \mathrm{d}t \begin{pmatrix} x_{10} \\ x_{20} \end{pmatrix} \\
=& \int_{t_0}^{t_1} \begin{bmatrix} 1 & t-t_0 \\ t-t_0 & (t-t_0)^2 \end{bmatrix} \mathrm{d}t \begin{pmatrix} x_{10} \\ x_{20} \end{pmatrix} \\
=& \begin{bmatrix} t_1-t_0 & \frac{1}{2}(t_1-t_0)^2 \\ \frac{1}{2}(t_1-t_0)^2 & \frac{1}{3}(t_1-t_0)^3 \end{bmatrix} \begin{pmatrix} x_{10} \\ x_{20} \end{pmatrix}
\end{aligned}$$

由于

$$\det \begin{bmatrix} t_1-t_0 & \frac{1}{2}(t_1-t_0)^2 \\ \frac{1}{2}(t_1-t_0)^2 & \frac{1}{3}(t_1-t_0)^3 \end{bmatrix} = \frac{1}{12}(t_1-t_0)^4 > 0, \quad t_1 \neq t_0$$

于是有

$$\begin{pmatrix} x_{10} \\ x_{20} \end{pmatrix} = \begin{bmatrix} t_1 - t_0 & \frac{1}{2}(t_1 - t_0)^2 \\ \frac{1}{2}(t_1 - t_0)^2 & \frac{1}{3}(t_1 - t_0)^3 \end{bmatrix}^{-1} \int_{t_0}^{t_1} \begin{bmatrix} 1 & 0 \\ t - t_0 & 1 \end{bmatrix} \begin{pmatrix} 1 \\ 0 \end{pmatrix} y(t)\mathrm{d}t$$

这样就得到了系统的唯一初始状态. ■

**例 5.3** 已知二阶系统

$$\dot{x}_1 = x_2$$

$$\dot{x}_2 = u(t)$$

$$y = x_2$$

问: 通过已知信息 $u(\cdot), y(\cdot)$ 能否唯一确定系统的初始状态 $x_{10}, x_{20}$.

**解:** 假设系统的初始时刻为 $t_0$, 则解状态方程得

$$x_1(t) = x_{10} + (t - t_0)x_{20} + \int_{t_0}^{t} (t - s)u(s)\mathrm{d}s$$

$$x_2(t) = x_{20} + \int_{t_0}^{t} u(s)\mathrm{d}s$$

由此得

$$y(t) = x_{20} + \int_{t_0}^{t} u(s)\mathrm{d}s$$

可见量测输出中只包含 $x_{20}$ 的信息, 而没有反映 $x_{10}$ 提供的信息. 由此我们只能确定初始状态 $x_{20}$, 即

$$x_{20} = y(t) - \int_{t_0}^{t} u(s)\mathrm{d}s$$

而无法确定初始状态 $x_{10}$. ■

**定义 5.1** 如果线性系统 (5.1.1) 存在某个有限的时刻 $t_1 > t_0$, 使得通过量测在时间区间 $[t_0, t_1]$ 上的系统输出 $\boldsymbol{y}(\cdot)$ 和已知的控制输入 $\boldsymbol{u}(\cdot)$, 能够唯一地确定在初始时刻 $t_0$ 的初始状态 $\boldsymbol{x}(t_0) = \boldsymbol{x}_0$, 那么就称这个系统在 $t_0$ 时刻是完全能观测的, 简称能观测的. 如果系统 (5.1.1) 在时间区间 $[t_0, T]$ 上的每一个时刻都是能观测的, 则称系统 (5.1.1) 在时间区间 $[t_0, T]$ 上完全能观测.

上面系统完全能观测性的定义中出现 "唯一确定" 一词. 这种提法的反面不容易直接验证, 也就是说如果我们找不到合适的算法来唯一确定初始状态, 就很难判断系统是否完全能观测. 为此引入下面概念——两个状态不可分辨性.

**定义 5.2**　如果系统 (5.1.1) 在 $t_0$ 时刻对任意时间区间 $[t_0, t_1]$ 存在两个不同的状态 $\boldsymbol{x}_0$ 和 $\widetilde{\boldsymbol{x}}_0$, 使得对在时间区间 $[t_0, t_1]$ 上的任意容许控制 $\boldsymbol{u}(\cdot)$ 都有

$$\boldsymbol{y}(t; \boldsymbol{x}_0, \boldsymbol{u}(\cdot)) \equiv \boldsymbol{y}(t; \widetilde{\boldsymbol{x}}_0, \boldsymbol{u}(\cdot)), \quad \forall t \in [t_0, t_1]$$

则称在 $t_0$ 时刻 $\boldsymbol{x}_0$ 和 $\widetilde{\boldsymbol{x}}_0$ 是不可分辨的, 其中 $\boldsymbol{y}(t; \tau, \boldsymbol{u}(\cdot))$ 表示系统在 $t_0$ 时刻的初值为 $\tau$ 且在控制 $\boldsymbol{u}(\cdot)$ 下的输出.

从这个定义可以看出, 在任意时间区间上总存在系统的两个不同的初始状态, 它们在任意控制输入下的输出响应是完全一样的, 因此我们也就无法根据输入输出信息来唯一地确定系统初始状态, 也就是说系统是不可观测的. 于是系统的不完全能观测性可由不可分辨性来解释或定义.

**定义 5.3**　如果线性系统 (5.1.1) 在 $t_0$ 时刻存在初始状态 $\boldsymbol{x}(t_0) = \boldsymbol{x}_0$, 当 $\boldsymbol{u}(t) \equiv \boldsymbol{0}$, $t \geqslant t_0$ 时, 则有 $\boldsymbol{y}(t) \equiv \boldsymbol{0}$, 即系统输出恒为零, 那么称这个状态 $\boldsymbol{x}_0$ 为在 $t_0$ 时刻是不能观测状态.

此定义就是说, 零状态定义为不能观测的. 如果某状态和零状态不可分辨, 则这个状态也是不能观测状态. 再由于线性系统的可叠加性, 系统输出由零初值响应和零输入响应叠加. 因此对线性系统能观性分析只需要考虑零输入响应即可, 具体分析可见第 5.2 节的能观测性判据.

## 5.2　能观测性判据

**定理 5.1**　系统 (5.1.1) 在 $t_0$ 时刻完全能观测的充分必要条件是: 存在某有限时刻 $t_1 > t_0$, 使得矩阵

$$\boldsymbol{M}(t_1, t_0) = \int_{t_0}^{t_1} \boldsymbol{\Phi}^{\mathrm{T}}(s, t_0) \boldsymbol{C}^{\mathrm{T}}(s) \boldsymbol{C}(s) \boldsymbol{\Phi}(s, t_0) \mathrm{d}s$$

是正定的, 其中 $\boldsymbol{\Phi}(t, s)$ 是系统 (5.1.1) 的状态转移矩阵.

证明: 由于线性系统的可叠加性, 不失一般性, 可假设对所有的 $t \geqslant t_0$, 都有 $\boldsymbol{u}(t) \equiv \boldsymbol{0}$.

(1) **充分性.**

假设存在某个有限时刻 $t_1 > t_0$ 使得矩阵 $\boldsymbol{M}(t_1, t_0)$ 是正定的. 若任取 $t_0$ 时刻系统的初始状态为 $\boldsymbol{x}(t_0) = \boldsymbol{x}_0$, 那么解系统的状态方程得

$$\boldsymbol{x}(t) = \boldsymbol{\Phi}(t, t_0) \boldsymbol{x}_0 \tag{5.2.1}$$

于是由初值 $\boldsymbol{x}_0$ 产生的输出响应为

$$\boldsymbol{y}(t) = \boldsymbol{C}(t) \boldsymbol{\Phi}(t, t_0) \boldsymbol{x}_0 \tag{5.2.2}$$

在式 (5.2.2) 两边左乘 $\boldsymbol{\Phi}^{\mathrm{T}}(t,t_0)\boldsymbol{C}^{\mathrm{T}}(t)$, 再从 $t_0$ 到 $t_1$ 对 $t$ 积分得出

$$\int_{t_0}^{t_1}\boldsymbol{\Phi}^{\mathrm{T}}(t,t_0)\boldsymbol{C}^{\mathrm{T}}(t)\boldsymbol{y}(t)\mathrm{d}t=\boldsymbol{M}(t_1,t_0)\boldsymbol{x}_0 \tag{5.2.3}$$

由 $\boldsymbol{M}(t_1,t_0)$ 的正定性, 则式 (5.2.3) 唯一确定

$$\boldsymbol{x}_0=\boldsymbol{M}^{-1}(t_1,t_0)\int_{t_0}^{t_1}\boldsymbol{\Phi}^{\mathrm{T}}(t,t_0)\boldsymbol{C}^{\mathrm{T}}(t)\boldsymbol{y}(t)\mathrm{d}t$$

由定义可知, 系统在 $t_0$ 时刻完全能观测.

(2) **必要性**.

用反证法. 否则对任意 $t_1>t_0$ 都有 $\boldsymbol{M}(t_1,t_0)$ 是奇异的, 故存在非零向量 $\boldsymbol{z}$ 使得 $\boldsymbol{z}^{\mathrm{T}}\boldsymbol{M}(t_1,t_0)\boldsymbol{z}=0$, 即

$$\begin{aligned}&\boldsymbol{z}^{\mathrm{T}}\int_{t_0}^{t_1}\boldsymbol{\Phi}^{\mathrm{T}}(s,t_0)\boldsymbol{C}^{\mathrm{T}}(s)\boldsymbol{C}(s)\boldsymbol{\Phi}(s,t_0)\mathrm{d}s\boldsymbol{z}\\=&\int_{t_0}^{t_1}[\boldsymbol{C}(s)\boldsymbol{\Phi}(s,t_0)\boldsymbol{z}]^{\mathrm{T}}[\boldsymbol{C}(s)\boldsymbol{\Phi}(s,t_0)\boldsymbol{z}]\mathrm{d}s\end{aligned} \tag{5.2.4}$$

于是有

$$\boldsymbol{C}(t)\boldsymbol{\Phi}(t,t_0)\boldsymbol{z}\equiv\boldsymbol{0}^{①},\qquad t\in[t_0,t_1] \tag{5.2.5}$$

系统由任意两个初始状态 $\boldsymbol{x}_0$ 和 $\widetilde{\boldsymbol{x}}_0$ 在任意控制下出发运动的输出为

$$\begin{aligned}\boldsymbol{y}_1(t)=&\boldsymbol{C}(t)\boldsymbol{\Phi}(t,t_0)\boldsymbol{x}_0+\boldsymbol{C}(t)\int_{t_0}^{t}\boldsymbol{\Phi}(t,s)\boldsymbol{B}(s)\boldsymbol{u}(s)\mathrm{d}s\\\boldsymbol{y}_2(t)=&\boldsymbol{C}(t)\boldsymbol{\Phi}(t,t_0)\widetilde{\boldsymbol{x}}_0+\boldsymbol{C}(t)\int_{t_0}^{t}\boldsymbol{\Phi}(t,s)\boldsymbol{B}(s)\boldsymbol{u}(s)\mathrm{d}s\end{aligned}$$

这样只要 $\boldsymbol{x}_0-\widetilde{\boldsymbol{x}}_0=\boldsymbol{z}$, 由式 (5.2.5) 有 $\boldsymbol{y}_1(t)\equiv\boldsymbol{y}_2(t)$, 即系统初始状态 $\boldsymbol{x}_0$ 与 $\widetilde{\boldsymbol{x}}_0$ 是不可分辨的, 所以系统 (5.1.1) 是不能观测的. 矛盾. ■

通常称 $\boldsymbol{M}(t_1,t_0)$ 是系统的能观测性矩阵, 它是由系统矩阵 $\boldsymbol{A}(t)$ 和输出矩阵 $\boldsymbol{C}(t)$ 决定的. 与能控性类似, 我们有下面定理.

**定理 5.2** 线性系统 (5.1.1) 在 $t_0$ 时刻能观测的充分必要条件是: 存在某个有限时刻 $t_1>t_0$, 对任意非零向量 $\boldsymbol{z}$ 都有

$$\boldsymbol{C}(t)\boldsymbol{\Phi}(t,t_0)\boldsymbol{z}\neq\boldsymbol{0},\qquad t_0\leqslant t\leqslant t_1$$

① 这里需要假设 $\boldsymbol{C}(t)$ 是连续的, 否则只能得到 $\boldsymbol{C}(t)\boldsymbol{\Phi}(t,t_0)\boldsymbol{z}\overset{a.e.}{=}\boldsymbol{0}$.

## 5.3 对偶原理

系统 (5.1.1) 的对偶系统定义为如下系统:

$$\begin{aligned}\dot{\boldsymbol{x}}^* &= -\boldsymbol{A}^{\mathrm{T}}(t)\boldsymbol{x}^* + \boldsymbol{C}^{\mathrm{T}}(t)\boldsymbol{v} \\ \boldsymbol{z} &= \boldsymbol{B}^{\mathrm{T}}(t)\boldsymbol{x}^*\end{aligned} \tag{5.3.1}$$

其中, $\boldsymbol{A}(t), \boldsymbol{B}(t), \boldsymbol{C}(t)$ 为系统 (5.1.1) 的系统矩阵, 控制矩阵和量测矩阵; $\boldsymbol{x}^*$ 是对偶系统 (5.3.1) 的 $n$ 维状态向量; $\boldsymbol{v}, \boldsymbol{z}$ 分别是控制向量和输出向量.

**定理 5.3 (对偶原理)**　线性系统 (5.1.1) 在 $t_0$ 时刻完全能控的充分必要条件是: 它的对偶系统 (5.3.1) 在 $t_0$ 时刻完全能观测; 线性系统 (5.1.1) 在 $t_0$ 时刻完全能观测的充分必要条件是: 它的对偶系统 (5.3.1) 在 $t_0$ 时刻完全能控.

证明: 令 $\boldsymbol{\Psi}(t, t_0)$ 为对偶系统 (5.3.1) 的状态转移矩阵, 则依定义有

$$\dot{\boldsymbol{\Psi}}(t, t_0) = -\boldsymbol{A}^{\mathrm{T}}(t)\boldsymbol{\Psi}(t, t_0), \quad \boldsymbol{\Psi}(t_0, t_0) = \boldsymbol{I}_n$$

现在研究 $\boldsymbol{\Psi}(t, t_0)$ 与系统 (5.1.1) 的状态转移矩阵 $\boldsymbol{\Phi}(t, t_0)$ 的关系. 由于

$$\boldsymbol{\Psi}^{\mathrm{T}}(t_0, t)\boldsymbol{\Psi}^{\mathrm{T}}(t, t_0) = \boldsymbol{I}_n$$

因此

$$\frac{\mathrm{d}}{\mathrm{d}t}\boldsymbol{\Psi}^{\mathrm{T}}(t_0, t)\boldsymbol{\Psi}^{\mathrm{T}}(t, t_0) = \boldsymbol{0}$$

于是

$$\dot{\boldsymbol{\Psi}}^{\mathrm{T}}(t_0, t)\boldsymbol{\Psi}^{\mathrm{T}}(t, t_0) + \boldsymbol{\Psi}^{\mathrm{T}}(t_0, t)\dot{\boldsymbol{\Psi}}^{\mathrm{T}}(t, t_0) = \boldsymbol{0}$$

即

$$\begin{aligned}\dot{\boldsymbol{\Psi}}^{\mathrm{T}}(t_0, t) &= -\boldsymbol{\Psi}^{\mathrm{T}}(t_0, t)\dot{\boldsymbol{\Psi}}^{\mathrm{T}}(t, t_0)\boldsymbol{\Psi}^{\mathrm{T}}(t_0, t) \\ &= \boldsymbol{A}(t)\boldsymbol{\Psi}^{\mathrm{T}}(t_0, t)\end{aligned}$$

显然

$$\boldsymbol{\Psi}^{\mathrm{T}}(t_0, t_0) = \boldsymbol{I}_n$$

由常微分方程解的唯一性定理得出

$$\boldsymbol{\Psi}^{\mathrm{T}}(t_0, t) = \boldsymbol{\Phi}(t, t_0)$$

根据定义, 系统 (5.1.1) 的能控性矩阵为

$$\boldsymbol{W}(t_1, t_0) = \int_{t_0}^{t_1} \boldsymbol{\Phi}(t_1, s)\boldsymbol{B}(s)\boldsymbol{B}^{\mathrm{T}}(s)\boldsymbol{\Phi}^{\mathrm{T}}(t_1, s)\mathrm{d}s$$

$$
\begin{aligned}
&= \int_{t_0}^{t_1} \boldsymbol{\Psi}^{\mathrm{T}}(s,t_1)\boldsymbol{B}(s)\boldsymbol{B}^{\mathrm{T}}(s)\boldsymbol{\Psi}(s,t_1)\mathrm{d}s \\
&= \boldsymbol{\Psi}^{\mathrm{T}}(t_0,t_1)\boldsymbol{M}^*(t_1,t_0)\boldsymbol{\Psi}(t_0,t_1)
\end{aligned}
$$

其中, $\boldsymbol{M}^*(t_1,t_0)$ 是系统 (5.3.1) 的能观测性矩阵. 因为 $\boldsymbol{\Psi}(t_0,t_1)$ 非奇异, 所以 $\boldsymbol{W}(t_1,t_0)$ 和 $\boldsymbol{M}^*(t_1,t_0)$ 的正定性等价. 证毕. ■

根据对偶原理, 我们有下面定理.

**定理 5.4** 假设系统 (5.1.1) 中 $\boldsymbol{A}(t),\boldsymbol{C}(t)$ 的元素分别是 $n-2$ 次和 $n-1$ 次连续可微的, 记

$$
\begin{aligned}
&\boldsymbol{C}_1(t) = \boldsymbol{C}(t) \\
&\boldsymbol{C}_i(t) = \boldsymbol{C}_{i-1}(t)\boldsymbol{A}(t) + \dot{\boldsymbol{C}}_{i-1}(t),\ i=2,3,\cdots,n
\end{aligned}
$$

令

$$
\boldsymbol{R}(t) = \begin{bmatrix} \boldsymbol{C}_1(t) \\ \boldsymbol{C}_2(t) \\ \vdots \\ \boldsymbol{C}_n(t) \end{bmatrix}
$$

如果存在某个时刻 $t_1 > t_0$, 使得 $\mathrm{rank}\boldsymbol{R}(t_1) = n$, 则系统 (5.1.1) 在 $t_0$ 时刻是完全能观测的.

## 5.4 定常系统能观测性判据

对定常线性系统, 与能控性一样, 也有类似的判别准则. 如定常线性系统在某个时刻完全能观测, 则它必在 $[0,\infty)$ 上也是完全能观测的, 故以后就不再说 "在 $t_0$ 时刻" 了. 根据对偶原理有下面结论.

### 5.4.1 代数判据

**定理 5.5** 定常线性系统能观测的充分必要条件是

$$
\mathrm{rank}\begin{bmatrix} \boldsymbol{C} \\ \boldsymbol{CA} \\ \vdots \\ \boldsymbol{CA}^{n-1} \end{bmatrix} = n
$$

通常称

$$R_o = \begin{bmatrix} \boldsymbol{C} \\ \boldsymbol{CA} \\ \vdots \\ \boldsymbol{CA}^{n-1} \end{bmatrix}$$

为定常线性系统的能观测性矩阵.

**推论 5.1**　如果定常线性系统中系统矩阵 $\boldsymbol{A}$ 的最小多项式是 $k \leqslant n$ 次的, 则系统完全能观测的充分必要条件是

$$\operatorname{rank} \begin{bmatrix} \boldsymbol{C} \\ \boldsymbol{CA} \\ \vdots \\ \boldsymbol{CA}^{k-1} \end{bmatrix} = n$$

**推论 5.2**　如果定常线性系统是单输出的, 则系统完全能观测的充分必要条件是

$$\det \begin{bmatrix} \boldsymbol{c} \\ \boldsymbol{cA} \\ \vdots \\ \boldsymbol{cA}^{n-1} \end{bmatrix} \neq 0$$

**定理 5.6**　定常线性系统完全能观测的充分必要条件是, 对每一个 $\lambda \in \sigma(\boldsymbol{A})$ 都有

$$\operatorname{rank} \begin{bmatrix} \boldsymbol{A} - \lambda \boldsymbol{I}_n \\ \boldsymbol{C} \end{bmatrix} = n$$

类似我们称使得 $\operatorname{rank} \begin{bmatrix} \boldsymbol{A} - \lambda_0 \boldsymbol{I}_n \\ \boldsymbol{C} \end{bmatrix} < n$ 的 $\lambda_0$ 为系统的一个**不能观测振型**. 容易看出, 不能控振型是系统的输入解耦零点, 不能观测振型是系统的输出解耦零点. 因为定常线性系统能否观测只和矩阵 $\boldsymbol{A}$ 和 $\boldsymbol{C}$ 有关, 故以后系统能观测也可以说 $(\boldsymbol{A}, \boldsymbol{C})$ 能观测.

### 5.4.2　几何判据

设 $\boldsymbol{x}_0$ 是定常线性系统的一个不能观测状态. 由定义可知当 $\boldsymbol{u}(t) \equiv \boldsymbol{0}$ 时, 由 $\boldsymbol{x}_0$ 发生的输出响应 $\boldsymbol{y}(t) \equiv \boldsymbol{0}, t \geqslant 0$. 这时有

$$\boldsymbol{y}(t) = \boldsymbol{C}\mathrm{e}^{\boldsymbol{A}t}\boldsymbol{x}_0 \equiv \boldsymbol{0},\ t \geqslant 0 \tag{5.4.1}$$

其中, $\mathrm{e}^{\boldsymbol{A}t}$ 是定常系统的状态转移矩阵.

在式 (5.4.1) 中令 $t=0$ 得

$$\boldsymbol{C}\boldsymbol{x}_0=\boldsymbol{0} \tag{5.4.2}$$

对式 (5.4.1) 两边取 $k$ 阶导数得

$$\boldsymbol{C}\boldsymbol{A}^k\mathrm{e}^{\boldsymbol{A}t}\boldsymbol{x}_0\equiv\boldsymbol{0},\quad t\geqslant 0,k=1,2,\cdots,n-1$$

上式中令 $t=0$ 得

$$\boldsymbol{C}\boldsymbol{A}^k\boldsymbol{x}_0=\boldsymbol{0},\quad t\geqslant 0,k=1,2,\cdots,n-1 \tag{5.4.3}$$

由式 (5.4.2) 和式 (5.4.3) 可知

$$\boldsymbol{x}_0\in\mathrm{Ker}\boldsymbol{C}\boldsymbol{A}^k,\quad k=0,1,2,\cdots,n-1$$

令

$$\mathcal{O}=\bigcap_{k=0}^{n-1}\mathrm{Ker}\boldsymbol{C}\boldsymbol{A}^k$$

显然, 它是一个线性子空间. 可见, 对于定常线性系统的每一个不能观测状态 $\boldsymbol{x}_0$ 都有

$$\boldsymbol{x}_0\in\mathcal{O}$$

反之, 任取 $\boldsymbol{x}_0\in\mathcal{O}$, 当 $\boldsymbol{u}(t)\equiv\boldsymbol{0}$, $\boldsymbol{x}_0$ 必是定常线性系统的每一个不能观测状态. 因为以 $\boldsymbol{x}_0$ 为初始状态的输出响应为

$$\boldsymbol{y}(t)=\boldsymbol{C}\mathrm{e}^{\boldsymbol{A}t}\boldsymbol{x}_0$$

故有

$$\boldsymbol{y}(t)=\sum_{k=0}^{n-1}\alpha_k(t)\boldsymbol{C}\boldsymbol{A}^k\boldsymbol{x}_0$$

由 $\boldsymbol{x}_0\in\mathcal{O}$, 则有

$$\boldsymbol{C}\boldsymbol{A}^k\boldsymbol{x}_0=\boldsymbol{0},\quad k=0,1,2,\cdots,n-1$$

于是

$$\boldsymbol{y}(t)\equiv\boldsymbol{0},\quad t\geqslant 0$$

综上所述, 定常线性系统的不能观测子空间就是 $\mathcal{O}$. 因此, 可以说定常线性系统完全能观测的充分必要条件是 $\mathcal{O}=0$. 不能观测子空间 $\mathcal{O}$ 的正交补 $\mathcal{O}^{\perp}$ 称作能观测子空间.

# 思考与练习

(1) 证明系统 (5.1.1) 在 $t_0$ 时刻的不能观测状态组成状态空间中的一个线性子空间.

(2) 考虑单输入单输出的 $n$ 阶定常系统

$$\begin{aligned}\dot{\boldsymbol{x}} &= \boldsymbol{A}\boldsymbol{x} + \boldsymbol{b}u \\ y &= \boldsymbol{c}\,\boldsymbol{x}\end{aligned}$$

证明: 当 $\boldsymbol{A}$ 是非循环矩阵时, 系统是不能控且不能观的.

(3) 证明能观性矩阵 $\boldsymbol{M}(t_1, t_0)$ 满足矩阵微分方程

$$\frac{\mathrm{d}\boldsymbol{M}(t_1,t_0)}{\mathrm{d}t_0} = -(\boldsymbol{C}^{\mathrm{T}}\boldsymbol{C} + \boldsymbol{M}\boldsymbol{A} + \boldsymbol{A}^{\mathrm{T}}\boldsymbol{M}), \quad \boldsymbol{M}(t_0,t_0) = \boldsymbol{0}$$

(4) 试证, 当且仅当 $(\boldsymbol{A}, \boldsymbol{C}^{\mathrm{T}}\boldsymbol{C})$ 能观测时, $(\boldsymbol{A}, \boldsymbol{C})$ 能观测, 其中 $\boldsymbol{A}, \boldsymbol{C}$ 分别为 $n \times n$ 和 $m \times n$ 阶实矩阵, $\boldsymbol{C}^{\mathrm{T}}$ 是其转置.

(5) 对于定常线性系统 $(\boldsymbol{A}, \boldsymbol{B}, \boldsymbol{C})$, 如 $(\boldsymbol{A}, \boldsymbol{B})$ 能控, 则 $(\boldsymbol{A}+\boldsymbol{B}\boldsymbol{K}, \boldsymbol{B})$ 也能控; 如 $(\boldsymbol{A}, \boldsymbol{C})$ 能观, 则 $(\boldsymbol{A}+\boldsymbol{B}\boldsymbol{K}\boldsymbol{C}, \boldsymbol{C})$ 也能观, 其中 $\boldsymbol{K}$ 的阶数满足矩阵乘法.

# 第 6 章　定常线性系统标准型与实现

## 6.1　定常线性系统的标准结构

### 6.1.1　能控性标准结构

现在我们知道, 对定常线性系统来说, 它的状态空间可以按照能控性和能观测性划分. 可分为能控子空间, 不能控子空间, 能观测子空间和不能观测子空间. 于是我们就可按此标准把定常线性系统化为所谓的标准结构.

**引理 6.1**　已知定常线性系统 $(\boldsymbol{A},\boldsymbol{B},\boldsymbol{C})$ 和坐标变换:

$$\overline{\boldsymbol{x}} = \boldsymbol{T}\boldsymbol{x} \tag{6.1.1}$$

其中, $\boldsymbol{T}$ 是一个 $n\times n$ 阶非奇异矩阵, 则在这个坐标变换下系统 $(\boldsymbol{A},\boldsymbol{B},\boldsymbol{C})$ 的能控子空间和不能观测子空间的维数保持不变.

证明: 在变换 (6.1.1) 下, 系统 $(\boldsymbol{A},\boldsymbol{B},\boldsymbol{C})$ 变为

$$\begin{aligned}\dot{\overline{\boldsymbol{x}}} &= \overline{\boldsymbol{A}}\overline{\boldsymbol{x}} + \overline{\boldsymbol{B}}\boldsymbol{u}\\ \boldsymbol{y} &= \overline{\boldsymbol{C}}\overline{\boldsymbol{x}}\end{aligned} \tag{6.1.2}$$

其中, $\overline{\boldsymbol{A}} = \boldsymbol{T}\boldsymbol{A}\boldsymbol{T}^{-1}, \overline{\boldsymbol{B}} = \boldsymbol{T}\boldsymbol{B}, \overline{\boldsymbol{C}} = \boldsymbol{C}\boldsymbol{T}^{-1}$.

系统 $(\overline{\boldsymbol{A}},\overline{\boldsymbol{B}},\overline{\boldsymbol{C}})$ 的能控子空间为

$$<\overline{\boldsymbol{A}}|\overline{\mathbb{B}}> = \overline{\mathbb{B}} + \overline{\boldsymbol{A}}\,\overline{\mathbb{B}} + \cdots + \overline{\boldsymbol{A}}^{n-1}\overline{\mathbb{B}}$$

其中, $\overline{\mathbb{B}} = \mathrm{Im}\overline{\boldsymbol{B}} = \mathrm{Im}\boldsymbol{T}\boldsymbol{B} = \boldsymbol{T}\mathrm{Im}\boldsymbol{B} = \boldsymbol{T}\mathbb{B}$. 于是

$$\begin{aligned}<\overline{\boldsymbol{A}}|\overline{\mathbb{B}}> &= \boldsymbol{T}\mathrm{Im}\boldsymbol{B} + \boldsymbol{T}\boldsymbol{A}\mathrm{Im}\boldsymbol{B} + \cdots + \boldsymbol{T}\boldsymbol{A}^{n-1}\mathrm{Im}\boldsymbol{B}\\ &= \boldsymbol{T}(\mathrm{Im}\boldsymbol{B} + \boldsymbol{A}\mathrm{Im}\boldsymbol{B} + \cdots + \boldsymbol{A}^{n-1}\mathrm{Im}\boldsymbol{B})\\ &= \boldsymbol{T} < \boldsymbol{A}|\mathbb{B} >\end{aligned} \tag{6.1.3}$$

显然 $<\overline{\boldsymbol{A}}|\overline{\mathbb{B}}>$ 与 $<\boldsymbol{A}|\mathbb{B}>$ 相差一个非奇异变换 $\boldsymbol{T}$, 所以能控性子空间的维数不变.

由不能观测空间的定义可知, 系统 $(\overline{\boldsymbol{A}},\overline{\boldsymbol{B}},\overline{\boldsymbol{C}})$ 的不能观测子空间为

$$\overline{\mathcal{O}}=\bigcap_{k=0}^{n-1}\mathrm{Ker}\overline{\boldsymbol{C}}\ \overline{\boldsymbol{A}}^k=\bigcap_{k=0}^{n-1}\mathrm{Ker}\boldsymbol{C}\boldsymbol{A}^k\boldsymbol{T}^{-1}$$

又因为

$$\overline{\mathcal{O}}^{\perp}=\left(\bigcap_{k=0}^{n-1}\mathrm{Ker}\boldsymbol{C}\boldsymbol{A}^k\boldsymbol{T}^{-1}\right)^{\perp} \tag{6.1.4}$$

$$=\sum_{k=0}^{n-1}\mathrm{Im}(\boldsymbol{T}^{-1})^{\mathrm{T}}(\boldsymbol{A}^{\mathrm{T}})^k\boldsymbol{C}^{\mathrm{T}} \tag{6.1.5}$$

$$=\sum_{k=0}^{n-1}(\boldsymbol{T}^{-1})^{\mathrm{T}}(\boldsymbol{A}^{\mathrm{T}})^k\mathrm{Im}\boldsymbol{C}^{\mathrm{T}} \tag{6.1.6}$$

$$=(\boldsymbol{T}^{-1})^{\mathrm{T}}\mathcal{O}^{\perp}$$

上面由式 (6.1.4) 到式 (6.1.5) 是因为: 如果 $\boldsymbol{y}\in\left(\bigcap_{k=0}^{n-1}\mathrm{Ker}\boldsymbol{C}\boldsymbol{A}^k\boldsymbol{T}^{-1}\right)^{\perp}$, 则对任意 $\boldsymbol{z}\in\bigcap_{k=0}^{n-1}\mathrm{Ker}\boldsymbol{C}\boldsymbol{A}^k\boldsymbol{T}^{-1}$, 有 $\boldsymbol{y}^{\mathrm{T}}\boldsymbol{z}=0$. 又易证有 $\boldsymbol{C}\boldsymbol{A}^k\boldsymbol{T}^{-1}\boldsymbol{z}=0, k=0,1,\cdots,n-1$. 由于 $\boldsymbol{z}$ 的任意性, 故有 $\boldsymbol{y}^{\mathrm{T}}$ 是 $\boldsymbol{C}\boldsymbol{A}^k\boldsymbol{T}^{-1}$ 的行向量的线性组合. 令 $\boldsymbol{c}_i^{\mathrm{T}}, i=1,2,\cdots,m$, 是 $\boldsymbol{C}$ 的第 $i$ 行行向量, 则有

$$\boldsymbol{y}^{\mathrm{T}}=\sum_{k=0}^{n-1}\sum_{i=1}^{m}\boldsymbol{c}_i^{\mathrm{T}}\boldsymbol{A}^k\boldsymbol{T}^{-1}\alpha_{k,i}$$

其中, $\alpha_{k,i}$ 是数量. 于是

$$\boldsymbol{y}=\sum_{k=0}^{n-1}\sum_{i=1}^{m}(\boldsymbol{T}^{-1})^{\mathrm{T}}(\boldsymbol{A}^{\mathrm{T}})^k\boldsymbol{c}_i\alpha_{k,i}$$

$$=\sum_{k=0}^{n-1}(\boldsymbol{T}^{-1})^{\mathrm{T}}(\boldsymbol{A}^{\mathrm{T}})^k\boldsymbol{C}^{\mathrm{T}}\boldsymbol{a}_k$$

其中, $\boldsymbol{a}_k=(\alpha_{k,1},\alpha_{k,2},\cdots,\alpha_{k,m})^{\mathrm{T}}$. 于是有

$$\boldsymbol{y}\in\sum_{k=0}^{n-1}\mathrm{Im}(\boldsymbol{T}^{-1})^{\mathrm{T}}(\boldsymbol{A}^{\mathrm{T}})^k\boldsymbol{C}^{\mathrm{T}}$$

因为上面推理完全可逆, 故上面两式相等. 显然不能观测子空间的正交补刚好相差一个非奇异变换, 故维数不变. 因此不能观测子空间的维数不变. ■

由引理 6.1 知坐标变换保持系统的能控性和能观测性不变.

假设系统 $(\boldsymbol{A},\boldsymbol{B},\boldsymbol{C})$ 不完全能控, 因此它的能控子空间 $<\boldsymbol{A}|\mathbb{B}>$ 不是全空间. 这样可把状态空间如下分解:

$$\mathbb{R}^n=<\boldsymbol{A}|\mathbb{B}>\oplus<\boldsymbol{A}|\mathbb{B}>^{\perp}$$

设子空间 $<\boldsymbol{A}|\mathbb{B}>$ 的维数为 $\mu$, 则子空间 $<\boldsymbol{A}|\mathbb{B}>^{\perp}$ 的维数为 $n-\mu$. 然后在子空间 $<\boldsymbol{A}|\mathbb{B}>$ 和 $<\boldsymbol{A}|\mathbb{B}>^{\perp}$ 中分别取一组基:

$$\boldsymbol{e}_1,\boldsymbol{e}_2,\cdots,\boldsymbol{e}_\mu$$

$$\boldsymbol{e}_{\mu+1},\boldsymbol{e}_{\mu+2},\cdots,\boldsymbol{e}_n$$

令

$$\boldsymbol{T}=[\boldsymbol{e}_1,\boldsymbol{e}_2,\cdots,\boldsymbol{e}_n]$$

显然 $\boldsymbol{T}$ 是非奇异的. 利用 Cayley-Hamilton 定理可证明子空间 $<\boldsymbol{A}|\mathbb{B}>$ 是 $\boldsymbol{A}$ 的不变子空间, 即 $\boldsymbol{A}<\boldsymbol{A}|\mathbb{B}>\subseteq<\boldsymbol{A}|\mathbb{B}>$. 因此有

$$\begin{aligned}
\boldsymbol{A}\boldsymbol{e}_1&=a_{11}\boldsymbol{e}_1+a_{21}\boldsymbol{e}_2+\cdots+a_{\mu 1}\boldsymbol{e}_\mu\\
\boldsymbol{A}\boldsymbol{e}_2&=a_{12}\boldsymbol{e}_1+a_{22}\boldsymbol{e}_2+\cdots+a_{\mu 2}\boldsymbol{e}_\mu\\
&\ \,\vdots\\
\boldsymbol{A}\boldsymbol{e}_\mu&=a_{1\mu}\boldsymbol{e}_1+a_{2\mu}\boldsymbol{e}_2+\cdots+a_{\mu\mu}\boldsymbol{e}_\mu\\
\boldsymbol{A}\boldsymbol{e}_{\mu+1}&=a_{1,\mu+1}\boldsymbol{e}_1+a_{2,\mu+1}\boldsymbol{e}_2+\cdots+a_{\mu,\mu+1}\boldsymbol{e}_\mu+\cdots+a_{n,\mu+1}\boldsymbol{e}_n\\
&\ \,\vdots\\
\boldsymbol{A}\boldsymbol{e}_n&=a_{1n}\boldsymbol{e}_1+a_{2n}\boldsymbol{e}_2+\cdots+a_{\mu n}\boldsymbol{e}_\mu+a_{nn}\boldsymbol{e}_n
\end{aligned}$$

其中, $a_{ij}$ 都是实数, $i=1,2,\cdots,n$; $j=1,2,\cdots,n$.

如果令

$$\overline{\boldsymbol{A}}=\begin{bmatrix}\overline{\boldsymbol{A}}_1 & \overline{\boldsymbol{A}}_3\\ \boldsymbol{0} & \overline{\boldsymbol{A}}_2\end{bmatrix}$$

其中

$$\overline{\boldsymbol{A}}_1=\begin{bmatrix} a_{11} & a_{12} & \cdots & a_{1\mu} \\ a_{21} & a_{22} & \cdots & a_{2\mu} \\ \vdots & \vdots & & \vdots \\ a_{\mu 1} & a_{\mu 2} & \cdots & a_{\mu\mu} \end{bmatrix}$$

$$\overline{\boldsymbol{A}}_2=\begin{bmatrix} a_{\mu+1,\mu+1} & a_{\mu+1,\mu+2} & \cdots & a_{\mu+1,n} \\ a_{\mu+2,\mu+1} & a_{\mu+2,\mu+2} & \cdots & a_{\mu+2,n} \\ \vdots & \vdots & & \vdots \\ a_{n,\mu+1} & a_{n,\mu+2} & \cdots & a_{nn} \end{bmatrix}$$

$$\overline{\boldsymbol{A}}_3=\begin{bmatrix} a_{1,\mu+1} & a_{1,\mu+2} & \cdots & a_{1n} \\ a_{2,\mu+1} & a_{2,\mu+2} & \cdots & a_{2n} \\ \vdots & \vdots & & \vdots \\ a_{\mu,\mu+1} & a_{\mu,\mu+2} & \cdots & a_{\mu n} \end{bmatrix}$$

于是有

$$\boldsymbol{A}[\boldsymbol{e}_1,\boldsymbol{e}_2,\cdots,\boldsymbol{e}_n]=[\boldsymbol{e}_1,\boldsymbol{e}_2,\cdots,\boldsymbol{e}_n]\overline{\boldsymbol{A}}$$

即

$$\boldsymbol{A}\boldsymbol{T}=\boldsymbol{T}\overline{\boldsymbol{A}}$$

又可得

$$\overline{\boldsymbol{A}}=\boldsymbol{T}^{-1}\boldsymbol{A}\boldsymbol{T}$$

由于 $\boldsymbol{B}$ 的每一列都是能控子空间 $<\boldsymbol{A}|\mathbb{B}>$ 中的元, 因此用与前面类似的方法可证明

$$\overline{\boldsymbol{B}}=\boldsymbol{T}^{-1}\boldsymbol{B}=\begin{bmatrix} \overline{\boldsymbol{B}}_1 \\ \boldsymbol{0} \end{bmatrix}$$

其中, $\overline{\boldsymbol{B}}_1$ 是一个 $\mu\times r$ 阶矩阵.

如果对系统 $(\boldsymbol{A},\boldsymbol{B},\boldsymbol{C})$ 取坐标变换

$$\overline{\boldsymbol{x}}=\boldsymbol{T}^{-1}\boldsymbol{x}$$

那么系统 $(\boldsymbol{A},\boldsymbol{B},\boldsymbol{C})$ 将变为

$$\begin{aligned} \begin{pmatrix} \dot{\overline{\boldsymbol{x}}}_1 \\ \dot{\overline{\boldsymbol{x}}}_2 \end{pmatrix} &=\begin{bmatrix} \overline{\boldsymbol{A}}_1 & \overline{\boldsymbol{A}}_3 \\ \boldsymbol{0} & \overline{\boldsymbol{A}}_2 \end{bmatrix}\begin{pmatrix} \overline{\boldsymbol{x}}_1 \\ \overline{\boldsymbol{x}}_2 \end{pmatrix}+\begin{bmatrix} \overline{\boldsymbol{B}}_1 \\ \boldsymbol{0} \end{bmatrix}\boldsymbol{u} \\ \boldsymbol{y} &=\overline{\boldsymbol{C}}_1\overline{\boldsymbol{x}}_1+\overline{\boldsymbol{C}}_2\overline{\boldsymbol{x}}_2 \end{aligned} \tag{6.1.7}$$

其中, $\overline{\boldsymbol{x}}_1$ 为 $\mu$ 维状态向量, $\overline{\boldsymbol{x}}_2$ 为 $n-\mu$ 维状态向量, $[\overline{\boldsymbol{C}}_1, \overline{\boldsymbol{C}}_2] = \boldsymbol{CT}$.

系统 $(\overline{\boldsymbol{A}}, \overline{\boldsymbol{B}}, \overline{\boldsymbol{C}})$ 的能控性矩阵为

$$\begin{aligned}\overline{\boldsymbol{Q}}_c &= [\overline{\boldsymbol{B}}, \overline{\boldsymbol{A}}\,\overline{\boldsymbol{B}}, \cdots, \overline{\boldsymbol{A}}^{n-1}\overline{\boldsymbol{B}}] \\ &= \begin{bmatrix} \overline{\boldsymbol{B}}_1 & \overline{\boldsymbol{A}}_1\overline{\boldsymbol{B}}_1 & \cdots & \overline{\boldsymbol{A}}_1^{n-1}\overline{\boldsymbol{B}}_1 \\ \boldsymbol{0} & \boldsymbol{0} & \cdots & \boldsymbol{0} \end{bmatrix} \\ &= \boldsymbol{T}^{-1}\boldsymbol{Q}_c \end{aligned} \tag{6.1.8}$$

由于假设 $< \boldsymbol{A}|\mathbb{B} >$ 是 $\mu$ 维的, 且它又是由 $\boldsymbol{Q}_c$ 各列所构成的线性子空间. 因此必有

$$\text{rank}\boldsymbol{Q}_c = \mu$$

又由 $T$ 为非奇异矩阵, 所以有

$$\text{rank}\overline{\boldsymbol{Q}}_c = \text{rank}\boldsymbol{Q}_c = \mu$$

这说明 $(\overline{\boldsymbol{A}}_1, \overline{\boldsymbol{B}}_1)$ 能控, 故状态变量 $\boldsymbol{x}_1$ 是完全能控的. 于是我们有下面定理.

**定理 6.1** 假设定常线性系统 $(\boldsymbol{A}, \boldsymbol{B}, \boldsymbol{C})$ 不完全能控, 它的能控矩阵的秩为 $\mu < n$, 那么存在一个坐标变换

$$\overline{\boldsymbol{x}} = \boldsymbol{T}^{-1}\boldsymbol{x}$$

使得在这个坐标变换下系统 $(\boldsymbol{A}, \boldsymbol{B}, \boldsymbol{C})$ 变为代数等价的标准结构 $(\overline{\boldsymbol{A}}, \overline{\boldsymbol{B}}, \overline{\boldsymbol{C}})$, 同时 $(\overline{\boldsymbol{A}}_1, \overline{\boldsymbol{B}}_1)$ 能控. 其中 $\boldsymbol{T}$ 是 $n \times n$ 阶非奇异矩阵.

系统 $(\overline{\boldsymbol{A}}, \overline{\boldsymbol{B}}, \overline{\boldsymbol{C}})$ 的传递函数矩阵为

$$\overline{\boldsymbol{W}}(s) = \overline{\boldsymbol{C}}(s\boldsymbol{I}_n - \overline{\boldsymbol{A}})^{-1}\overline{\boldsymbol{B}} = \overline{\boldsymbol{C}}_1(s\boldsymbol{I}_\mu - \overline{\boldsymbol{A}}_1)^{-1}\overline{\boldsymbol{B}}_1$$

由于坐标变换保持传递函数矩阵不变, 若令 $\boldsymbol{W}(s)$ 为系统 $(\boldsymbol{A}, \boldsymbol{B}, \boldsymbol{C})$ 的传递函数矩阵, 则有

$$\boldsymbol{W}(s) = \overline{\boldsymbol{W}}(s) = \overline{\boldsymbol{C}}_1(s\boldsymbol{I}_\mu - \overline{\boldsymbol{A}}_1)^{-1}\overline{\boldsymbol{B}}_1$$

显然 $\overline{\boldsymbol{W}}(s)$ 恰好是子系统 $(\overline{\boldsymbol{A}}_1, \overline{\boldsymbol{B}}_1, \overline{\boldsymbol{C}}_1)$ 的传递函数矩阵, 这说明了系统的传递函数矩阵不能反映系统的不能控子系统的特性.

### 6.1.2 能观测性标准结构

如果系统 $(\boldsymbol{A}, \boldsymbol{B}, \boldsymbol{C})$ 不完全能观测, 则它的不能观测子空间 $\mathcal{O}$ 就是一个非零子空间. 设 $\mathcal{O}$ 的维数为 $\nu$, 则状态空间可作如下分解:

$$\mathbb{R}^n = \mathcal{O} \oplus \mathcal{O}^\perp$$

其中, $\mathcal{O}$ 的正交补空间 $\mathcal{O}^\perp$ 为 $n-\nu$ 维. 应用对偶原理和定理 6.1, 可得如下定理.

**定理 6.2**　假设定常线性系统 $(\boldsymbol{A},\boldsymbol{B},\boldsymbol{C})$ 不完全能观测, 它的能观测矩阵的秩为 $n-\nu,\nu>0$, 那么存在一个坐标变换

$$\widetilde{\boldsymbol{x}}=\boldsymbol{P}^{-1}\boldsymbol{x}$$

其中, $\boldsymbol{P}$ 是 $n\times n$ 阶非奇异矩阵, 使得在这个坐标变换下系统 $(\boldsymbol{A},\boldsymbol{B},\boldsymbol{C})$ 变为如下的代数等价的标准结构 $(\widetilde{\boldsymbol{A}},\widetilde{\boldsymbol{B}},\widetilde{\boldsymbol{C}})$:

$$\begin{aligned}\begin{pmatrix}\dot{\widetilde{\boldsymbol{x}}}_1\\ \dot{\widetilde{\boldsymbol{x}}}_2\end{pmatrix}&=\begin{bmatrix}\widetilde{\boldsymbol{A}}_1 & \boldsymbol{0}\\ \widetilde{\boldsymbol{A}}_4 & \widetilde{\boldsymbol{A}}_2\end{bmatrix}\begin{pmatrix}\widetilde{\boldsymbol{x}}_1\\ \widetilde{\boldsymbol{x}}_2\end{pmatrix}+\begin{bmatrix}\widetilde{\boldsymbol{B}}_1\\ \widetilde{\boldsymbol{B}}_2\end{bmatrix}\boldsymbol{u}\\ \boldsymbol{y}&=\widetilde{\boldsymbol{C}}_1\widetilde{\boldsymbol{x}}_1\end{aligned}\tag{6.1.9}$$

其中, $\widetilde{\boldsymbol{x}}_1,\widetilde{\boldsymbol{x}}_2$ 分别为 $n-\nu$ 维和 $\nu$ 维状态向量; $\widetilde{\boldsymbol{A}}_1,\widetilde{\boldsymbol{A}}_2,\widetilde{\boldsymbol{A}}_4,\widetilde{\boldsymbol{B}}_1,\widetilde{\boldsymbol{B}}_2$ 和 $\widetilde{\boldsymbol{C}}_1$ 分别为 $(n-\nu)\times(n-\nu),\nu\times\nu,\nu\times(n-\nu),(n-\nu)\times\nu,\nu\times\nu$ 和 $m\times(n-\nu)$ 阶常值矩阵, 并且

$$\widetilde{\boldsymbol{A}}=\begin{bmatrix}\widetilde{\boldsymbol{A}}_1 & \boldsymbol{0}\\ \widetilde{\boldsymbol{A}}_4 & \widetilde{\boldsymbol{A}}_2\end{bmatrix}=\boldsymbol{PAP}^{-1},\ \widetilde{\boldsymbol{B}}=\begin{bmatrix}\widetilde{\boldsymbol{B}}_1\\ \widetilde{\boldsymbol{B}}_2\end{bmatrix}=\boldsymbol{PB},\ \widetilde{\boldsymbol{C}}=[\widetilde{\boldsymbol{C}}_1,\boldsymbol{0}]=\boldsymbol{CP}$$

同时 $(\widetilde{\boldsymbol{A}}_1,\widetilde{\boldsymbol{C}}_1)$ 能观测.

系统 $(\widetilde{\boldsymbol{A}},\widetilde{\boldsymbol{B}},\widetilde{\boldsymbol{C}})$ 的传递函数矩阵为 $\widetilde{\boldsymbol{W}}(s)$, 则有

$$\widetilde{\boldsymbol{W}}(s)=\widetilde{\boldsymbol{C}}_1(s\boldsymbol{I}_{n-\nu}-\widetilde{\boldsymbol{A}}_1)^{-1}\widetilde{\boldsymbol{B}}_1$$

又由于坐标变换保持传递函数矩阵不变, 所以有

$$\boldsymbol{W}(s)=\widetilde{\boldsymbol{C}}_1(s\boldsymbol{I}_{n-\nu}-\widetilde{\boldsymbol{A}}_1)^{-1}\widetilde{\boldsymbol{B}}_1$$

这表明定常系统的传递函数矩阵不能反映系统的不能观测子系统的特性.

综合上述, 一个不完全能控和不完全能观测的定常系统的传递函数矩阵只能刻画它的既能控又能观测子系统的特性.

### 6.1.3 能控能观测标准结构

**定理 6.3**[①]　已知定常线性系统 $(\boldsymbol{A},\boldsymbol{B},\boldsymbol{C})$ 能控性矩阵 $\boldsymbol{Q}_c$ 的秩为 $\mu$, 能观测矩阵 $R_o$ 的秩为 $\nu$, 那么存在一个坐标变换

$$\overline{\boldsymbol{x}}=\boldsymbol{T}^{-1}\boldsymbol{x}$$

① 此定理的证明略. 留作思考题.

其中, $\boldsymbol{T}$ 是 $n\times n$ 阶非奇异矩阵, 使得在这个坐标变换下系统 $(\boldsymbol{A},\boldsymbol{B},\boldsymbol{C})$ 变为如下代数等价的标准结构:

$$
\begin{pmatrix}\dot{\overline{\boldsymbol{x}}}_1\\ \dot{\overline{\boldsymbol{x}}}_2\\ \dot{\overline{\boldsymbol{x}}}_3\\ \dot{\overline{\boldsymbol{x}}}_4\end{pmatrix}=\begin{bmatrix}\overline{\boldsymbol{A}}_{11} & \boldsymbol{0} & \overline{\boldsymbol{A}}_{13} & \boldsymbol{0}\\ \overline{\boldsymbol{A}}_{21} & \overline{\boldsymbol{A}}_{22} & \overline{\boldsymbol{A}}_{23} & \overline{\boldsymbol{A}}_{24}\\ \boldsymbol{0} & \boldsymbol{0} & \overline{\boldsymbol{A}}_{33} & \boldsymbol{0}\\ \boldsymbol{0} & \boldsymbol{0} & \overline{\boldsymbol{A}}_{43} & \overline{\boldsymbol{A}}_{44}\end{bmatrix}\begin{pmatrix}\overline{\boldsymbol{x}}_1\\ \overline{\boldsymbol{x}}_2\\ \overline{\boldsymbol{x}}_3\\ \overline{\boldsymbol{x}}_4\end{pmatrix}+\begin{bmatrix}\overline{\boldsymbol{B}}_1\\ \overline{\boldsymbol{B}}_2\\ \boldsymbol{0}\\ \boldsymbol{0}\end{bmatrix}\boldsymbol{u}
$$

$$
\boldsymbol{y}=\begin{bmatrix}\overline{\boldsymbol{C}}_1, & \boldsymbol{0}, & \overline{\boldsymbol{C}}_3, & \boldsymbol{0}\end{bmatrix}\begin{pmatrix}\overline{\boldsymbol{x}}_1\\ \overline{\boldsymbol{x}}_2\\ \overline{\boldsymbol{x}}_3\\ \overline{\boldsymbol{x}}_4\end{pmatrix} \tag{6.1.10}
$$

其中, $\overline{\boldsymbol{x}}_1,\overline{\boldsymbol{x}}_2,\overline{\boldsymbol{x}}_3,\overline{\boldsymbol{x}}_4$ 分别为 $n_1,n_2,n_3,n_4$ 维状态向量, $n_1+n_2+n_3+n_4=n, n_1+n_2=\mu, n_3+n_4=\nu$, 相应常值矩阵 $\overline{\boldsymbol{A}}_{ij},\overline{\boldsymbol{B}}_l,\overline{\boldsymbol{C}}_\alpha, 1\leqslant i,j\leqslant 4, l=1,2,\alpha=1,3$ 的阶数与状态变量的维数相适应. 同时 $\overline{\boldsymbol{x}}_1,\overline{\boldsymbol{x}}_2$ 是能控状态向量; $\overline{\boldsymbol{x}}_1,\overline{\boldsymbol{x}}_3$ 是能观测状态向量, 并且 $(\overline{\boldsymbol{A}}_{11},\overline{\boldsymbol{B}}_1,\overline{\boldsymbol{C}}_1)$ 组成的子系统是完全能控且能观测的.

令

$$
\overline{\boldsymbol{A}}=\begin{bmatrix}\overline{\boldsymbol{A}}_{11} & \boldsymbol{0} & \overline{\boldsymbol{A}}_{13} & \boldsymbol{0}\\ \overline{\boldsymbol{A}}_{21} & \overline{\boldsymbol{A}}_{22} & \overline{\boldsymbol{A}}_{23} & \overline{\boldsymbol{A}}_{24}\\ \boldsymbol{0} & \boldsymbol{0} & \overline{\boldsymbol{A}}_{33} & \boldsymbol{0}\\ \boldsymbol{0} & \boldsymbol{0} & \overline{\boldsymbol{A}}_{43} & \overline{\boldsymbol{A}}_{44}\end{bmatrix},\ \overline{\boldsymbol{B}}=\begin{bmatrix}\overline{\boldsymbol{B}}_1\\ \overline{\boldsymbol{B}}_2\\ \boldsymbol{0}\\ \boldsymbol{0}\end{bmatrix},\ \overline{\boldsymbol{C}}=\begin{bmatrix}\overline{\boldsymbol{C}}_1, & \boldsymbol{0}, & \overline{\boldsymbol{C}}_3, & \boldsymbol{0}\end{bmatrix}
$$

则有

$$
\overline{\boldsymbol{A}}=\boldsymbol{T}^{-1}\boldsymbol{A}\boldsymbol{T},\quad \overline{\boldsymbol{B}}=T^{-1}\boldsymbol{B},\quad \overline{\boldsymbol{C}}=\boldsymbol{C}\boldsymbol{T}
$$

## 6.2 单输入单输出系统的标准型

### 6.2.1 能控性标准型

下面考虑如下单输入单输出定常线性控制系统:

$$
\begin{aligned}\dot{\boldsymbol{x}}&=\boldsymbol{A}\boldsymbol{x}+\boldsymbol{b}u\\ y&=\boldsymbol{c}\boldsymbol{x}\end{aligned} \tag{6.2.1}
$$

设系统 (6.2.1) 是完全能控和完全能观测的. 令 $\boldsymbol{A}$ 的特征多项式为

$$
\det(s\boldsymbol{I}_n-\boldsymbol{A})=s^n+\alpha_{n-1}s^{n-1}+\cdots+\alpha_1 s+\alpha_0 \tag{6.2.2}
$$

系统 (6.2.1) 的能控性和能观测性矩阵分别为

$$\boldsymbol{Q}_c = \begin{pmatrix} \boldsymbol{b}, & \boldsymbol{A}\boldsymbol{b}, & \cdots, & \boldsymbol{A}^{n-1}\boldsymbol{b} \end{pmatrix}, \quad \boldsymbol{R}_o = \begin{pmatrix} \boldsymbol{c} \\ \boldsymbol{c}\boldsymbol{A} \\ \vdots \\ \boldsymbol{c}\boldsymbol{A}^{n-1} \end{pmatrix}$$

**定理 6.4**　设定常线性控制系统 (6.2.1) 是完全能控的, 则存在坐标变换

$$\overline{\boldsymbol{x}} = \boldsymbol{T}\boldsymbol{x}$$

使得在这个变换下, 系统 (6.2.1) 化为如下标准型

$$\begin{aligned} \dot{\overline{\boldsymbol{x}}} &= \overline{\boldsymbol{A}}\overline{\boldsymbol{x}} + \overline{\boldsymbol{b}}u \\ y &= \overline{\boldsymbol{c}}\,\overline{\boldsymbol{x}} \end{aligned} \tag{6.2.3}$$

其中, $\boldsymbol{T}$ 是一个 $n \times n$ 阶非奇异矩阵, $\overline{\boldsymbol{A}} = \boldsymbol{T}\boldsymbol{A}\boldsymbol{T}^{-1}, \overline{\boldsymbol{b}} = \boldsymbol{T}\boldsymbol{b}, \overline{\boldsymbol{c}} = \boldsymbol{c}\boldsymbol{T}^{-1}$, 并且

$$\overline{\boldsymbol{A}} = \begin{bmatrix} 0 & 0 & \cdots & 0 & -\alpha_0 \\ 1 & 0 & \cdots & 0 & -\alpha_1 \\ 0 & 1 & \cdots & 0 & -\alpha_2 \\ \vdots & \vdots & & \vdots & \vdots \\ 0 & 0 & \cdots & 1 & -\alpha_{n-1} \end{bmatrix}, \quad \overline{\boldsymbol{b}} = \begin{pmatrix} 1 \\ 0 \\ 0 \\ \vdots \\ 0 \end{pmatrix}$$

通常称系统 (6.2.3) 为系统 (6.2.1) 的第一能控标准型.

证明: 因为系统 (6.2.1) 完全能控, 所以 $\boldsymbol{Q}_c$ 是非奇异的. 令 $\boldsymbol{T} = \boldsymbol{Q}_c^{-1}$, 取坐标变换:

$$\overline{\boldsymbol{x}} = \boldsymbol{T}\boldsymbol{x}$$

于是在这个变换下有

$$\begin{aligned} \dot{\overline{\boldsymbol{x}}} &= \overline{\boldsymbol{A}}\overline{\boldsymbol{x}} + \overline{\boldsymbol{b}}u \\ y &= \overline{\boldsymbol{c}}\,\overline{\boldsymbol{x}} \end{aligned} \tag{6.2.4}$$

其中, $\overline{\boldsymbol{A}} = \boldsymbol{T}\boldsymbol{A}\boldsymbol{T}^{-1}, \overline{\boldsymbol{b}} = \boldsymbol{T}\boldsymbol{b}, \overline{\boldsymbol{c}} = \boldsymbol{c}\boldsymbol{T}^{-1}$. 不难计算:

$$\overline{\boldsymbol{A}} = \boldsymbol{T}\boldsymbol{A}\boldsymbol{Q}_c$$

$$
\begin{aligned}
&= \boldsymbol{TA}[\boldsymbol{b}, \boldsymbol{Ab}, \cdots, \boldsymbol{A}^{n-1}\boldsymbol{b}] \\
&= \boldsymbol{T}[\boldsymbol{Ab}, \boldsymbol{A}^2\boldsymbol{b}, \cdots, \boldsymbol{A}^n\boldsymbol{b}] \\
&= \boldsymbol{T}[\boldsymbol{Ab}, \boldsymbol{A}^2\boldsymbol{b}, \cdots, \boldsymbol{A}^{n-1}\boldsymbol{b}, -\alpha_{n-1}\boldsymbol{A}^{n-1}\boldsymbol{b} - \cdots - \alpha_1\boldsymbol{Ab} - \alpha_0\boldsymbol{b}] \\
&= \begin{bmatrix} 0 & 0 & \cdots & 0 & -\alpha_0 \\ 1 & 0 & \cdots & 0 & -\alpha_1 \\ 0 & 1 & \cdots & 0 & -\alpha_2 \\ & & \vdots & & \\ 0 & 0 & \cdots & 1 & -\alpha_{n-1} \end{bmatrix}
\end{aligned}
$$

$$
\overline{\boldsymbol{b}} = \boldsymbol{Tb} = \boldsymbol{Q}_c^{-1}\boldsymbol{b} = (1, 0, \cdots, 0)^{\mathrm{T}}
$$

显然它与系统 (6.2.1) 代数等价, 因此也是完全能控的. ■

**定理 6.5** 设定常线性控制系统 (6.2.1) 是完全能控的, 则存在坐标变换

$$
\overline{\boldsymbol{x}} = \boldsymbol{Px} \tag{6.2.5}
$$

其中, $\boldsymbol{P}$ 是一个 $n \times n$ 阶非奇异矩阵. 在这个变换下, 系统 (6.2.1) 化为如下标准型

$$
\begin{aligned}
\dot{\overline{\boldsymbol{x}}} &= \overline{\boldsymbol{A}}\overline{\boldsymbol{x}} + \overline{\boldsymbol{b}}u \\
y &= \overline{\boldsymbol{c}}\ \overline{\boldsymbol{x}}
\end{aligned} \tag{6.2.6}
$$

其中, $\overline{\boldsymbol{A}} = \boldsymbol{PAP}^{-1}, \overline{\boldsymbol{b}} = \boldsymbol{Pb}, \overline{\boldsymbol{c}} = \boldsymbol{cP}^{-1}$, 并且

$$
\overline{\boldsymbol{A}} = \begin{bmatrix} 0 & 1 & 0 & \cdots & 0 \\ 0 & 0 & 1 & \cdots & 0 \\ \vdots & \vdots & \vdots & & \vdots \\ 0 & 0 & 0 & \cdots & 1 \\ -\alpha_0 & -\alpha_1 & -\alpha_2 & \cdots & -\alpha_{n-1} \end{bmatrix}, \quad \overline{\boldsymbol{b}} = \begin{pmatrix} 0 \\ 0 \\ \vdots \\ 0 \\ 1 \end{pmatrix}
$$

通常称系统 (6.2.6) 为系统 (6.2.1) 的第二能控标准型.

证明: 令 $\boldsymbol{q}^{\mathrm{T}}$ 为 $\boldsymbol{Q}_c^{-1}$ 中最后一行所组成的向量, 取

$$
\boldsymbol{P} = \begin{bmatrix} \boldsymbol{q}^{\mathrm{T}} \\ \boldsymbol{q}^{\mathrm{T}}\boldsymbol{A} \\ \vdots \\ \boldsymbol{q}^{\mathrm{T}}\boldsymbol{A}^{n-1} \end{bmatrix}
$$

可以证明, 矩阵 $\boldsymbol{P}$ 是非奇异的. 因为, 如果有向量 $\boldsymbol{x}_0$ 使得

$$\boldsymbol{P}\boldsymbol{x}_0=\boldsymbol{0}$$

则有

$$\boldsymbol{q}^{\mathrm{T}}\boldsymbol{A}^i\boldsymbol{x}_0=0,\qquad i=0,1,\cdots,n-1 \tag{6.2.7}$$

当 $i=0$ 时, 有

$$\boldsymbol{q}^{\mathrm{T}}\boldsymbol{x}_0=\boldsymbol{0}$$

而 $\boldsymbol{q}$ 与 $\boldsymbol{b},\boldsymbol{A}\boldsymbol{b},\cdots,\boldsymbol{A}^{n-2}\boldsymbol{b}$ 正交, 则 $\boldsymbol{x}_0$ 必能表成 $\boldsymbol{b},\boldsymbol{A}\boldsymbol{b},\cdots,\boldsymbol{A}^{n-2}\boldsymbol{b}$ 的线性组合, 从而有不全为零的实数 $\beta_0,\beta_1,\cdots,\beta_{n-2}$, 使得

$$\boldsymbol{x}_0=\sum_{k=0}^{n-2}\beta_k\boldsymbol{A}^k\boldsymbol{b} \tag{6.2.8}$$

在式 (6.2.8) 两边左乘 $\boldsymbol{q}^{\mathrm{T}}\boldsymbol{A}$, 并利用式 (6.2.7) 有

$$\sum_{k=0}^{n-2}\beta_k\boldsymbol{q}^{\mathrm{T}}\boldsymbol{A}^{k+1}\boldsymbol{b}=0 \tag{6.2.9}$$

利用 $\boldsymbol{q}$ 的定义, 由式 (6.2.9) 可知 $\beta_{n-2}=0$. 同理, 在式 (6.2.8) 两边左乘 $\boldsymbol{q}^{\mathrm{T}}\boldsymbol{A}^2$, 并利用式 (6.2.7) 可得 $\beta_{n-3}=0$. 依次类推可得到

$$\beta_k=0,\ k=0,1,\cdots,n-2$$

这表明 $\boldsymbol{x}_0=\boldsymbol{0}$, 故 $\boldsymbol{P}$ 是非奇异的.

取坐标变换 $\dot{\boldsymbol{x}}=\boldsymbol{P}\boldsymbol{x}$, 这时系统 (6.2.1) 变成如下代数等价系统:

$$\begin{aligned}\dot{\overline{\boldsymbol{x}}}&=\overline{\boldsymbol{A}}\overline{\boldsymbol{x}}+\overline{\boldsymbol{b}}u\\ y&=\overline{\boldsymbol{c}}\,\overline{\boldsymbol{x}}\end{aligned} \tag{6.2.10}$$

其中, $\overline{\boldsymbol{A}}=\boldsymbol{P}\boldsymbol{A}\boldsymbol{P}^{-1},\overline{\boldsymbol{b}}=\boldsymbol{P}\boldsymbol{b},\overline{\boldsymbol{c}}=\boldsymbol{c}\boldsymbol{P}^{-1}$.

利用矩阵 $\boldsymbol{P}$ 的性质和 Cayley-Hamilton 定理可得, $\overline{\boldsymbol{A}},\overline{\boldsymbol{b}}$ 是我们所希望的结构形式, 再由坐标变换保持系统的能控性不变可知, 系统 (6.2.6) 是完全能控的. ■

### 6.2.2　能观测性标准型

由对偶原理, 对于能观测性也有相对应的两个标准型.

**定理 6.6** 设定常线性控制系统 (6.2.1) 是完全能观测的, 则存在坐标变换

$$\overline{\boldsymbol{x}} = \boldsymbol{T}\boldsymbol{x}$$

在这个变换下, 系统 (6.2.1) 化为如下标准型:

$$\begin{aligned} \dot{\overline{\boldsymbol{x}}} &= \overline{\boldsymbol{A}}\overline{\boldsymbol{x}} + \overline{\boldsymbol{b}}u \\ y &= \overline{\boldsymbol{c}}\ \overline{\boldsymbol{x}} \end{aligned} \tag{6.2.11}$$

其中, $\boldsymbol{T}$ 是一个 $n \times n$ 阶非奇异矩阵, $\overline{\boldsymbol{A}} = \boldsymbol{T}\boldsymbol{A}\boldsymbol{T}^{-1}, \overline{\boldsymbol{b}} = \boldsymbol{T}\boldsymbol{b}, \overline{\boldsymbol{c}} = \boldsymbol{c}\boldsymbol{P}^{-1}$, 并且

$$\overline{\boldsymbol{A}} = \begin{bmatrix} 0 & 1 & 0 & \cdots & 0 & 0 \\ 0 & 0 & 1 & \cdots & 0 & 0 \\ \vdots & \vdots & \vdots & & \vdots & \vdots \\ 0 & 0 & 0 & \cdots & 0 & 1 \\ -\alpha_0 & -\alpha_1 & -\alpha_2 & \cdots & -\alpha_{n-2} & -\alpha_{n-1} \end{bmatrix}, \quad \overline{\boldsymbol{c}} = (1, 0, \cdots, 0, 0)$$

通常称系统 (6.2.11) 为系统 (6.2.1) 的第一能观测标准型.

**定理 6.7** 设定常线性控制系统 (6.2.1) 是完全能观测的, 则存在坐标变换

$$\overline{\boldsymbol{x}} = \boldsymbol{P}\boldsymbol{x}$$

在这个变换下, 系统 (6.2.1) 化为如下标准型:

$$\begin{aligned} \dot{\overline{\boldsymbol{x}}} &= \overline{\boldsymbol{A}}\overline{\boldsymbol{x}} + \overline{\boldsymbol{b}}u \\ y &= \overline{\boldsymbol{c}}\ \overline{\boldsymbol{x}} \end{aligned} \tag{6.2.12}$$

其中, $\boldsymbol{P}$ 是一个 $n \times n$ 阶非奇异矩阵, $\overline{\boldsymbol{A}} = \boldsymbol{P}\boldsymbol{A}\boldsymbol{P}^{-1}, \overline{\boldsymbol{b}} = \boldsymbol{P}\boldsymbol{b}, \overline{\boldsymbol{c}} = \boldsymbol{c}\boldsymbol{P}^{-1}$, 并且

$$\overline{\boldsymbol{A}} = \begin{bmatrix} 0 & 0 & 0 & \cdots & 0 & -\alpha_0 \\ 1 & 0 & 0 & \cdots & 0 & -\alpha_1 \\ 0 & 1 & 0 & \cdots & 0 & -\alpha_2 \\ \vdots & \vdots & \vdots & & \vdots & \vdots \\ 0 & 0 & 0 & \cdots & 1 & -\alpha_{n-1} \end{bmatrix}, \quad \overline{\boldsymbol{c}} = (0, 0, \cdots, 0, 1)$$

通常称系统 (6.2.12) 为系统 (6.2.1) 的第二能观测标准型.

由定常线性系统的标准型很容易求出它的传递函数. 设单输入单输出定常线性系统 (6.2.1) 的第二能控标准型为系统 (6.2.6), 并设 $\overline{\boldsymbol{c}} = (\beta_1, \ \beta_2, \ \cdots, \ \beta_n)$. 由于坐标变换不改变系统的传递函数, 因此为求系统 (6.2.1) 的传递函数, 即为求系统 (6.2.6) 的传递函数. 根据定义, 系统 (6.2.6) 的传递函数为

$$W(s) = \overline{\boldsymbol{c}}(s\boldsymbol{I}_n - \overline{\boldsymbol{A}})^{-1}\overline{\boldsymbol{b}} \tag{6.2.13}$$

容易算出

$$(s\boldsymbol{I}_n - \overline{\boldsymbol{A}})^{-1}\overline{\boldsymbol{b}} = \begin{pmatrix} \dfrac{1}{\Delta(s)} \\ \dfrac{s}{\Delta(s)} \\ \vdots \\ \dfrac{s^{n-1}}{\Delta(s)} \end{pmatrix}$$

其中, $\Delta(s) = s^n + \alpha_{n-1}s^{n-1} + \cdots + \alpha_1 s + \alpha_0$ 是矩阵 $\boldsymbol{A}$ (或者 $\overline{\boldsymbol{A}}$) 的特征多项式. 于是

$$W(s) = \frac{\beta_n s^{n-1} + \beta_{n-1}s^{n-2} + \cdots + \beta_2 s + \beta_1}{s^n + \alpha_{n-1}s^{n-1} + \cdots + \alpha_1 s + \alpha_0} \tag{6.2.14}$$

从 $W(s)$ 分子和分母的系数可以看出, 传递函数的极点与系统的稳定性相关, 它的零点与系统的输出性质相关.

最后指出, 无论是从能控标准型还是从能观测标准型出发, 得到的传递函数都是一样的, 因为代数等价系统有相同的传递函数.

## 6.3 定常线性系统的实现

已知由定常线性系统的状态空间描述可求出它的传递函数矩阵. 反过来, 如果给定一个系统的传递函数矩阵, 能否找到它的一个状态空间描述呢? 这就是传递函数矩阵的实现问题. 这个问题的一般提法是: 已知有理分式矩阵 $\boldsymbol{W}(s)$, 求满足

$$\boldsymbol{W}(s) = \boldsymbol{C}(s\boldsymbol{I}_n - \boldsymbol{A})^{-1}\boldsymbol{B} + \boldsymbol{D} \tag{6.3.1}$$

的常值矩阵 $\boldsymbol{A}, \boldsymbol{B}, \boldsymbol{C}, \boldsymbol{D}$. 如果此问题有解, 则由矩阵 $\boldsymbol{A}, \boldsymbol{B}, \boldsymbol{C}, \boldsymbol{D}$ 决定的定常线性系统

$$\begin{aligned} \dot{\boldsymbol{x}} &= \boldsymbol{A}\boldsymbol{x} + \boldsymbol{B}\boldsymbol{u} \\ \boldsymbol{y} &= \boldsymbol{C}\boldsymbol{x} + \boldsymbol{D}\boldsymbol{u} \end{aligned} \tag{6.3.2}$$

叫作 $\boldsymbol{W}(s)$ 的一个状态空间实现, 简称实现. 矩阵 $\boldsymbol{A}$ 的阶数叫作 $\boldsymbol{W}(s)$ 的实现阶数. 为简单起见, 总是用 $(\boldsymbol{A},\boldsymbol{B},\boldsymbol{C},\boldsymbol{D})$ 或 $(\boldsymbol{A},\boldsymbol{B},\boldsymbol{C})$ 表示 $\boldsymbol{W}(s)$ 的实现.

**引理 6.2** $m\times r$ 阶有理分式矩阵能实现的充分必要条件是: 它为真有理分式矩阵, 即它的每一个元都是真有理分式.

证明: 必要性是显然的. 下证充分性.

首先假设 $W(s)$ 是一个标量传递函数, 可写成

$$W(s)=\frac{\beta_n s^{n-1}+\beta_{n-1}s^{n-2}+\cdots+\beta_2 s+\beta_1}{s^n+\alpha_{n-1}s^{n-1}+\cdots+\alpha_1 s+\alpha_0}+d \tag{6.3.3}$$

很容易说明, 如果取

$$\boldsymbol{A}=\begin{bmatrix} 0 & 1 & 0 & \cdots & 0 & 0\\ 0 & 0 & 1 & \cdots & 0 & 0\\ \vdots & \vdots & \vdots & & \vdots & \vdots\\ 0 & 0 & 0 & \cdots & 0 & 1\\ -\alpha_0 & -\alpha_1 & -\alpha_2 & \cdots & -\alpha_{n-2} & -\alpha_{n-1}\end{bmatrix}$$

$$\boldsymbol{b}=\begin{pmatrix}0\\0\\\vdots\\0\\1\end{pmatrix},\ \boldsymbol{c}=\begin{pmatrix}\beta_1, & \beta_2, & \cdots, & \beta_{n-1}, & \beta_n\end{pmatrix}$$

那么由 $(\boldsymbol{A},\boldsymbol{b},\boldsymbol{c},d)$ 组成的系统就是 $W(s)$ 的一个实现. 当 $\boldsymbol{W}(s)$ 为 $m\times r$ 阶真有理分式阵时, 它的每个元都有这样的实现, 从而 $mr$ 个这样的实现就可以决定出 $\boldsymbol{W}(s)$ 的一个实现来. 比如对 $2\times 2$ 阶严格真有理分式传递函数矩阵

$$\boldsymbol{W}(s)=\begin{bmatrix} W_1(s) & W_2(s)\\ W_3(s) & W_4(s)\end{bmatrix} \tag{6.3.4}$$

可以构造出每个元素 $W_i(s)$ 的 $n_i$ 阶实现 $(\boldsymbol{A}_i,\boldsymbol{b}_i,\boldsymbol{c}_i)$, 再按每个元素对应的输入和输出分量将它们组合为

$$\boldsymbol{A}=\begin{bmatrix} \boldsymbol{A}_1 & \boldsymbol{0} & \boldsymbol{0} & \boldsymbol{0}\\ \boldsymbol{0} & \boldsymbol{A}_2 & \boldsymbol{0} & \boldsymbol{0}\\ \boldsymbol{0} & \boldsymbol{0} & \boldsymbol{A}_3 & \boldsymbol{0}\\ \boldsymbol{0} & \boldsymbol{0} & \boldsymbol{0} & \boldsymbol{A}_4\end{bmatrix}$$

$$\boldsymbol{B}=\begin{bmatrix}\boldsymbol{b}_1 & \boldsymbol{0}\\ \boldsymbol{0} & \boldsymbol{b}_2\\ \boldsymbol{b}_3 & \boldsymbol{0}\\ \boldsymbol{0} & \boldsymbol{b}_4\end{bmatrix},\ \boldsymbol{C}=\begin{bmatrix}\boldsymbol{c}_1 & \boldsymbol{c}_2 & \boldsymbol{0} & \boldsymbol{0}\\ \boldsymbol{0} & \boldsymbol{0} & \boldsymbol{c}_3 & \boldsymbol{c}_4\end{bmatrix}$$

容易验证此时传递函数矩阵 $\boldsymbol{C}(s\boldsymbol{I}_n-\boldsymbol{A})^{-1}\boldsymbol{B}$ 即为式 (6.3.4) 所示. ■

**推论 6.1**　$m\times r$ 阶有理分式矩阵 $\boldsymbol{W}(s)$ 存在使得 $\boldsymbol{D}=\boldsymbol{0}$ 的充分必要条件是: 它为严格真有理分式矩阵, 即它的每一个元的分母的次数比分子的次数高.

不失一般性, 下面总是研究严格有理分式矩阵的实现问题. 显然, 上面这种方法得到实现的阶数太高, 阶数高达

$$\sum_{i=1}^{m\times r} n_i$$

其中, $n_i$ 表示 $\boldsymbol{W}(s)$ 中每个元素分母的次数, 不方便应用. 为了实用起见, 我们需要维数较低的实现. 我们把 $\boldsymbol{W}(s)$ 所有实现中阶数最低的一个叫作最小实现. 下面将要证明, $\boldsymbol{W}(s)$ 的最小实现在代数等价意义下是唯一的. 在研究最小实现之前, 先做些准备工作.

已知单输入单输出定常线性系统

$$\begin{aligned}\dot{\boldsymbol{x}}&=\boldsymbol{A}\boldsymbol{x}+\boldsymbol{b}u\\ y&=\boldsymbol{c}\boldsymbol{x}\end{aligned}\tag{6.3.5}$$

它的传递函数为

$$W(s)=\boldsymbol{c}(s\boldsymbol{I}_n-\boldsymbol{A})^{-1}\boldsymbol{b}$$

令 $\Delta(s)=\det(s\boldsymbol{I}_n-\boldsymbol{A})$, 再由

$$(s\boldsymbol{I}_n-\boldsymbol{A})^{-1}=\frac{1}{\Delta(s)}\mathrm{Adj}(s\boldsymbol{I}_n-\boldsymbol{A})$$

其中, $\mathrm{Adj}(\cdot)$ 表示矩阵的伴随矩阵. 若令

$$p(s)=\boldsymbol{c}\mathrm{Adj}(s\boldsymbol{I}_n-\boldsymbol{A})\boldsymbol{b}$$

那么有

$$W(s)=\frac{p(s)}{\Delta(s)}$$

**引理 6.3** 系统 (6.3.5) 完全能控完全能观测的充分必要条件是: $W(s)$ 没有零极相消, 即 $p(s)$ 与 $\Delta(s)$ 互质.

证明: 1. **必要性**

假设系统 (6.3.5) 是完全能控完全能观测的. 预解矩阵 $(s\boldsymbol{I}_n-\boldsymbol{A})^{-1}$ 可表示成

$$(s\boldsymbol{I}_n-\boldsymbol{A})^{-1}=\frac{1}{\Delta(s)}\sum_{k=0}^{n-1}p_k(s)\boldsymbol{A}^k$$

其中, $p_k(s)$ 的具体求法可见附录 A.4. 令

$$\boldsymbol{G}(s)=\sum_{k=0}^{n-1}p_k(s)\boldsymbol{A}^k$$

则有

$$(s\boldsymbol{I}_n-\boldsymbol{A})\boldsymbol{G}(s)=\Delta(s)\boldsymbol{I}_n \tag{6.3.6}$$

设 $s_0$ 是 $\Delta(s)$ 的一个零点, 即 $\Delta(s_0)=0$. 下面分两种情形讨论.

(1) **情形 1**: $s_0\neq 0$.

由式 (6.3.6) 可知

$$(s_0\boldsymbol{I}_n-\boldsymbol{A})\boldsymbol{G}(s_0)=\boldsymbol{0}$$

这说明 $\boldsymbol{G}(s_0)$ 的每一非零列都是矩阵 $\boldsymbol{A}$ 对应于特征值 $s_0$ 的特征向量, 故有

$$\boldsymbol{cAG}(s_0)\boldsymbol{b}=s_0\boldsymbol{cG}(s_0)\boldsymbol{b} \tag{6.3.7}$$

如果有 $p(s_0)=0$, 由于 $\mathrm{Adj}(s_0\boldsymbol{I}_n-\boldsymbol{A})=\boldsymbol{G}(s_0)$, 因此有

$$p(s_0)=\boldsymbol{c}\mathrm{Adj}(s_0\boldsymbol{I}_n-\boldsymbol{A})\boldsymbol{b}=\boldsymbol{cG}(s_0)\boldsymbol{b}=0$$

再由式 (6.3.7), 有

$$\boldsymbol{cAG}(s_0)\boldsymbol{b}=0$$

类似地可以证明

$$\boldsymbol{cA}^k\boldsymbol{G}(s_0)\boldsymbol{b}=0,\quad k=1,2,\cdots,n-1$$

由于 $(\boldsymbol{A},\boldsymbol{c})$ 完全能观测, 于是有

$$\begin{pmatrix}\boldsymbol{c}\\ \boldsymbol{cA}\\ \vdots\\ \boldsymbol{cA}^{n-1}\end{pmatrix}\boldsymbol{G}(s_0)\boldsymbol{b}=\boldsymbol{0}$$

从而有

$$\boldsymbol{G}(s_0)\boldsymbol{b}=\mathbf{0}$$

即

$$\sum_{k=0}^{n-1} p_k(s_0)\boldsymbol{A}^k\boldsymbol{b}=\mathbf{0}$$

或

$$\begin{pmatrix} \boldsymbol{b}, & \boldsymbol{A}\boldsymbol{b}, & \cdots, & \boldsymbol{A}^{n-1}\boldsymbol{b} \end{pmatrix}\begin{pmatrix} p_0(s_0) \\ p_1(s_0) \\ \vdots \\ 1 \end{pmatrix}=0$$

这说明 $\boldsymbol{b},\boldsymbol{A}\boldsymbol{b},\cdots,\boldsymbol{A}^{n-1}\boldsymbol{b}$ 线性相关, 从而与 $(\boldsymbol{A},\boldsymbol{b})$ 完全能控矛盾, 故 $p(s_0)\neq 0$.

(2) **情形 2**: $s_0=0$.

和上面类似, 我们有

$$\boldsymbol{c}\boldsymbol{A}^k\boldsymbol{G}(s_0)\boldsymbol{b}=0, \quad k=1,2,\cdots,n-1$$

如果 $p(s_0)=0$, 则由于

$$p(s)=\boldsymbol{c}\boldsymbol{G}(s)\boldsymbol{b}$$

故有

$$\boldsymbol{c}\boldsymbol{G}(s_0)\boldsymbol{b}=0$$

由于 $(\boldsymbol{A},\boldsymbol{c})$ 完全能观测, 有

$$\boldsymbol{G}(s_0)\boldsymbol{b}=\mathbf{0}$$

同样, 这与 $(\boldsymbol{A},\boldsymbol{b})$ 完全能控矛盾, 这表明 $p(s_0)\neq 0$. 再由 $s_0$ 的任意性知, $p(s)$ 与 $\Delta(s)$ 互质, 即 $W(s)$ 没有零极相消.

2. **充分性**

设系统 (6.3.5) 的传递函数没有零极相消, 而系统 (6.3.5) 又不能控, 或者不能观测. 若它不能控, 则必存在一个坐标变换, 使得它能变成能控标准结构

$$\dot{\overline{\boldsymbol{x}}}=\overline{\boldsymbol{A}}\overline{\boldsymbol{x}}+\overline{\boldsymbol{b}}u$$

$$y=\overline{\boldsymbol{c}}\,\overline{\boldsymbol{x}}$$

其中

$$\overline{\boldsymbol{A}} = \begin{bmatrix} \overline{\boldsymbol{A}}_{11} & \overline{\boldsymbol{A}}_{12} \\ \boldsymbol{0} & \overline{\boldsymbol{A}}_{22} \end{bmatrix}, \overline{\boldsymbol{b}} = \begin{pmatrix} \overline{\boldsymbol{b}}_1 \\ \boldsymbol{0} \end{pmatrix}, \overline{\boldsymbol{c}} = \begin{pmatrix} \overline{\boldsymbol{c}}_1, & \overline{\boldsymbol{c}}_2 \end{pmatrix}$$

这时它的传递函数为

$$\overline{W}(s) = \overline{\boldsymbol{c}}_1(s\boldsymbol{I}_\mu - \overline{\boldsymbol{A}}_{11})^{-1}\overline{\boldsymbol{b}}_1$$

其中, $\mu$ 为 $\overline{\boldsymbol{A}}_{11}$ 的阶数, $\mu < n$. 由于坐标变换不改变系统的传递函数, 因此有

$$W(s) = \overline{W}(s)$$

然而, $\overline{W}(s)$ 的特征多项式是 $\mu$ 次的, 这与 $W(s)$ 的特征多项式是 $n$ 次的矛盾. 故系统 (6.3.5) 是能控的. ■

这个引理再次表明传递函数只能描述系统的既能控又能观测的子系统.

**定理 6.8** 设 $\boldsymbol{W}(s)$ 是一个 $m \times r$ 阶严格真有理分式矩阵, $(\boldsymbol{A}, \boldsymbol{B}, \boldsymbol{C})$ 是它的一个实现. 它是一个最小实现的充分必要条件是 $(\boldsymbol{A}, \boldsymbol{B})$ 能控和 $(\boldsymbol{A}, \boldsymbol{C})$ 能观测.

证明: (1) **充分性.**

设 $(\boldsymbol{A}, \boldsymbol{B})$ 能控和 $(\boldsymbol{A}, \boldsymbol{C})$ 能观测, 则

$$\operatorname{rank}[s\boldsymbol{I}_n - \boldsymbol{A}, \boldsymbol{B}] = n, \quad \operatorname{rank}\begin{bmatrix} s\boldsymbol{I}_n - \boldsymbol{A} \\ \boldsymbol{C} \end{bmatrix} = n$$

从而 $\boldsymbol{C}(s\boldsymbol{I}_n - \boldsymbol{A})^{-1}\boldsymbol{B}$ 没有零极相消①. 如果 $(\boldsymbol{A}, \boldsymbol{B}, \boldsymbol{C})$ 不是 $\boldsymbol{W}(s)$ 的最小实现, 必有 $(\overline{\boldsymbol{A}}, \overline{\boldsymbol{B}}, \overline{\boldsymbol{C}})$ 为 $\boldsymbol{W}(s)$ 的最小实现. 若 $\boldsymbol{A}$ 是 $n \times n$ 阶矩阵, $\overline{\boldsymbol{A}}$ 是 $\overline{n} \times \overline{n}$ 阶矩阵, 则 $\overline{n} < n$. 根据定义

$$\boldsymbol{W}(s) = \overline{\boldsymbol{C}}(s\boldsymbol{I}_{\overline{n}} - \overline{\boldsymbol{A}})^{-1}\overline{\boldsymbol{B}} = \boldsymbol{C}(s\boldsymbol{I}_n - \boldsymbol{A})^{-1}\boldsymbol{B}$$

这与 $\boldsymbol{C}(s\boldsymbol{I}_n - \boldsymbol{A})^{-1}\boldsymbol{B}$ 没有相消矛盾. 这表明 $(\boldsymbol{A}, \boldsymbol{B}, \boldsymbol{C})$ 是 $\boldsymbol{W}(s)$ 的一个最小实现.

(2) **必要性.**

设 $(\boldsymbol{A}, \boldsymbol{B}, \boldsymbol{C})$ 是 $\boldsymbol{W}(s)$ 的一个最小实现. 如果 $(\boldsymbol{A}, \boldsymbol{B})$ 不能控, 则由定常线性系统的能控标准结构可知, $\boldsymbol{W}(s)$ 必存在一个阶数更低的实现, 而这与 $(\boldsymbol{A}, \boldsymbol{B}, \boldsymbol{C})$ 是 $\boldsymbol{W}(s)$ 的一个最小实现矛盾, 所以 $(\boldsymbol{A}, \boldsymbol{B})$ 能控. 同理可证 $(\boldsymbol{A}, \boldsymbol{C})$ 能观测. ■

**定理 6.9** $\boldsymbol{W}(s)$ 的两个最小实现 $(\boldsymbol{A}_1, \boldsymbol{B}_1, \boldsymbol{C}_1)$ 和 $(\boldsymbol{A}_2, \boldsymbol{B}_2, \boldsymbol{C}_2)$ 是代数等价系统.

① 此时为多输入多输出系统, 其零点定义比较复杂. 详细解释和证明参见参考文献 (黄琳, 1984).

证明: 为证明此定理, 需要预解矩阵的无穷级数表达式:

$$(s\boldsymbol{I}_n - \boldsymbol{A}_i)^{-1} = \sum_{j=0}^{+\infty} \boldsymbol{A}_i^j s^{-j-1}, \quad i = 1, 2 \tag{6.3.8}$$

因为 $(\boldsymbol{A}_1, \boldsymbol{B}_1, \boldsymbol{C}_1)$ 和 $(\boldsymbol{A}_2, \boldsymbol{B}_2, \boldsymbol{C}_2)$ 都是 $\boldsymbol{W}(s)$ 的最小实现, 故

$$\boldsymbol{W}(s) = \boldsymbol{C}_1(s\boldsymbol{I}_n - \boldsymbol{A}_1)^{-1}\boldsymbol{B}_1 = \boldsymbol{C}_2(s\boldsymbol{I}_n - \boldsymbol{A}_2)^{-1}\boldsymbol{B}_2 \tag{6.3.9}$$

将式 (6.3.8) 代入式 (6.3.9), 然后比较等式两边 $s$ 的同次幂的系数得

$$\boldsymbol{C}_1\boldsymbol{A}_1^j\boldsymbol{B}_1 = \boldsymbol{C}_2\boldsymbol{A}_2^j\boldsymbol{B}_2, \quad j = 0, 1, 2, \cdots \tag{6.3.10}$$

令 $(\boldsymbol{A}_i, \boldsymbol{B}_i, \boldsymbol{C}_i)$ 的能控性矩阵为 $\boldsymbol{Q}_{c_i}$, 能观测性矩阵为 $\boldsymbol{R}_{o_i}$, $i = 1, 2$. 则

$$\boldsymbol{Q}_{c_i} = \begin{bmatrix} \boldsymbol{B}_i, & \boldsymbol{A}_i\boldsymbol{B}_i, & \cdots, & \boldsymbol{A}_i^{n-1}\boldsymbol{B}_i \end{bmatrix}$$

$$\boldsymbol{R}_{o_i} = \begin{bmatrix} \boldsymbol{C}_i \\ \boldsymbol{C}_i\boldsymbol{A}_i \\ \vdots \\ \boldsymbol{C}_i\boldsymbol{A}_i^{n-1} \end{bmatrix}, \quad i = 1, 2$$

其中, $n$ 表示矩阵 $\boldsymbol{A}_i$ 的阶数, 或 $\boldsymbol{W}(s)$ 的最小实现阶数. 利用式 (6.3.10) 可得

$$\boldsymbol{R}_{o_1}\boldsymbol{Q}_{c_1} = \boldsymbol{R}_{o_2}\boldsymbol{Q}_{c_2} \tag{6.3.11}$$

由于 $(\boldsymbol{A}_i, \boldsymbol{B}_i)$ 能控, $(\boldsymbol{A}_i, \boldsymbol{C}_i)$ 能观测, 因此必有 $\boldsymbol{R}_{o_i}^{\mathrm{T}}\boldsymbol{R}_{o_j}$ 和 $\boldsymbol{Q}_{c_i}\boldsymbol{Q}_{c_j}^{\mathrm{T}}$ 是非奇异矩阵. 令

$$\begin{aligned} \boldsymbol{T}_1 =& \boldsymbol{Q}_{c_2}\boldsymbol{Q}_{c_1}^{\mathrm{T}}(\boldsymbol{Q}_{c_1}\boldsymbol{Q}_{c_1}^{\mathrm{T}})^{-1} \\ \boldsymbol{T}_2 =& (\boldsymbol{R}_{o_1}^{\mathrm{T}}\boldsymbol{R}_{o_1})^{-1}\boldsymbol{R}_{o_1}^{\mathrm{T}}\boldsymbol{R}_{o_2} \end{aligned}$$

于是由式 (6.3.11) 有

$$\begin{aligned} \boldsymbol{T}_2\boldsymbol{T}_1 =& (\boldsymbol{R}_{o_1}^{\mathrm{T}}\boldsymbol{R}_{o_1})^{-1}\boldsymbol{R}_{o_1}^{\mathrm{T}}\boldsymbol{R}_{o_2}\boldsymbol{Q}_{c_2}\boldsymbol{Q}_{c_1}^{\mathrm{T}}(\boldsymbol{Q}_{c_1}\boldsymbol{Q}_{c_1}^{\mathrm{T}})^{-1} \\ =& (\boldsymbol{R}_{o_1}^{\mathrm{T}}\boldsymbol{R}_{o_1})^{-1}\boldsymbol{R}_{o_1}^{\mathrm{T}}\boldsymbol{R}_{o_1}\boldsymbol{Q}_{c_1}\boldsymbol{Q}_{c_1}^{\mathrm{T}}(\boldsymbol{Q}_{c_1}\boldsymbol{Q}_{c_1}^{\mathrm{T}})^{-1} \\ =& \boldsymbol{I}_n \end{aligned}$$

因此

$$T_2 = T_1^{-1}$$

再由式 (6.3.11) 有

$$\begin{aligned} Q_{c_1} &= T_2 Q_{c_2} \\ R_{o_1} &= R_{o_2} T_1 \end{aligned}$$

因而有

$$\begin{aligned} B_1 &= T_2 B_2 \\ C_1 &= C_2 T_2^{-1} \end{aligned}$$

又由式 (6.3.10) 可知

$$R_{o_1} A_1 Q_{c_1} = R_{o_2} A_2 Q_{c_2} = R_{o_1} T_2 A_2 T_2^{-1} Q_{c_1} \tag{6.3.12}$$

在式 (6.3.12) 两边左乘 $(R_{o_1}^{\mathrm{T}} R_{o_1})^{-1} R_{o_1}^{\mathrm{T}}$, 右乘 $Q_{c_1}^{\mathrm{T}} (Q_{c_1} Q_{c_1}^{\mathrm{T}})^{-1}$, 得

$$A_1 = T_2 A_2 T_2^{-1}$$

这说明 $(A_1, B_1, C_1)$ 和 $(A_2, B_2, C_2)$ 是代数等价的. ■

## 思考与练习

(1) 如果二阶单输入单输出线性时不变系统 $(A, b, c)$ 已经化为如下第二能控标准型:

$$A = \begin{bmatrix} 0 & 1 \\ -\alpha_0 & -\alpha_1 \end{bmatrix}, b = \begin{pmatrix} 0 \\ 1 \end{pmatrix}, c = (\beta_1, \quad \beta_2)$$

试讨论系统能观测的条件?

(2) 已知系统的传递函数为

$$G(s) = \frac{Y(s)}{U(s)} = \frac{s+1}{s^2+3s+2}$$

试写出能控不能观, 能观不能控和不能控不能观的状态方程实现.

(3) 设系统传递函数为

$$G(s) = \frac{s+a}{s^3+7s^2+14s+8}$$

设系统能控或能观, 则 $a$ 必须满足什么条件?

# 第 7 章　极点配置与观测器设计

本章主要研究控制系统的设计问题, 也就是研究设计合适的控制输入以使系统达到人们所需要的目标. 反馈是控制系统设计中的重要手段, 也是控制理论中的基本思想. 通过反馈能够改变系统的内部结构, 改善系统的品质. 它分为输出反馈和状态反馈. 输出反馈又可分为静态输出反馈和动态输出反馈. 所谓状态反馈, 顾名思义, 反馈控制依状态而定, 也就是反馈控制是状态的函数. 由于状态反馈能提供更丰富的状态信息和可供选择的自由度, 故系统更容易获得优异的性能. 下面我们来具体研究状态反馈.

## 7.1　状 态 反 馈

现在考虑定常线性系统

$$\begin{aligned}\dot{\boldsymbol{x}} &= \boldsymbol{A}\boldsymbol{x} + \boldsymbol{B}\boldsymbol{u}(t)\\ \boldsymbol{y} &= \boldsymbol{C}\boldsymbol{x}\end{aligned} \tag{7.1.1}$$

如果取控制规律为

$$\boldsymbol{u} = \boldsymbol{K}\boldsymbol{x} \tag{7.1.2}$$

其中, $\boldsymbol{K}$ 是一个 $r \times n$ 阶常值矩阵, 则这个控制律为状态反馈, $\boldsymbol{K}$ 为状态反馈增益矩阵. 若取控制规律为

$$\boldsymbol{u} = \boldsymbol{K}\boldsymbol{x} + \boldsymbol{G}\boldsymbol{v}(t) \tag{7.1.3}$$

其中, $\boldsymbol{K}$ 意义同前; $\boldsymbol{G}$ 为一个 $r \times q$ 阶常值矩阵; $\boldsymbol{v}$ 为 $q$ 维向量, 它是一个新的外部输入信号, 称为参考输入①, 这个控制规律也是一种状态反馈. 将状态反馈规律 (7.1.3) 用于系统 (7.1.1) 得到新系统为

$$\begin{aligned}\dot{\boldsymbol{x}} &= (\boldsymbol{A} + \boldsymbol{B}\boldsymbol{K})\boldsymbol{x} + \boldsymbol{B}\boldsymbol{G}\boldsymbol{v}(t)\\ \boldsymbol{y} &= \boldsymbol{C}\boldsymbol{x}\end{aligned} \tag{7.1.4}$$

---

① 注意与控制输入 $\boldsymbol{u}(t)$ 的区别. 控制输入是针对被控对象来说的, 一般指被控对象可以操纵的输入量, 控制输入通常是控制器的输出、被控对象的输入. 参考输入是针对闭环系统来说的, 一般指期望的输出变化规律, 控制目标是让输出量趋于参考输入 (期望的输出). 例如, 对于变频空调温度调节系统, 控制输入是压缩机变频器的频率, 参考输入是用户遥控器设定的温度.

这个系统称为由反馈控制规律 (7.1.3) 产生的闭环系统. 它的方块图[①]如图 7.1 所示.

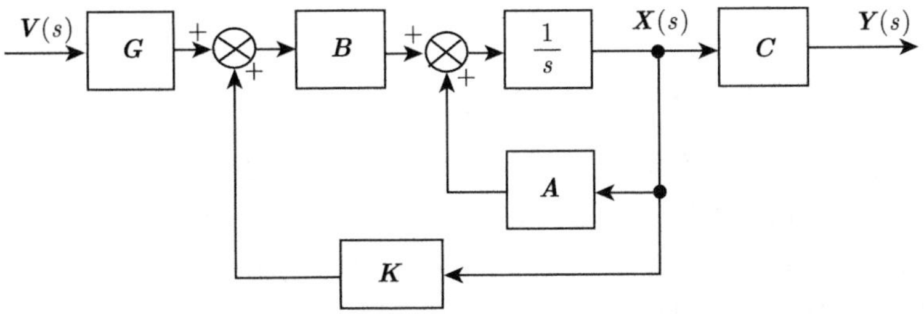


图 7.1 带有状态反馈的闭环系统方块图

相对于该系统, 系统 (7.1.1) 称为开环系统. 在这个闭环系统中, 它的系统矩阵为 $\boldsymbol{A}+\boldsymbol{BK}$, 特征多项式为 $\det(s\boldsymbol{I}-\boldsymbol{A}-\boldsymbol{BK})$, 极点为代数方程

$$\det(s\boldsymbol{I}-\boldsymbol{A}-\boldsymbol{BK})=0$$

的根. 显然在状态反馈作用下, 系统的极点将发生变化, 也就是说, 状态反馈可以移动系统的极点. 这是状态反馈的一个重要性质.

其次, 如果 $\boldsymbol{G}$ 是一个非奇异矩阵, 特别当 $\boldsymbol{G}=\boldsymbol{I}$ 时, 状态反馈保持系统的能控性不变. 事实上

$$[\lambda\boldsymbol{I}_n-(\boldsymbol{A}+\boldsymbol{BK}),\boldsymbol{BG}]=[\lambda\boldsymbol{I}_n-\boldsymbol{A},\boldsymbol{B}]\begin{bmatrix}\boldsymbol{I}_n & \boldsymbol{0}\\ -\boldsymbol{K} & \boldsymbol{G}\end{bmatrix}$$

由于矩阵

$$\begin{bmatrix}\boldsymbol{I}_n & \boldsymbol{0}\\ -\boldsymbol{K} & \boldsymbol{G}\end{bmatrix}$$

是非奇异的, 因此有

$$\operatorname{rank}[\lambda\boldsymbol{I}_n-(\boldsymbol{A}+\boldsymbol{BK}),\boldsymbol{BG}]=\operatorname{rank}[\lambda\boldsymbol{I}_n-\boldsymbol{A},\boldsymbol{B}] \tag{7.1.5}$$

如果开环系统 (7.1.1) 完全能控, 则对每个 $\lambda\in\mathbb{C}$ 都有

$$\operatorname{rank}[\lambda\boldsymbol{I}_n-\boldsymbol{A},\boldsymbol{B}]=n$$

因此闭环系统 (7.1.4) 也是完全能控的. 此即状态反馈保持系统的能控性不变, 这是状态反馈的第二条重要性质.

---

① 图中带有“$\dfrac{1}{s}$”的方框表示一个积分器.

如果开环系统 (7.1.1) 不完全能控, $\lambda_0$ 是其一个输入解耦零点, 即

$$\mathrm{rank}[\lambda_0 \boldsymbol{I}_n - \boldsymbol{A}, \boldsymbol{B}] < n$$

由式 (7.1.5) 得

$$\mathrm{rank}[\lambda_0 \boldsymbol{I}_n - (\boldsymbol{A} + \boldsymbol{BK}), \boldsymbol{BG}] < n$$

即 $\lambda_0$ 也是闭环系统 (7.1.4) 的一个输入解耦零点. 反之, 如果 $\lambda_0$ 是闭环系统 (7.1.4) 的一个输入解耦零点, 则 $\lambda_0$ 也是开环系统 (7.1.1) 的一个输入解耦零点, 即状态反馈保持系统的输入解耦零点不变, 也是状态反馈的第三条重要性质. 由于系统的输入解耦零点都是系统的极点, 因此状态反馈至多能够移动系统的一部分极点. 从定常线性系统的能控标准结构可以看出, 状态反馈只能影响能控子系统的极点. 它不能改变不能控子系统的极点, 而不能控子系统的极点恰好是系统的输入解耦零点.

状态反馈最重要的性质是它能移动系统的极点. 从上面分析知道它不能移动不能控子系统的极点, 但在多大程度上能够移动能控子系统的极点呢? 这是下一节要解决的主要问题.

## 7.2 状态反馈极点配置

**定义 7.1** 对于定常线性系统 (7.1.1), 如果对任意给定的 $n$ 个复数 (允许重复出现) 组成的对称集合 $\sigma(\lambda)$ ①, 总存在 $r \times n$ 阶常值矩阵 $\boldsymbol{K}$, 使得 $\boldsymbol{A} + \boldsymbol{BK}$ 的特征值集合为 $\sigma(\lambda)$, 则称系统 (7.1.1) 能任意极点配置, 或称 $(\boldsymbol{A}, \boldsymbol{B})$ 能任意极点配置.

**引理 7.1** 设 $\boldsymbol{B}$ 的第一列 $\boldsymbol{b}_1 \neq \boldsymbol{0}$. 如果 $(\boldsymbol{A}, \boldsymbol{B})$ 能控, 则存在矩阵 $\boldsymbol{K}$ 使得 $(\boldsymbol{A} + \boldsymbol{BK}, \boldsymbol{b}_1)$ 能控.

证明: 令 $k_1$ 是满足向量 $\boldsymbol{b}_1, \boldsymbol{Ab}_1, \cdots, \boldsymbol{A}^{k_1-1}\boldsymbol{b}_1$ 线性独立的最小正整数. 如果 $k_1 = n$, 这时取 $\boldsymbol{K} = 0$ 即为所求.

假设 $k_1 < n$ 并取

$$\boldsymbol{y}_1 = \boldsymbol{b}_1$$

$$\boldsymbol{y}_i = \boldsymbol{Ay}_{i-1} + \boldsymbol{b}_1, \quad i = 2, 3, \cdots, k_1$$

从 $\boldsymbol{b}_1, \boldsymbol{Ab}_1, \cdots, \boldsymbol{A}^{k_1-1}\boldsymbol{b}_1$ 的线性独立性可知 $\boldsymbol{y}_1, \boldsymbol{y}_2, \cdots, \boldsymbol{y}_{k_1}$ 也是线性独立的.

由于 $(\boldsymbol{A}, \boldsymbol{B})$ 能控, 因此在 $\boldsymbol{B}$ 的列元中存在某个列向量, 比如 $\boldsymbol{b}_2$, 使得它与 $\boldsymbol{y}_1, \boldsymbol{y}_2, \cdots, \boldsymbol{y}_{k_1}$ 线性独立. 令 $k_2$ 是使

① $\sigma(\lambda)$ 称为对称集合, 如果 $\lambda_0 \in \sigma(\lambda)$, 则它的共轭复数 $\overline{\lambda}_0 \in \sigma(\lambda)$.

$$\boldsymbol{y}_1, \boldsymbol{y}_2, \cdots, \boldsymbol{y}_{k_1}, \boldsymbol{b}_2, \boldsymbol{A}\boldsymbol{b}_2, \cdots, \boldsymbol{A}^{k_2-1}\boldsymbol{b}_2$$

线性独立的最小正整数, 然后定义

$$\boldsymbol{y}_{k_1+i} = \boldsymbol{A}\boldsymbol{y}_{k_1+i-1} + \boldsymbol{b}_2, \quad i = 1, 2, \cdots, k_2$$

同样可以证明 $\boldsymbol{y}_1, \boldsymbol{y}_2, \cdots, \boldsymbol{y}_{k_1}, \cdots, \boldsymbol{y}_{k_1+k_2}$ 也是线性独立的. 若 $k_1+k_2=n$, 就取这 $n$ 个向量作为状态空间的一组基, 否则, 按上述方法一直做下去, 由于 $(\boldsymbol{A}, \boldsymbol{B})$ 能控, 那么总存在某个 $l$ 和矩阵 $\boldsymbol{B}$ 的第 $l$ 列构成的向量 $\boldsymbol{b}_l(l \leqslant r)$, 使得 $k_1 + k_2 + \cdots + k_l = n$, 同时定义

$$\boldsymbol{y}_{j+i} = \boldsymbol{A}\boldsymbol{y}_{j+i-1} + \boldsymbol{b}_l, \quad i = 1, 2, \cdots, k_l, \quad j = \sum_{v=1}^{l-1} k_v$$

由此得到的 $\boldsymbol{y}_1, \boldsymbol{y}_2, \cdots, \boldsymbol{y}_n$ 是线性独立的.

根据 $\boldsymbol{y}_i$ 的定义, 可以统一写成如下形式:

$$\boldsymbol{y}_{i+1} = \boldsymbol{A}\boldsymbol{y}_i + \widetilde{\boldsymbol{b}}_i, \quad i = 1, 2, \cdots, n-1 \tag{7.2.1}$$

其中, $\widetilde{\boldsymbol{b}}_i$ 是矩阵 $\boldsymbol{B}$ 的某一列. 因此必有 $\widetilde{\boldsymbol{u}}_i$ 使得

$$\widetilde{\boldsymbol{b}}_i = \boldsymbol{B}\widetilde{\boldsymbol{u}}_i \tag{7.2.2}$$

这时由式 (7.2.1) 和式 (7.2.2) 可得

$$\boldsymbol{y}_{i+1} = \boldsymbol{A}\boldsymbol{y}_i + \boldsymbol{B}\widetilde{\boldsymbol{u}}_i, \quad i = 1, 2, \cdots, n-1 \tag{7.2.3}$$

取

$$\boldsymbol{K} = [\widetilde{\boldsymbol{u}}_1, \widetilde{\boldsymbol{u}}_2, \cdots, \widetilde{\boldsymbol{u}}_n][\boldsymbol{y}_1, \boldsymbol{y}_2, \cdots, \boldsymbol{y}_n]^{-1} \tag{7.2.4}$$

于是

$$\boldsymbol{K}\boldsymbol{y}_i = \widetilde{\boldsymbol{u}}_i$$

从而式 (7.2.3) 可改写为

$$\boldsymbol{y}_{i+1} = (\boldsymbol{A} + \boldsymbol{B}\boldsymbol{K})\boldsymbol{y}_i, \quad i = 1, 2, \cdots, n-1 \tag{7.2.5}$$

已知 $\boldsymbol{y}_1 = \boldsymbol{b}_1$, 由此得出向量 $\boldsymbol{b}_1, (\boldsymbol{A}+\boldsymbol{B}\boldsymbol{K})\boldsymbol{b}_1, \cdots, (\boldsymbol{A}+\boldsymbol{B}\boldsymbol{K})^{n-1}\boldsymbol{b}_1$ 是线性独立的, 从而说明 $(\boldsymbol{A}+\boldsymbol{B}\boldsymbol{K}, \boldsymbol{b}_1)$ 是完全能控的. 于是由式 (7.2.4) 定义的 $\boldsymbol{K}$ 即为所求. ■

**定理 7.1 (极点配置定理)** 定常线性系统 (7.1.1) 能任意极点配置的充分必要条件是: 它是能控的.

证明: **1. 充分性**

假设系统 (7.1.1) 是能控的, 证明它能任意极点配置. 对此分为单输入和多输入两种情况分别讨论.

(1) 系统是单输入情形, 即 $\boldsymbol{B}=\boldsymbol{b}$.

由于 $(\boldsymbol{A},\boldsymbol{b})$ 能控, 因此存在一个坐标变换 $\overline{\boldsymbol{x}}=\boldsymbol{T}\boldsymbol{x}$ 使得系统 (7.1.1) 变成第二能控标准型

$$\begin{aligned}\dot{\overline{\boldsymbol{x}}}=&\overline{\boldsymbol{A}}\overline{\boldsymbol{x}}+\overline{\boldsymbol{b}}u(t)\\ y=&\overline{\boldsymbol{c}}\ \overline{\boldsymbol{x}}\end{aligned} \tag{7.2.6}$$

其中

$$\overline{\boldsymbol{A}}=\begin{bmatrix}0 & 1 & 0 & \cdots & 0\\ 0 & 0 & 1 & \cdots & 0\\ \vdots & \vdots & \vdots & & \vdots\\ 0 & 0 & 0 & \cdots & 1\\ -\alpha_0 & -\alpha_1 & -\alpha_2 & \cdots & -\alpha_{n-1}\end{bmatrix},\quad \overline{\boldsymbol{b}}=\begin{pmatrix}0\\0\\ \vdots\\0\\1\end{pmatrix}$$

假如任给一个复数对称集合

$$\sigma_0(\lambda)=\{\lambda_1,\lambda_2,\cdots,\lambda_n\}$$

希望寻找一个状态反馈规律使得闭环系统的极点为 $\sigma_0(\lambda)$. 这组极点对应的多项式就是闭环系统的特征多项式, 即闭环系统的特征多项式为

$$\begin{aligned}f(\lambda)=&(\lambda-\lambda_1)(\lambda-\lambda_2)\cdots(\lambda-\lambda_n)\\ =&\lambda^n+\beta_{n-1}\lambda^{n-1}+\cdots+\beta_1\lambda+\beta_0\end{aligned}$$

其中, $\beta_i(i=1,2,\cdots,n-1)$ 由 $\lambda_j(j=1,2,\cdots,n)$ 唯一决定; 反之, $\beta_i(i=1,2,\cdots,n-1)$ 又可唯一确定 $\lambda_j(j=1,2,\cdots,n)$.

对系统 (7.2.6) 取状态反馈规律为

$$u=-\overline{\boldsymbol{k}}^{\mathrm{T}}\overline{\boldsymbol{x}} \tag{7.2.7}$$

其中, $\overline{\boldsymbol{k}}^{\mathrm{T}}=(\overline{k}_0,\overline{k}_1,\cdots,\overline{k}_{n-1})$ 为实行向量. 将式 (7.2.7) 代入式 (7.2.6) 得

$$\dot{\overline{\boldsymbol{x}}}=(\overline{\boldsymbol{A}}-\overline{\boldsymbol{b}}\ \overline{\boldsymbol{k}}^{\mathrm{T}})\overline{\boldsymbol{x}} \tag{7.2.8}$$

这时闭环系统的系统矩阵为

$$\overline{\boldsymbol{A}}-\overline{\boldsymbol{b}}\,\overline{\boldsymbol{k}}^{\mathrm{T}}=\begin{bmatrix}0 & 1 & 0 & \cdots & 0\\ 0 & 0 & 1 & \cdots & 0\\ \vdots & \vdots & \vdots & & \vdots\\ 0 & 0 & 0 & \cdots & 1\\ -(\alpha_0+\overline{k}_0) & -(\alpha_1+\overline{k}_1) & -(\alpha_2+\overline{k}_2) & \cdots & -(\alpha_{n-1}+\overline{k}_{n-1})\end{bmatrix}$$

不难计算, 闭环系统的特征多项式为

$$f_c(\lambda)=\lambda^n+(\alpha_{n-1}+\overline{k}_{n-1})\lambda^{n-1}+\cdots+(\alpha_1+\overline{k}_1)\lambda+(\alpha_0+\overline{k}_0)$$

如果 $f_c(\lambda)=f(\lambda)$, 比较系数得

$$\beta_i=\alpha_i+\overline{k}_i,\quad i=0,1,2,\cdots,n-1$$

从而有

$$\overline{k}_i=\beta_i-\alpha_i,\quad i=0,1,2,\cdots,n-1$$

可见系统 (7.2.6) 通过状态反馈控制规律 (7.2.7) 使得闭环系统 (7.2.8) 的极点集合为 $\sigma_0(\lambda)$.

再取坐标反变换 $\boldsymbol{x}=\boldsymbol{T}^{-1}\overline{\boldsymbol{x}}$, 这时闭环系统 (7.2.8) 变为

$$\dot{\boldsymbol{x}}=(\boldsymbol{A}-\boldsymbol{b}\boldsymbol{k}^{\mathrm{T}})\boldsymbol{x}\tag{7.2.9}$$

其中, $\overline{\boldsymbol{k}}=\boldsymbol{k}^{\mathrm{T}}\boldsymbol{T}^{-1}$. 由于坐标变换不改变系统的极点, 故系统 (7.2.9) 与系统 (7.2.8) 有相同的极点. 于是 $\sigma(\boldsymbol{A}-\boldsymbol{b}\boldsymbol{k}^{\mathrm{T}})=\sigma_0(\lambda)$. 这就证明了对于单输入系统 (7.1.1) 能任意极点配置.

(2) 系统是多输入情形.

考虑反馈规律

$$\boldsymbol{u}=\boldsymbol{K}_1\boldsymbol{x}+\boldsymbol{e}_1v(t)\tag{7.2.10}$$

其中, $\boldsymbol{K}_1$ 是一个 $r\times n$ 阶常值矩阵, $\boldsymbol{e}_1^{\mathrm{T}}=(1,0,\cdots,0)^{\mathrm{T}}$, $v$ 为一标量. 于是将这个控制规律 (7.2.10) 代入系统 (7.1.1) 中得到

$$\dot{\boldsymbol{x}}=(\boldsymbol{A}+\boldsymbol{B}\boldsymbol{K}_1)\boldsymbol{x}+\boldsymbol{b}_1v(t)\tag{7.2.11}$$

其中, $\boldsymbol{b}_1$ 是矩阵 $\boldsymbol{B}$ 第一列组成的向量. 由引理 7.1, 存在某个 $\boldsymbol{K}_1$ 使得 $(\boldsymbol{A}+\boldsymbol{B}\boldsymbol{K}_1,\boldsymbol{b}_1)$ 完全能控, 则系统 (7.2.11) 就是一个单输入能控系统. 用上一部分所得的结论即可证明系统 (7.1.1) 能任意极点配置. 至此, 充分性证毕.

**2. 必要性**

反证法. 如果 $(\boldsymbol{A},\boldsymbol{B})$ 不完全能控, 由状态反馈不能改变系统的输入解耦零点, 因此总有 $\lambda_0\in\sigma(\boldsymbol{A})$, 无论 $\boldsymbol{K}$ 取什么值, 必有 $\lambda_0\in\sigma(\boldsymbol{A}+\boldsymbol{B}\boldsymbol{K})$, 这与系统 (7.1.1) 能任意极点配置矛盾. ■

此定理是线性系统理论中一个非常重要且有用的结果. 它体现了反馈对系统极点的移动能力. 定理的单输入系统部分于 1964 年被黄琳等证明, 多输入部分由加拿大的 Wonham 在 1967 年证明.

## 7.3 系统镇定

系统的镇定与系统的稳定性密切相关. 这是因为稳定性是系统工作的必要条件, 是对系统的最基本要求; 在许多情况下稳定性也是控制系统的最终设计目标(之一); 另外稳定性也是保证系统其他性能的前提条件. 下面先介绍镇定问题.

**定义 7.2** 对于定常线性系统 (7.1.1), 如果存在一个状态反馈规律

$$\boldsymbol{u} = \boldsymbol{K}\boldsymbol{x}$$

使得闭环系统

$$\begin{aligned} \dot{\boldsymbol{x}} &= (\boldsymbol{A} + \boldsymbol{B}\boldsymbol{K})\boldsymbol{x} \\ \boldsymbol{y} &= \boldsymbol{C}\boldsymbol{x} \end{aligned} \tag{7.3.1}$$

稳定, 即 $\boldsymbol{A} + \boldsymbol{B}\boldsymbol{K}$ 的特征值都在复平面的左半平面内, 那么称这个系统是能稳定的, 也称矩阵对 $(\boldsymbol{A}, \boldsymbol{B})$ 是能稳定的. 寻找这样的反馈增益矩阵 $\boldsymbol{K}$ 的问题称为系统镇定问题.

由线性系统的标准结构可以得到下面定理.

**定理 7.2** 定常线性系统 (7.1.1) 能稳定的充分必要条件是: 它的不能控振型都是稳定的, 或者说它输入解耦零点都是系统的稳定振型.

由系统能稳的概念, 通过对偶原理可以得到一个新的概念, 即所谓的系统的能检测性: 如果 $(\boldsymbol{A}^T, \boldsymbol{C}^T)$ 能稳定, 则称 $(\boldsymbol{A}, \boldsymbol{C})$ 能检测.

**推论 7.1** 定常线性系统 (7.1.1) 能检测的充分必要条件是: 它的不能观测振型都是稳定的, 或者说它的输出解耦零点都是系统的稳定振型.

## 7.4 输出反馈

状态反馈需要获知系统状态的全部信息, 可是真正能获知的是输出信息, 一般情况下它只包含系统状态的部分信息. 由于输出变量容易直接测量得到, 而且在大多数情况下具有明确的物理意义, 所以输出反馈是一种在技术上易于实现的反馈方式. 用输出作为反馈可分为静态输出反馈和动态输出反馈. 下面先讨论静态输出反馈.

### 7.4.1 静态输出反馈

对于定常线性系统

$$\begin{aligned}\dot{\boldsymbol{x}} &= \boldsymbol{A}\boldsymbol{x} + \boldsymbol{B}\boldsymbol{u}(t)\\ \boldsymbol{y} &= \boldsymbol{C}\boldsymbol{x}\end{aligned} \tag{7.4.1}$$

如果取反馈控制规律为

$$\boldsymbol{u} = \boldsymbol{K}\boldsymbol{y} + \boldsymbol{G}\boldsymbol{v}(t) \tag{7.4.2}$$

其中, $\boldsymbol{K}$ 是一个 $r \times m$ 阶常值矩阵, $\boldsymbol{G}$ 是一个 $r \times q$ 阶常值矩阵, $\boldsymbol{v}(t)$ 是一个 $q$ 维外加控制输入信号, 那么闭环系统变为

$$\begin{aligned}\dot{\boldsymbol{x}} &= (\boldsymbol{A} + \boldsymbol{B}\boldsymbol{K}\boldsymbol{C})\boldsymbol{x} + \boldsymbol{B}\boldsymbol{G}\boldsymbol{v}(t)\\ \boldsymbol{y} &= \boldsymbol{C}\boldsymbol{x}\end{aligned} \tag{7.4.3}$$

反馈律 (7.4.2) 称为静态输出反馈, 矩阵 $\boldsymbol{K}$ 称作静态输出反馈的增益矩阵. 其方块图如图 7.2 所示.

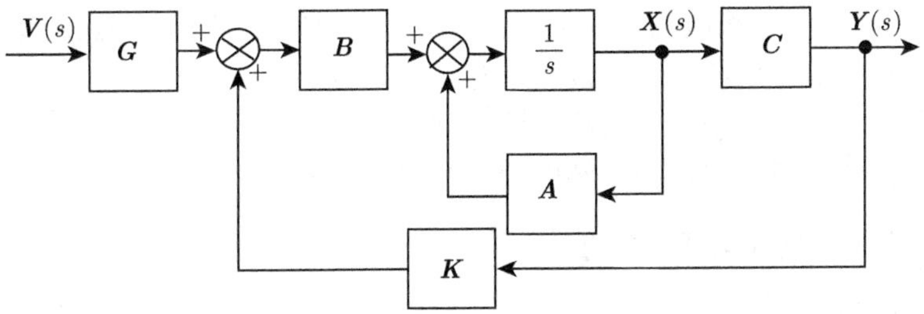


图 7.2 带有静态输出反馈的闭环系统方块图

显然静态输出反馈也可以移动系统的极点, 但是它不能像状态反馈那样, 对能控子系统任意移动极点. 下面我们通过一个例子来解释这点.

**例 7.1** 考虑定常线性系统

$$\begin{aligned}\dot{x}_1 &= x_2\\ \dot{x}_2 &= u(t)\\ y &= x_1\end{aligned} \tag{7.4.4}$$

如果取状态反馈

$$u = k_1 x_1 + k_2 x_2$$

则闭环系统为

$$
\begin{aligned}
\dot{x}_1 &= x_2 \\
\dot{x}_2 &= k_1x_1 + k_2x_2 \\
y &= x_1
\end{aligned}
\tag{7.4.5}
$$

原开环系统 (7.4.4) 的特征多项式为 $\lambda^2$, 故它的极点在坐标原点, 即 $\lambda = 0$. 经状态反馈后, 闭环系统 (7.4.5) 的特征多项式为 $\lambda^2 - k_2\lambda - k_1$. 可见, 适当选择 $k_1$ 和 $k_2$, 可以任意配置系统的极点. 这正是状态反馈的优点.

然而对上面的开环系统, 如果取静态输出反馈

$$u = ky$$

那么闭环系统为

$$
\begin{aligned}
\dot{x}_1 &= x_2 \\
\dot{x}_2 &= kx_1 \\
y &= x_1
\end{aligned}
\tag{7.4.6}
$$

这时闭环系统 (7.4.6) 的特征多项式为 $\lambda^2 - k$, 当 $k$ 值变化时, 系统 (7.4.6) 的极点只能在复平面的实轴和虚轴上变化. 这说明静态输出反馈不能任意配置极点. 除此之外, 可以类似证明静态输出反馈还有下面性质.

(1) 静态输出反馈能保持系统的能观测性不变.

(2) 静态输出反馈能保持系统的输出解耦零点不变.

### 7.4.2 动态输出反馈与极点配置

如果取控制规律为

$$
\begin{aligned}
\dot{\boldsymbol{x}}_c &= \boldsymbol{A}_c\boldsymbol{x}_c + \boldsymbol{B}_c\boldsymbol{y} \\
\boldsymbol{u} &= \boldsymbol{F}_c\boldsymbol{x}_c + \boldsymbol{F}_0\boldsymbol{y}
\end{aligned}
\tag{7.4.7}
$$

其中, $\boldsymbol{x}_c$ 为 $l$ 维状态, $\boldsymbol{A}_c, \boldsymbol{B}_c, \boldsymbol{F}_c, \boldsymbol{F}_0$ 为 $l\times l, l\times m, r\times l, r\times m$ 阶常值矩阵. 这个控制规律是由一个动态系统给出的, 这个系统的输入是原来开环系统的量测输出, 它的输出正是原来系统的控制输入. 这类反馈控制规律称为动态输出反馈. 这种控制规律作用于系统 (7.4.1) 所得的闭环系统为

$$
\begin{aligned}
\begin{pmatrix} \dot{\boldsymbol{x}} \\ \dot{\boldsymbol{x}}_c \end{pmatrix} &= \begin{bmatrix} \boldsymbol{A} + \boldsymbol{B}\boldsymbol{F}_0\boldsymbol{C} & \boldsymbol{B}\boldsymbol{F}_c \\ \boldsymbol{B}_c\boldsymbol{C} & \boldsymbol{A}_c \end{bmatrix} \begin{pmatrix} \boldsymbol{x} \\ \boldsymbol{x}_c \end{pmatrix} \\
\boldsymbol{y} &= \begin{bmatrix} \boldsymbol{C}, & \boldsymbol{0} \end{bmatrix} \begin{pmatrix} \boldsymbol{x} \\ \boldsymbol{x}_c \end{pmatrix}
\end{aligned}
\tag{7.4.8}
$$

这时闭环系统的极点由矩阵

$$\begin{bmatrix} \boldsymbol{A}+\boldsymbol{B}\boldsymbol{F}_0\boldsymbol{C} & \boldsymbol{B}\boldsymbol{F}_c \\ \boldsymbol{B}_c\boldsymbol{C} & \boldsymbol{A}_c \end{bmatrix}$$

的特征值决定.

显然, 在动态输出反馈的作用下, 闭环系统比开环系统的阶数提高了 $l$ 阶, 因而系统的极点也增加了 $l$ 个. 动态输出反馈律 (7.4.7) 又称为系统 (7.4.1) 的一个动态补偿器.

以后, 为简单起见, 把静态输出反馈简称为输出反馈. 带有动态输出反馈的闭环系统如图 7.3 所示.

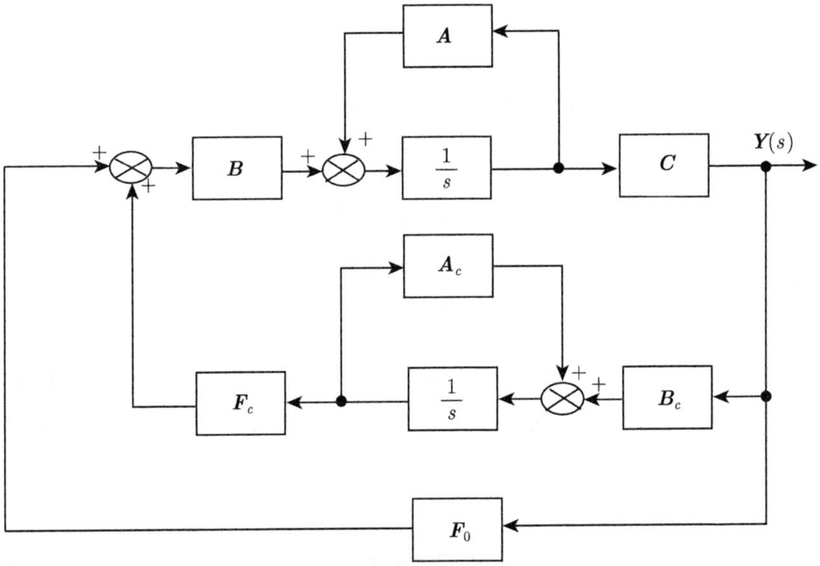


图 7.3 带有动态输出反馈的闭环系统方块图

设系统 (7.4.1) 是完全能控和完全能观测的, 再令 $\mu$ 和 $\nu$ 分别为系统 (7.4.1) 的能控性指数和能观测性指数①, 于是有

$$\operatorname{rank}[\boldsymbol{B}, \boldsymbol{A}\boldsymbol{B}, \cdots, \boldsymbol{A}^{\mu-1}\boldsymbol{B}] = n \tag{7.4.9}$$

$$\operatorname{rank}\begin{bmatrix} \boldsymbol{C} \\ \boldsymbol{C}\boldsymbol{A} \\ \vdots \\ \boldsymbol{C}\boldsymbol{A}^{\nu-1} \end{bmatrix} = n \tag{7.4.10}$$

① 能控性指数和能观测性指数分别为使得式 (7.4.9) 和式 (7.4.10) 成立的最小 $\mu$ 和 $\nu$.

**引理 7.2**　对定常系统 (7.4.1), 假设 $(\boldsymbol{A},\boldsymbol{B})$ 完全能控, $(\boldsymbol{A},\boldsymbol{C})$ 完全能观测, 则存在 $r\times m$ 阶矩阵 $\boldsymbol{H}$, 使得 $(\boldsymbol{A}+\boldsymbol{BHC},\boldsymbol{B})$ 完全能控, $(\boldsymbol{A}+\boldsymbol{BHC},\boldsymbol{C})$ 完全能观测, 并且 $\boldsymbol{A}+\boldsymbol{BHC}$ 是循环方阵, 即它的特征多项式就是它的最小多项式①.

**定理 7.3**　对定常系统 (7.4.1), 假设 $(\boldsymbol{A},\boldsymbol{B})$ 完全能控, $(\boldsymbol{A},\boldsymbol{C})$ 完全能观测, 并且它的能观测性指数为 $\nu$, 则对任意的含有 $n+\nu-1$ 个复数的对称集合 $\Lambda$, 都存在一个动态输出反馈规律 (7.4.7), 使得闭环系统 (7.4.8) 以 $\Lambda$ 为其极点集合, 其中 $\boldsymbol{A}_c,\boldsymbol{B}_c,\boldsymbol{F}_c$ 和 $\boldsymbol{F}_0$ 分别是 $(\nu-1)\times(\nu-1),(\nu-1)\times n,r\times(\nu-1)$ 和 $r\times m$ 阶常值矩阵②.

由对偶原理, 可得到下面定理.

**定理 7.4**　对定常系统 (7.4.1), 假设 $(\boldsymbol{A},\boldsymbol{B})$ 完全能控, $(\boldsymbol{A},\boldsymbol{C})$ 完全能观测, 并且它的能控性指数为 $\mu$, 则对任意的含有 $n+\mu-1$ 个复数的对称集合 $\Lambda$, 都存在一个动态输出反馈规律 (7.4.7), 使得闭环系统 (7.4.8) 以 $\Lambda$ 为其极点集合, 其中 $\boldsymbol{A}_c,\boldsymbol{B}_c,\boldsymbol{F}_c$ 和 $\boldsymbol{F}_0$ 分别是 $(\mu-1)\times(\mu-1),(\mu-1)\times n,r\times(\mu-1)$ 和 $r\times m$ 阶常值矩阵.

## 7.5　状态观测器

要想设计一个稳定的闭环系统, 仅仅靠静态输出反馈是很困难的, 而动态输出反馈则可达到这个目的. 除此之外, 还有一种常用的方法是把状态反馈和动态补偿相结合. 这种方法的基本思想是: 先通过状态反馈得到所希望的控制规律, 然后利用系统的量测输出和控制输入重构系统的状态, 也就是所谓的状态重构或状态估计问题.

给出定常线性系统:

$$\begin{aligned}\dot{\boldsymbol{x}}&=\boldsymbol{Ax}+\boldsymbol{Bu}(t)\\ \boldsymbol{y}&=\boldsymbol{Cx}\end{aligned}\tag{7.5.1}$$

假设该系统是完全能控且完全能观测的.

首先考虑系统输出和输入的导数. 由量测方程有

$$\dot{\boldsymbol{y}}=\boldsymbol{C}\dot{\boldsymbol{x}}\tag{7.5.2}$$

再将状态方程代入式 (7.5.2), 得

$$\dot{\boldsymbol{y}}-\boldsymbol{CBu}=\boldsymbol{CAx}\tag{7.5.3}$$

① 此引理证明可参考文献 (Wonham, 1984), 其证明是纯代数的. 另外需要指出的事实是: 几乎所有的 $r\times m$ 阶矩阵 $\boldsymbol{H}$ 都能满足此引理, 因此在实践中可以采用先随机挑一个试下, 如不满足条件就换一个再试.

② 此定理证明复杂, 技巧性强, 故其证明放在附录中.

再对式 (7.5.2) 两边取导数得

$$\ddot{\boldsymbol{y}} - \boldsymbol{C}\boldsymbol{B}\dot{\boldsymbol{u}} = \boldsymbol{C}\boldsymbol{A}\dot{\boldsymbol{x}} \tag{7.5.4}$$

于是有

$$\ddot{\boldsymbol{y}} - \boldsymbol{C}\boldsymbol{B}\dot{\boldsymbol{u}} - \boldsymbol{C}\boldsymbol{A}\boldsymbol{B}\boldsymbol{u} = \boldsymbol{C}\boldsymbol{A}^2\boldsymbol{x} \tag{7.5.5}$$

一直下去, 最后得到方程

$$\begin{bmatrix} \boldsymbol{C} \\ \boldsymbol{C}\boldsymbol{A} \\ \vdots \\ \boldsymbol{C}\boldsymbol{A}^{n-1} \end{bmatrix} \boldsymbol{x} = \begin{bmatrix} \boldsymbol{y} \\ \dot{\boldsymbol{y}} - \boldsymbol{C}\boldsymbol{B}\boldsymbol{u} \\ \vdots \\ \boldsymbol{y}^{(n-1)} - \sum\limits_{i=0}^{n-2} \boldsymbol{C}\boldsymbol{A}^i \boldsymbol{u}^{(n-1)} \end{bmatrix} \tag{7.5.6}$$

由于系统 (7.5.1) 能观测, 因此有

$$\begin{bmatrix} \boldsymbol{C} \\ \boldsymbol{C}\boldsymbol{A} \\ \vdots \\ \boldsymbol{C}\boldsymbol{A}^{n-1} \end{bmatrix} = n$$

于是矩阵

$$\begin{bmatrix} \boldsymbol{C}^{\mathrm{T}} & \boldsymbol{A}^{\mathrm{T}}\boldsymbol{C}^{\mathrm{T}} & \cdots & (\boldsymbol{A}^{n-1})^{\mathrm{T}}\boldsymbol{C}^{\mathrm{T}} \end{bmatrix} \begin{bmatrix} \boldsymbol{C} \\ \boldsymbol{C}\boldsymbol{A} \\ \vdots \\ \boldsymbol{C}\boldsymbol{A}^{n-1} \end{bmatrix} = \sum_{i=0}^{n-1} (\boldsymbol{A}^{\mathrm{T}})^i \boldsymbol{C}^{\mathrm{T}}\boldsymbol{C}\boldsymbol{A}^i$$

是非奇异的, 其逆存在, 这样就可以从方程 (7.5.6) 中解出

$$\begin{aligned} \boldsymbol{x} = & \left( \sum_{i=0}^{n-1} (\boldsymbol{A}^{\mathrm{T}})^i \boldsymbol{C}^{\mathrm{T}}\boldsymbol{C}\boldsymbol{A}^i \right)^{-1} \\ & \times \sum_{i=0}^{n-1} (\boldsymbol{A}^{\mathrm{T}})^i \boldsymbol{C}^{\mathrm{T}} \left[ \boldsymbol{y}^{(i)}(t) - \boldsymbol{C}\boldsymbol{B}\boldsymbol{u}^{(i-1)} - \cdots - \boldsymbol{C}\boldsymbol{A}^{i-1}\boldsymbol{B}\boldsymbol{u} \right] \end{aligned} \tag{7.5.7}$$

这里规定当 $j < 0$ 时, $\boldsymbol{u}^j(t) = \boldsymbol{0}, \boldsymbol{A}^j = \boldsymbol{0}$.

从理论上看, 上述系统状态用输入和输出及其各阶导数重构出来的思想似乎是合理可行的, 但从实际观点出发, 这种方法是不可取的. 因为它必须用到输入-输出的导函数, 如果在量测和输入中包含高频噪声, 这在实际中很难完全避免, 将

使 $\boldsymbol{x}$ 的重构值包含很大的误差. 因此需要寻找一种现实可行的重构方法. 于是我们只好降低要求, 不再要求重构状态在每个瞬时都与系统状态精确地一致, 而只要求它渐近地一致, 即考虑状态的一种渐近估计问题.

我们把这样的一个状态估计装置看作一个新的动态系统, 这个新系统的输入是原系统的输入和输出, 也就是我们所有已知的信息, 新系统的状态就是原系统状态的估计值. 于是可设新系统的系统方程是:

$$\dot{\boldsymbol{x}}_e = \boldsymbol{F}\boldsymbol{x}_e + \boldsymbol{N}\boldsymbol{u}(t) + \boldsymbol{G}\boldsymbol{y}(t) \tag{7.5.8}$$

其中, $\boldsymbol{x}_e$ 是 $n$ 维状态向量, 可看作新系统的输出; $\boldsymbol{u}(t), \boldsymbol{y}(t)$ 分别是原系统的控制输入向量和量测输出向量; $\boldsymbol{F}, \boldsymbol{N}, \boldsymbol{G}$ 分别是 $n \times n, n \times r, n \times m$ 阶常值矩阵. 又令

$$\boldsymbol{e}(t) = \boldsymbol{x}_e(t) - \boldsymbol{x}(t)$$

为新系统状态跟踪原系统状态的误差信号. 因为希望新系统能跟踪上原系统的状态, 故要求对任意的初始状态 $\boldsymbol{x}(t_0), \boldsymbol{x}_e(t_0)$ 和控制输入 $\boldsymbol{u}(t)$ 都有

$$\lim_{t \to +\infty} \boldsymbol{e}(t) = \boldsymbol{0} \tag{7.5.9}$$

如果这种跟踪能实现的话, 则称系统 (7.5.8) 是系统 (7.5.1) 的一个全状态观测器, 简称状态观测器, $\boldsymbol{x}_e(t)$ 为系统 (7.5.1) 的状态估计, $\boldsymbol{e}(t)$ 为估计误差. 其方块图见图 7.4.

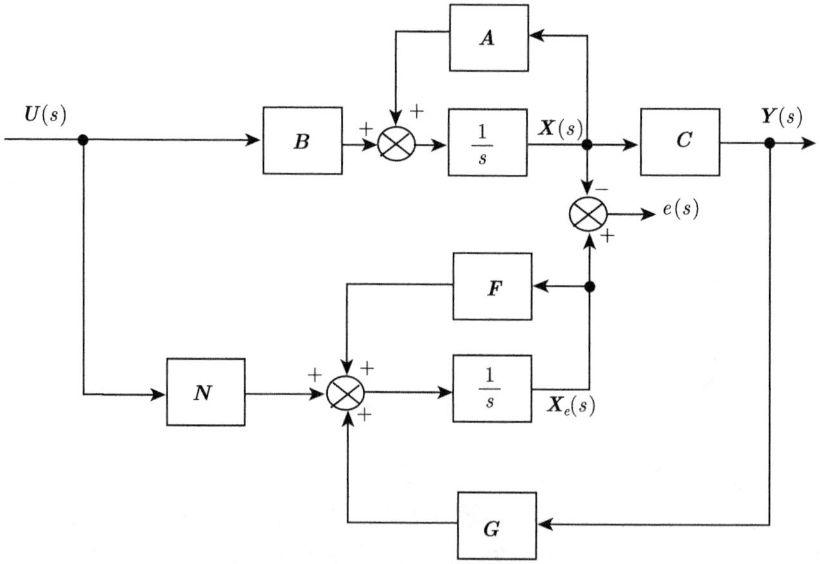


图 7.4　带观测器系统的方块图

下面研究观测器的结构. 设系统 (7.5.8) 是系统 (7.5.1) 的一个状态观测器, 由 $\boldsymbol{e}(t)$ 的定义和式 (7.5.8) 及式 (7.5.1) 得出

$$\dot{\boldsymbol{e}}(t) = \boldsymbol{F}\boldsymbol{e}(t) + (\boldsymbol{F} - \boldsymbol{A} + \boldsymbol{G}\boldsymbol{C})\boldsymbol{x}(t) + (\boldsymbol{N} - \boldsymbol{B})\boldsymbol{u}(t) \tag{7.5.10}$$

我们希望对任意的初始状态和控制输入, 观测器的误差都能趋于零. 取一个特殊的控制 $\boldsymbol{u}(t) \equiv \boldsymbol{0}$ 和初始值 $\boldsymbol{x}(t_0) = \boldsymbol{0}$, 则必有 $\boldsymbol{x}(t) \equiv \boldsymbol{0}$, 由式 (7.5.10) 得到

$$\dot{\boldsymbol{e}}(t) = \boldsymbol{F}\boldsymbol{e}(t) \tag{7.5.11}$$

因此希望对式 (7.5.11) 能有

$$\lim_{t \to +\infty} \boldsymbol{e}(t) = \boldsymbol{0}$$

这样就需要假设 $\boldsymbol{F}$ 是稳定的, 即它的所有特征根必须都有负实部.

很显然, 如果 $\boldsymbol{F}$ 是稳定的, 且有

$$\boldsymbol{F} - \boldsymbol{A} + \boldsymbol{G}\boldsymbol{C} = \boldsymbol{0}, \qquad \boldsymbol{N} = \boldsymbol{B}$$

则对任意的控制 $\boldsymbol{u}(t)$ 和状态 $\boldsymbol{x}(t)$, 观测器的误差都趋于零.

可见观测器的结构应为

$$\dot{\boldsymbol{x}}_e(t) = (\boldsymbol{A} - \boldsymbol{G}\boldsymbol{C})\boldsymbol{x}_e(t) + \boldsymbol{B}\boldsymbol{u}(t) + \boldsymbol{G}\boldsymbol{y}(t) \tag{7.5.12}$$

并且 $\boldsymbol{A} - \boldsymbol{G}\boldsymbol{C}$ 的所有特征根都有负实部. 这时估计误差满足方程

$$\dot{\boldsymbol{e}}(t) = (\boldsymbol{A} - \boldsymbol{G}\boldsymbol{C})\boldsymbol{e}(t) \tag{7.5.13}$$

通常称 $\boldsymbol{G}$ 为观测器的增益矩阵.

综合上述, 如果存在矩阵 $\boldsymbol{G}$ 使得 $\boldsymbol{F} = \boldsymbol{A} - \boldsymbol{G}\boldsymbol{C}$ 且 $\boldsymbol{F}$ 的特征值都有负实部, 则对任意 $\boldsymbol{x}(t_0), \boldsymbol{x}_e(t_0), \boldsymbol{u}(t)$ 都有式 (7.5.9) 成立, 因此这个新系统 (7.5.8) 确是系统 (7.5.1) 的一个状态观测器.

**定理 7.5 (状态观测器结构定理)** 对定常系统 (7.5.1) 和系统 (7.5.12), 系统 (7.5.12) 是系统 (7.5.1) 的一个状态观测器的充分必要条件如下.

(1) $\boldsymbol{F}$ 的所有特征值都有负实部.

(2) $\boldsymbol{F} = \boldsymbol{A} - \boldsymbol{G}\boldsymbol{C}$.

(3) $\boldsymbol{N} = \boldsymbol{B}$.

观测器的结构如图 7.5 所示.

从定理 7.5 看, 设计系统 (7.5.1) 的状态观测器, 关键在于确定观测器的增益矩阵 $\boldsymbol{G}$, 使 $\boldsymbol{A} - \boldsymbol{G}\boldsymbol{C}$ 的所有特征值都有负实部. 那什么样的系统存在状态观测器呢?

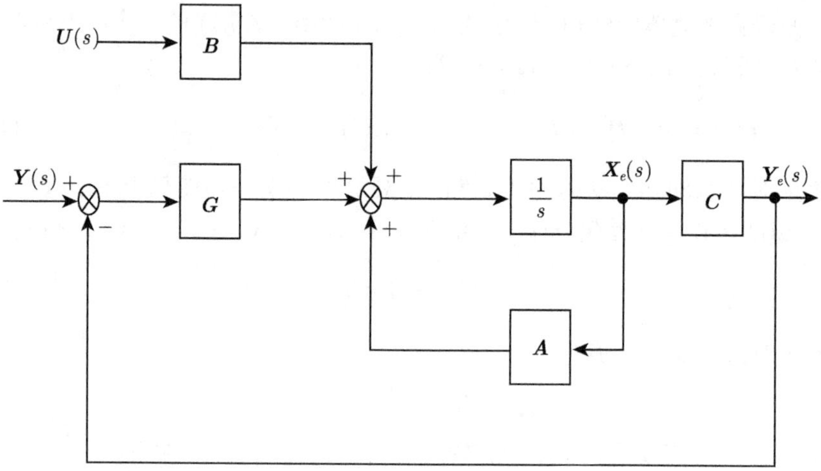


图 7.5　状态观测器

**定理 7.6**　对定常系统 (7.5.1), 存在一个状态观测器的充分必要条件是: 系统 (7.5.1) 能检测, 即 $(\boldsymbol{A},\boldsymbol{C})$ 能检测.

证明: (1) **必要性**.

假设系统 (7.5.10) 是系统 (7.5.1) 的一个状态观测器, 那由定理 7.5 可知, 存在矩阵 $\boldsymbol{G}$, 使得 $\boldsymbol{F}=\boldsymbol{A}-\boldsymbol{GC}$ 且 $\boldsymbol{A}-\boldsymbol{GC}$ 的所有特征根都有负实部, 这说明 $(\boldsymbol{A},\boldsymbol{C})$ 能检测, 即系统 (7.5.1) 能检测.

(2) **充分性**.

假设 $(\boldsymbol{A},\boldsymbol{C})$ 能检测, 那么存在矩阵 $\boldsymbol{G}$ 使得 $\boldsymbol{A}-\boldsymbol{GC}$ 的所有特征根都有负实部, 在系统 (7.5.10) 中取 $\boldsymbol{F}=\boldsymbol{A}-\boldsymbol{GC},\boldsymbol{N}=\boldsymbol{B}$, 那么再由定理 7.5 可知它一定是系统 (7.5.1) 的一个状态观测器. ■

显然, 完全能观测的系统必定存在状态观测器, 且对完全能观测的系统, 观测器的极点可以在复平面的左半平面内任意配置.

## 7.6　极小阶观测器

第 7.5 节的观测器是全状态观测器, 它包含了 $n$ 个动态环节. 考虑到系统的输出已经包含了状态的部分信息, 因此可以利用这点降低动态环节的维数. 下面考虑定常线性系统:

$$\begin{aligned}\dot{\boldsymbol{x}}&=\boldsymbol{A}\boldsymbol{x}+\boldsymbol{B}\boldsymbol{u}(t)\\ \boldsymbol{y}&=\boldsymbol{C}\boldsymbol{x}\end{aligned}\tag{7.6.1}$$

假设 $\mathrm{rank}\boldsymbol{C}=m$. 令

$$\boldsymbol{A}=\begin{bmatrix}\boldsymbol{A}_{11} & \boldsymbol{A}_{12}\\ \boldsymbol{A}_{21} & \boldsymbol{A}_{22}\end{bmatrix},\boldsymbol{B}=\begin{bmatrix}\boldsymbol{B}_1\\ \boldsymbol{B}_2\end{bmatrix},\boldsymbol{C}=\begin{bmatrix}\boldsymbol{C}_1, & \boldsymbol{C}_2\end{bmatrix}$$

其中, $\boldsymbol{A}_{11},\boldsymbol{A}_{22},\boldsymbol{B}_1,\boldsymbol{C}_1$ 分别为 $m\times m,(n-m)\times(n-m),m\times r,m\times m$ 阶矩阵; 其他 $\boldsymbol{A}_{12},\boldsymbol{A}_{21},\boldsymbol{B}_2,\boldsymbol{C}_2$ 为相应阶矩阵. 不失一般性, 设 $\mathrm{rank}\boldsymbol{C}_1=m$. 可以假设 $\boldsymbol{C}=[\boldsymbol{I}_m,\boldsymbol{0}]$, 否则经过坐标变换

$$\overline{\boldsymbol{x}}=\boldsymbol{P}\boldsymbol{x}$$

总可以将 $\boldsymbol{C}$ 化为这种形式, 其中

$$\boldsymbol{P}=\begin{bmatrix}\boldsymbol{C}_1 & \boldsymbol{C}_2\\ \boldsymbol{0} & \boldsymbol{I}_{n-m}\end{bmatrix}$$

于是在上述假设下, 系统 (7.6.1) 可写成

$$\begin{aligned}\dot{\boldsymbol{x}}_1&=\boldsymbol{A}_{11}\boldsymbol{x}_1+\boldsymbol{A}_{12}\boldsymbol{x}_2+\boldsymbol{B}_1\boldsymbol{u}(t)\\ \dot{\boldsymbol{x}}_2&=\boldsymbol{A}_{21}\boldsymbol{x}_1+\boldsymbol{A}_{22}\boldsymbol{x}_2+\boldsymbol{B}_2\boldsymbol{u}(t)\\ \boldsymbol{y}&=\boldsymbol{x}_1\end{aligned}\tag{7.6.2}$$

从式 (7.6.2) 可以看出, 状态向量 $\boldsymbol{x}_1$ 是能直接量测的. 令

$$\begin{aligned}\boldsymbol{z}&\triangleq\dot{\boldsymbol{x}}_1-\boldsymbol{A}_{11}\boldsymbol{x}_1-\boldsymbol{B}_1\boldsymbol{u}(t)\\ &=\dot{\boldsymbol{y}}-\boldsymbol{A}_{11}\boldsymbol{y}-\boldsymbol{B}_1\boldsymbol{u}(t)\end{aligned}\tag{7.6.3}$$

这个信号 $\boldsymbol{z}$ 里面虽然有个导函数 $\dot{\boldsymbol{y}}$, 但在理论上暂时看作已知信息, 后面再想办法处理这个导数问题. 于是下面可将系统 (7.6.2) 关于 $\boldsymbol{x}_2$ 的动态写成

$$\begin{aligned}\dot{\boldsymbol{x}}_2&=\boldsymbol{A}_{22}\boldsymbol{x}_2+\boldsymbol{A}_{21}\boldsymbol{y}(t)+\boldsymbol{B}_2\boldsymbol{u}(t)\\ \boldsymbol{z}&=\boldsymbol{A}_{12}\boldsymbol{x}_2\end{aligned}\tag{7.6.4}$$

其中, $\boldsymbol{y}$ 和 $\boldsymbol{u}$ 都看作已知控制输入信号, $\boldsymbol{z}$ 看作输出信号, 并对系统 (7.6.4) 的这种新表达式做全阶状态观测器. 这样首先需要证明系统 (7.6.4) 是能观测的.

**引理 7.3** 系统 (7.6.4) 能观测的充分必要条件是系统 (7.6.1) 能观测, 即 $(\boldsymbol{A}_{22},\boldsymbol{A}_{12})$ 完全能观测的充分必要条件是 $(\boldsymbol{A},\boldsymbol{C})$ 完全能观测.

证明: 由于系统 (7.6.1) 和式 (7.6.2) 代数等价, 因此 $(\boldsymbol{A},\boldsymbol{C})$ 完全能观测等价于

$$\left(\begin{bmatrix}\boldsymbol{A}_{11} & \boldsymbol{A}_{12}\\ \boldsymbol{A}_{21} & \boldsymbol{A}_{22}\end{bmatrix},\begin{bmatrix}\boldsymbol{I}_m, & \boldsymbol{0}\end{bmatrix}\right)$$

完全能观测. 于是

$$\operatorname{rank}\begin{bmatrix} \boldsymbol{C} \\ \boldsymbol{CA} \\ \vdots \\ \boldsymbol{CA}^{n-1} \end{bmatrix} = \operatorname{rank}\begin{bmatrix} \boldsymbol{I}_m & \boldsymbol{0} \\ \boldsymbol{A}_{11} & \boldsymbol{A}_{12} \\ \boldsymbol{A}_{11}^2 + \boldsymbol{A}_{12}\boldsymbol{A}_{21} & \boldsymbol{A}_{11}\boldsymbol{A}_{12} + \boldsymbol{A}_{12}\boldsymbol{A}_{22} \\ \vdots & \vdots \end{bmatrix}$$

$$= \operatorname{rank}\begin{bmatrix} \boldsymbol{I}_m & \boldsymbol{0} \\ \boldsymbol{0} & \boldsymbol{A}_{12} \\ \boldsymbol{0} & \boldsymbol{A}_{12}\boldsymbol{A}_{22} \\ \vdots & \vdots \end{bmatrix} = m + \operatorname{rank}\begin{bmatrix} \boldsymbol{A}_{12} \\ \boldsymbol{A}_{12}\boldsymbol{A}_{22} \\ \vdots \\ \boldsymbol{A}_{12}\boldsymbol{A}_{22}^{n-m-1} \end{bmatrix}$$

由此可见, 上述等式秩为 $n$ 的充分必要条件是:

$$\operatorname{rank}\begin{bmatrix} \boldsymbol{A}_{12} \\ \boldsymbol{A}_{12}\boldsymbol{A}_{22} \\ \vdots \\ \boldsymbol{A}_{12}\boldsymbol{A}_{22}^{n-m-1} \end{bmatrix} = n - m$$

即 $(\boldsymbol{A}, \boldsymbol{C})$ 完全能观测的充分必要条件是 $(\boldsymbol{A}_{22}, \boldsymbol{A}_{12})$ 完全能观测. ■

假设系统 (7.6.4) 是完全能观测的, 则 $(\boldsymbol{A}_{22}, \boldsymbol{A}_{12})$ 完全能观测. 从而系统 (7.6.4) 的状态观测器是存在的, 即存在一个 $(n-m)\times n$ 阶常值矩阵 $\boldsymbol{G}_2$, 使得 $\boldsymbol{A}_{22} - \boldsymbol{G}_2\boldsymbol{A}_{12}$ 是稳定的. 这样系统 (7.6.4) 的状态观测器方程可写成

$$\dot{\boldsymbol{x}}_{2e} = (\boldsymbol{A}_{22} - \boldsymbol{G}_2\boldsymbol{A}_{12})\boldsymbol{x}_{2e} + \boldsymbol{A}_{21}\boldsymbol{y}(t) + \boldsymbol{B}_2\boldsymbol{u}(t) + \boldsymbol{G}_2\boldsymbol{z}(t) \tag{7.6.5}$$

将式 (7.6.3) 中 $\boldsymbol{z}$ 的表达式代入观测器方程 (7.6.5) 中, 得

$$\begin{aligned} \dot{\boldsymbol{x}}_{2e} =& (\boldsymbol{A}_{22} - \boldsymbol{G}_2\boldsymbol{A}_{12})\boldsymbol{x}_{2e} + (\boldsymbol{A}_{21} - \boldsymbol{G}_2\boldsymbol{A}_{11})\boldsymbol{y}(t) \\ &+ (\boldsymbol{B}_2 - \boldsymbol{G}_2\boldsymbol{B}_1)\boldsymbol{u}(t) + \boldsymbol{G}_2\dot{\boldsymbol{y}}(t) \end{aligned} \tag{7.6.6}$$

然而在观测器方程 (7.6.6) 中, 输入信号包含量测信号的导数, 因此在实际中是难以实现的. 为此我们令

$$\boldsymbol{z}_e = \boldsymbol{x}_{2e} - \boldsymbol{G}_2\boldsymbol{y}(t)$$

于是有

$$\begin{aligned} \dot{\boldsymbol{z}}_e =& (\boldsymbol{A}_{22} - \boldsymbol{G}_2\boldsymbol{A}_{12})\boldsymbol{z}_e + (\boldsymbol{B}_2 - \boldsymbol{G}_2\boldsymbol{B}_1)\boldsymbol{u}(t) \\ &+ [(\boldsymbol{A}_{21} - \boldsymbol{G}_2\boldsymbol{A}_{11}) + (\boldsymbol{A}_{22} - \boldsymbol{G}_2\boldsymbol{A}_{12})\boldsymbol{G}_2]\boldsymbol{y}(t) \end{aligned} \tag{7.6.7}$$

这时

$$\boldsymbol{x}_{2e} = \boldsymbol{z}_e + \boldsymbol{G}_2\boldsymbol{y}(t)$$

综上所述, 有如下定理.

**定理 7.7** 假设定常线性系统 (7.6.1) 是完全能观测的, 并且 $\boldsymbol{C} = [\boldsymbol{I}_m, \boldsymbol{0}]$, 那么一定存在一个极小阶观测器:

$$\begin{aligned}\dot{\boldsymbol{z}}_e =&(\boldsymbol{A}_{22} - \boldsymbol{G}_2\boldsymbol{A}_{12})\boldsymbol{z}_e + (\boldsymbol{B}_2 - \boldsymbol{G}_2\boldsymbol{B}_1)\boldsymbol{u}(t)\\ &+ [(\boldsymbol{A}_{21} - \boldsymbol{G}_2\boldsymbol{A}_{11}) + (\boldsymbol{A}_{22} - \boldsymbol{G}_2\boldsymbol{A}_{12})\boldsymbol{G}_2]\boldsymbol{y}(t)\\ \boldsymbol{x}_{2e} =&\boldsymbol{z}_e(t) + \boldsymbol{G}_2\boldsymbol{y}(t)\end{aligned}$$

其中, $\boldsymbol{G}_2$ 为极小阶观测器的增益常数矩阵, 它使得 $\boldsymbol{A}_{22} - \boldsymbol{G}_2\boldsymbol{A}_{12}$ 是稳定的.

## 7.7 分 离 原 理

在本节分离原理是指状态反馈控制器和状态观测器能够分开分别进行设计的一种原理. 对完全能控完全能观测的线性定常系统 (7.5.1), 当其状态 $\boldsymbol{x}$ 不能或不完全能直接测量时, 就需要引入状态观测器重构状态, 观测器的输出是重构状态 $\boldsymbol{x}_e$, 重构状态的反馈控制律为

$$\boldsymbol{u} = \boldsymbol{v}(t) - \boldsymbol{H}\boldsymbol{x}_e \tag{7.7.1}$$

设状态观测器是全维观测器:

$$\dot{\boldsymbol{x}}_e = (\boldsymbol{A} - \boldsymbol{G}\boldsymbol{C})\boldsymbol{x}_e + \boldsymbol{B}\boldsymbol{u}(t) + \boldsymbol{G}\boldsymbol{y}(t) \tag{7.7.2}$$

这样由式 (7.5.1), 式 (7.7.1) 和式 (7.7.2) 就可以得到重构状态反馈控制系统, 其状态方程和输出方程为

$$\begin{aligned}\begin{pmatrix}\dot{\boldsymbol{x}}\\ \dot{\boldsymbol{x}}_e\end{pmatrix} &= \begin{bmatrix}\boldsymbol{A} & -\boldsymbol{B}\boldsymbol{H}\\ \boldsymbol{G}\boldsymbol{C} & \boldsymbol{A} - \boldsymbol{B}\boldsymbol{H} - \boldsymbol{G}\boldsymbol{C}\end{bmatrix}\begin{pmatrix}\boldsymbol{x}\\ \boldsymbol{x}_e\end{pmatrix} + \begin{bmatrix}\boldsymbol{B}\\ \boldsymbol{B}\end{bmatrix}\boldsymbol{v}(t)\\ \boldsymbol{y} &= \begin{bmatrix}\boldsymbol{C}, & \boldsymbol{0}\end{bmatrix}\begin{pmatrix}\boldsymbol{x}\\ \boldsymbol{x}_e\end{pmatrix}\end{aligned} \tag{7.7.3}$$

显然, 重构状态反馈控制系统是 $2n$ 维的, 其方块图如图 7.6 所示.

为了看清重构状态反馈控制闭环系统的极点情况, 对方程 (7.7.3) 做如下变换:

$$\begin{pmatrix}\boldsymbol{x}\\ \tilde{\boldsymbol{x}}\end{pmatrix} = \begin{pmatrix}\boldsymbol{x}\\ \boldsymbol{x} - \boldsymbol{x}_e\end{pmatrix} = \begin{bmatrix}\boldsymbol{I}_n & \boldsymbol{0}\\ \boldsymbol{I}_n & -\boldsymbol{I}_n\end{bmatrix}\begin{pmatrix}\boldsymbol{x}\\ \boldsymbol{x}_e\end{pmatrix} \tag{7.7.4}$$

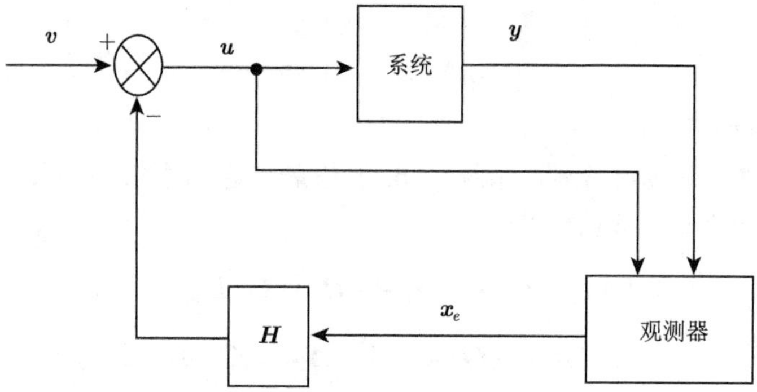


图 7.6　重构状态反馈控制系统

其中, $\widetilde{\boldsymbol{x}} = \boldsymbol{x} - \boldsymbol{x}_e$ 是观测误差向量. 变换后的状态方程和输出方程是:

$$\begin{aligned} \begin{pmatrix} \dot{\boldsymbol{x}} \\ \dot{\widetilde{\boldsymbol{x}}} \end{pmatrix} &= \begin{bmatrix} \boldsymbol{A}-\boldsymbol{BH} & \boldsymbol{BH} \\ \boldsymbol{0} & \boldsymbol{A}-\boldsymbol{GC} \end{bmatrix} \begin{pmatrix} \boldsymbol{x} \\ \widetilde{\boldsymbol{x}} \end{pmatrix} + \begin{bmatrix} \boldsymbol{B} \\ \boldsymbol{0} \end{bmatrix} \boldsymbol{v}(t) \\ \boldsymbol{y} &= \begin{bmatrix} \boldsymbol{C}, & \boldsymbol{0} \end{bmatrix} \begin{pmatrix} \boldsymbol{x} \\ \widetilde{\boldsymbol{x}} \end{pmatrix} \end{aligned} \tag{7.7.5}$$

其方块图如图 7.7 所示.

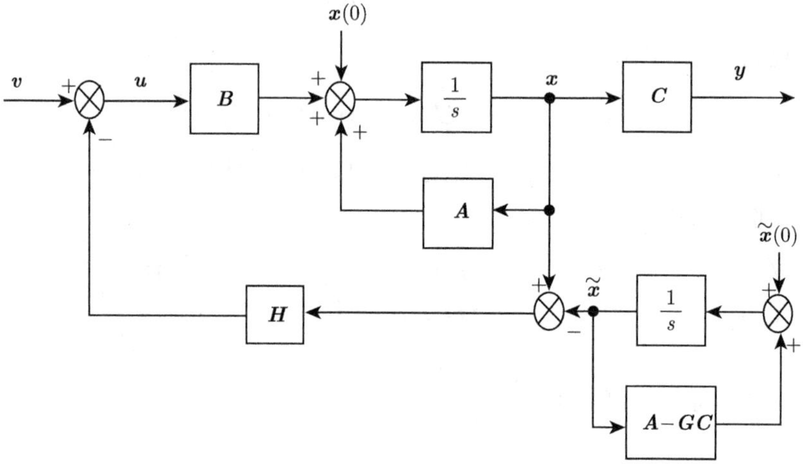


图 7.7　重构状态反馈控制系统的可分离性

由式 (7.7.5) 和图 7.7 可以看出, 带观测器的重构状态反馈系统有 $2n$ 个极点, 它们被分为两部分: 一部分是直接状态反馈的特征多项式 $\det(s\boldsymbol{I} - \boldsymbol{A} + \boldsymbol{BH})$ 的 $n$ 个根, 它们与观测误差反馈系数矩阵 $\boldsymbol{G}$ 无关; 另一部分是观测器的特征多项式

$\det(s\boldsymbol{I}-\boldsymbol{A}+\boldsymbol{GC})$ 的 $n$ 个根, 它们与状态反馈系数矩阵 $\boldsymbol{H}$ 无关. 这一特性被称为重构状态反馈控制系统的极点可分离性.

另外, 还可以看出 $(\boldsymbol{A}-\boldsymbol{BH})$ 部分极点是由输入向量 $\boldsymbol{v}$ 完全可控的; 另一部分 $(\boldsymbol{A}-\boldsymbol{GC})$ 的极点就是观测器的极点, 是不受输入向量 $\boldsymbol{v}$ 控制的.

最后, 需要指出, 如果采用极小阶观测器

$$\dot{\boldsymbol{z}}=\boldsymbol{Mz}+\boldsymbol{Nu}(t)+\boldsymbol{Ly}(t) \tag{7.7.6}$$

则控制律应当修改为

$$\boldsymbol{u}=\boldsymbol{v}(t)-\boldsymbol{H}_1\boldsymbol{z}-\boldsymbol{H}_2\boldsymbol{y}=\boldsymbol{v}(t)-\begin{bmatrix}\boldsymbol{H}_1, & \boldsymbol{H}_2\end{bmatrix}\begin{pmatrix}\boldsymbol{z}\\ \boldsymbol{y}\end{pmatrix} \tag{7.7.7}$$

式 (7.7.7) 包含了部分重构状态反馈 $\boldsymbol{H}_1\boldsymbol{z}$, 也包含了输出反馈 $\boldsymbol{H}_2\boldsymbol{y}$. 在此情形下, 可分离性的推导与上面的类似.

## 思考与练习

(1) 证明状态反馈保持系统的能控性子空间不变. 即令

$$\boldsymbol{Q}_c=[\boldsymbol{B},\boldsymbol{AB},\cdots,\boldsymbol{A}^{n-1}\boldsymbol{B}]$$

$$\overline{\boldsymbol{Q}}_c=[\boldsymbol{BG},(\boldsymbol{A}+\boldsymbol{BK})\boldsymbol{BG},\cdots,(\boldsymbol{A}+\boldsymbol{BK})^{n-1}\boldsymbol{BG}]$$

如果 $G$ 非奇异, 则 $\mathrm{Im}\boldsymbol{Q}_c=\mathrm{Im}\overline{\boldsymbol{Q}}_c$.

(2) 证明形如 $u=\boldsymbol{Kx}+v$ 的状态反馈控制不改变单输入-单输出线性定常系统

$$\dot{\boldsymbol{x}}=\boldsymbol{Ax}+\boldsymbol{b}u$$

$$y=\boldsymbol{cx}$$

的传递函数的零点.

(3) 设系统传递函数为

$$G(s)=\frac{(s-1)(s+2)}{(s+1)(s-2)(s+3)}$$

问能否利用状态反馈把传递函数变为

$$G(s)=\frac{s-1}{(s+2)(s+3)}$$

若有可能, 求出一个满足要求的状态反馈 $\boldsymbol{K}$, 并画出系统信号反馈结构图 (提示: 状态反馈不改变单输入单输出系统传递函数的零点).

(4) 证明系统 (7.1.1) 的不能控子系统的极点恰好是系统的输入解耦零点.

(5) 状态反馈能否保持系统的能观测性不变吗? 如能, 试证明; 如不能, 举一反例.

(6) 给定下面定常线性系统

$$\dot{x}_1 = ax_2 + u_1(t)$$

$$\dot{x}_2 = -ax_1 + u_2(t)$$

$$\dot{x}_3 = u_3(t)$$

$$y_1 = x_1$$

$$y_2 = x_2 - x_3$$

设计一个状态观测器, 其中 $a > 0$.

(7) 给习题 (6) 中系统设计一个极小阶观测器.

(8) 已知某系统的传递函数为

$$F(s) = \frac{1}{(s+1)(s-2)}$$

① 为该传递函数设计一个最小状态空间实现.

② 为该最小实现设计一个极小阶状态观测器, 使该观测器状态与系统状态之间的误差以不低于 $\mathrm{e}^{-2t}$ 的速度收敛到零.

(9) 证明带极小阶观测器 (7.7.6)~(7.7.7) 的闭环系统的极点分离性质.

# 第 8 章　变分法与最优控制

变分法起源于约翰・伯努利 1696 年向全欧洲数学家 (特别是他的哥哥雅可比・伯努利) 提出的一个挑战性的难题: 设在垂直平面内有任意两点, 受地心引力作用的一个质点, 自较高点下滑至较低点, 假设无摩擦, 问沿着什么曲线下滑时间最短? 这就是著名的最速降线问题 (the brachystochrone problem). 此问题在 18 世纪末 19 世纪初是数学中的一个前沿问题, 它吸引了许多数学史上杰出人物的目光, 包括惠更斯、洛比达、雅可比・伯努利、莱布尼茨和牛顿, 以及后来的欧拉 (约翰的学生) 和拉格朗日. 雅可比不负所望解决了此问题. 约翰和莱布尼茨也各自独立地得到正确的解. 牛顿要晚些加入挑战, 因为他比别人要晚半年知道这个问题, 但是他连夜就解决了并且第二天早上匿名把解答寄给约翰・伯努利. 牛顿的身份立刻就被识破了. 收到此信, 约翰惊叹道:"啊! 从他的爪子, 我认出了那头雄狮." 在这些解法中, 约翰・伯努利巧妙地将物理学、光学和几何学相结合解决了问题; 莱布尼茨、洛比达和牛顿都是采用他们擅长的微积分来解决问题, 但具体步骤各不相同; 唯独雅可比・伯努利的解法真正体现了变分思想且更一般化, 引发欧拉开始关注这一问题, 并于 1744 年最先给出了这类问题的普遍解法. 于是一个新的数学分支——变分法从此诞生了.

## 8.1　函 数 极 值

本节简单回顾一下函数极值问题. 考虑定义在区域 $D$ 上的二元函数 $f(x,y)$, 点 $(x_0,y_0)\in D$ 称为函数 $f(x,y)$ 的极大值点, 如果存在点 $(x_0,y_0)$ 的邻域 $U(x_0,y_0)$ 使得对任意点 $(x,y)\in U(x_0,y_0)$ 有 $f(x,y)\leqslant f(x_0,y_0)$. 相应的函数值 $f(x_0,y_0)$ 称为**极大值**. 极小值点和极小值可类似定义. 极大值和极小值统称极值.

令 $x=x_0+\triangle x, y=y_0+\triangle y$. 如果 $f(x,y)$ 在点 $(x_0,y_0)$ 可微, 则有

$$\begin{aligned}f(x,y)&=f(x_0+\triangle x,y_0+\triangle y)\\&=f'_x(x_0,y_0)\triangle x+f'_y(x_0,y_0)\triangle y+o(\sqrt{(\triangle x)^2+(\triangle y)^2})\end{aligned}$$

假设 $(x_0,y_0)$ 在区域 $D$ 的内部, 且 $\triangle x$ 与 $\triangle y$ 是独立变化的, 故 $f'_x(x_0,y_0)$ 和 $f'_y(x_0,y_0)$ 中有一个不为零, 则 $f(x_0,y_0)$ 不可能为极值. 于是我们得到可微函数极值的必要条件: $f'_x(x_0,y_0)=0$ 且 $f'_y(x_0,y_0)=0$.

下面考虑条件极值.

求 $f(x,y)$ 在条件 $g(x,y)=0$ 下的极值, 其中 $f$ 和 $g$ 都是区域 $D$ 上可微函数.

作 Lagrange 函数

$$L(x,y,\lambda)=f(x,y)+\lambda g(x,y)$$

其中, $\lambda\in\mathbb{R}$ 为某一待定常数. 在点 $(x_0,y_0)$ 对 $L(x,y,\lambda)$ 作微分, 有

$$\begin{aligned}L(x,y,\lambda)=&L(x_0+\triangle x,y_0+\triangle y,\lambda)\\=&[f'_x(x_0,y_0)+\lambda g'_x(x_0,y_0)]\triangle x+[f'_y(x_0,y_0)+\lambda g'_y(x_0,y_0)]\triangle y\\&+o(\sqrt{(\triangle x)^2+(\triangle y)^2})\end{aligned}$$

与前面无条件极值不同, 此时 $\triangle x$ 与 $\triangle y$ 不是独立变化的, 因为 $x$ 和 $y$ 限制在 $g(x,y)=0$ 上, 它们之间是有关系的. 不妨设在点 $(x_0,y_0)$ 附近满足 $g(x,y)=0$ 的点是一条曲线, 而不是退化情形, 比如退化成一个点. 这样有 $g'_x(x_0,y_0)\neq 0$ 或 $g'_y(x_0,y_0)\neq 0$. 不妨假设 $g'_y(x_0,y_0)\neq 0$, 于是 $g(x,y)=0$ 表示一个隐函数 $y=\varphi(x)$. 这样 $\triangle x$ 可看作独立的, $\triangle y$ 随 $\triangle x$ 的改变而改变.

因为 $g'_y(x_0,y_0)\neq 0$, 故可以找到一个常数 $\lambda_0$ 使得 $f'_y(x_0,y_0)+\lambda_0 g'_y(x_0,y_0)=0$. 于是有

$$L(x_0+\triangle x,y_0+\triangle y,\lambda_0)=[f'_x(x_0,y_0)+\lambda_0 g'_x(x_0,y_0)]\triangle x+o(\sqrt{(\triangle x)^2+(\triangle y)^2})$$

由于 $\triangle x$ 是独立变化的, 故有 $f'_x(x_0,y_0)+\lambda_0 g'_x(x_0,y_0)=0$. 这样就得到求条件极值的 Lagrange 乘数法, 即把条件极值转换为相应 Lagrange 函数的无条件极值.

## 8.2 三个著名例子

首先介绍三个在变分法发展过程中发挥过重大影响的例子.

**1. 最速降线**

如图 8.1, 如何在点 $(0,h)$ 和 $(a,0)$ 之间连接一条曲线, 使得质点在不考虑摩擦情况下, 以初速度为零从点 $(0,h)$ 滑到点 $(a,0)$ 所花时间最少?

令此曲线为 $y=f(x)$, $s$ 表示位移. 则根据能量守恒定律有

$$mg(h-y)=mg[h-f(x)]=\frac{1}{2}mv^2$$

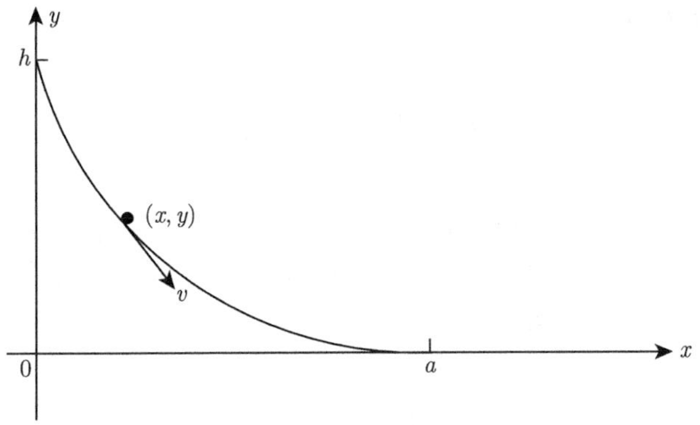


图 8.1 最速降线

其中, $m$ 为质点的质量, $g$ 为重力加速度常数. 于是有

$$\frac{\mathrm{d}s}{\mathrm{d}t}=v=\sqrt{2g[h-f(x)]}$$

又因为

$$\mathrm{d}s=\sqrt{1+[y'(x)]^2}\ \mathrm{d}x$$

故有

$$\sqrt{\frac{1+[y'(x)]^2}{2g[h-f(x)]}}\ \mathrm{d}x=\mathrm{d}t$$

设总共花时间为 $T$, 两边积分得

$$T=\int_0^a\sqrt{\frac{1+[y'(x)]^2}{2g[h-f(x)]}}\ \mathrm{d}x \tag{8.2.1}$$

于是最速降线问题转化为如下数学问题, 即求满足边值条件 $f(0)=h$ 和 $f(a)=0$ 的函数 $f(x)$ 使得式 (8.2.1) 中积分的值最小. 式 (8.2.1) 最小值解就是惠更斯于 1673 年研究的摆线, 也称等时曲线, 这是因为把质点放在摆线任意位置上, 其降落到终点所需的时间与初始点位置无关. 像式 (8.2.1) 把函数映射到数的映射称为**泛函**. 比如, 在某个区间上的定积分就是一个最简单的泛函.

**2. 最小旋转曲面**

在 $x$-$y$ 平面上求一条边界固定的曲线, 使其绕 $x$ 轴旋转形成的空间曲面面积最小.

设曲线的两个边界点为 $A=(x_0,y_0)$ 和 $B=(x_1,y_1)$, 其中 $y_0>0$, $y_1>0$, 以及曲线方程为

$$y=y(x),\quad x_0\leqslant x\leqslant x_1$$

其旋转曲面的面积 $S$ 为

$$S = 2\pi \int_{x_0}^{x_1} y\sqrt{1+y'^2}\,\mathrm{d}x \tag{8.2.2}$$

于是最小旋转曲面问题为求满足边界条件 $y(x_0)=y_0$, $y(x_1)=y_1$ 的函数 $y(x)$ 使得式 (8.2.2) 中的积分值为最小. 我们还可以进一步加上约束条件: 曲线长度为 $L$, 它大于 $A$ 和 $B$ 之间的距离, 即

$$L = \int_{x_0}^{x_1} \sqrt{1+y'^2}\,\mathrm{d}x \tag{8.2.3}$$

它的解为悬链线, 即两端固定在边界点 $A$ 和 $B$, 长度为 $L$ 无弹性不会伸长的匀质绝对柔软绳子在重力作用下形成的曲线.

**3. 等周问题**

给一条固定长度 $l$ 的绳子, 问围成一个什么样的形状, 内部面积 $S$ 最大? 这个问题远在古希腊时期就知道了答案——一个圆周.

令此曲线由参数方程

$$x=\varphi(t), \quad y=\psi(t), \quad t\in[0,l]$$

描述. 则曲线的长度为

$$l = \int_0^l \sqrt{\dot{x}^2+\dot{y}^2}\,\mathrm{d}t \tag{8.2.4}$$

由格林公式得出面积为

$$S = \frac{1}{2}\int_0^l (x\dot{y}-y\dot{x})\mathrm{d}t \tag{8.2.5}$$

因此等周问题就是在约束条件 (8.2.4) 下求泛函 (8.2.5) 的最大值.

## 8.3 Euler-Lagrange 方程

令 $J: X \to \mathbb{R}$ 为定义在函数空间 $(X, \|\cdot\|)$ 上的泛函及 $S \subseteq X$. 称泛函 $J$ 在点 $\boldsymbol{y} \in S$ 上取到在 $S$ 内的局部极大值, 如果存在 $\epsilon > 0$ 使得对所有满足 $\|\hat{\boldsymbol{y}}-\boldsymbol{y}\| < \epsilon$ 的 $\hat{\boldsymbol{y}} \in S$ 都有 $J(\hat{\boldsymbol{y}}) - J(\boldsymbol{y}) \leqslant 0$. 称泛函 $J$ 在点 $\boldsymbol{y} \in S$ 上取到在 $S$ 内的局部极小值, 如果点 $\boldsymbol{y}$ 为 $J$ 在 $S$ 内的局部极大值点. 在本章内, 集合 $S$ 是满足某些边界条件的函数集合.

为方便分析, 在函数 $\boldsymbol{y} \in S$ 的一个 $\epsilon$-邻域中的函数 $\hat{\boldsymbol{y}} \in S$ 可以用函数 $\boldsymbol{y}$ 的一个摄动来表示. 具体地, 如果 $\hat{\boldsymbol{y}} \in S$ 及 $\|\hat{\boldsymbol{y}} - \boldsymbol{y}\| < \varepsilon$, 则存在某个 $\eta \in S$ 使得

$$\hat{\boldsymbol{y}} = \boldsymbol{y} + \epsilon\eta$$

现在我们考虑在函数空间 $C^2[x_0, x_1]$ 上的固定端点变分问题. 令泛函 $J: C^2[x_0, x_1] \to \mathbb{R}$ 为如下形式:

$$J(y) = \int_{x_0}^{x_1} f(x, y, y')\mathrm{d}x$$

其中, 函数 $f$ 对 $x, y$ 和 $y'$ 具有至少二阶连续偏导数. 给定 $y_0, y_1 \in \mathbb{R}$, 固定端点变分问题就是确定函数 $y \in C^2[x_0, x_1]$ 使得 $y(x_0) = y_0, y(x_1) = y_1$ 和 $J$ 在点 $y \in S$ 上取到在 $S$ 内的局部极值. 其中

$$S = \{y \in C^2[x_0, x_1] : y(x_0) = y_0, y(x_1) = y_1\}$$

$$H = \{\eta \in C^2[x_0, x_1] : \eta(x_0) = \eta(x_1) = 0\}$$

假设 $J$ 在 $y$ 上取到 $S$ 内的局部极值. 为确定起见, 假定 $J$ 在 $y$ 上有局部极大值. 则存在 $\epsilon > 0$ 使得 $J(\hat{y}) - J(y) \leqslant 0$ 对所有满足 $\|\hat{y} - y\| < \varepsilon$ 的 $\hat{y} \in S$ 都成立. 对任意 $\hat{y}$, 存在 $\eta \in H$ 使得 $\hat{y} = y + \epsilon\eta$. 对 $\epsilon$ 作泰勒展开

$$\begin{aligned} f(x, \hat{y}, \hat{y}') &= f(x, y + \epsilon\eta, y' + \epsilon\eta') \\ &= f(x, y, y') + \epsilon\left(\eta\frac{\partial f}{\partial y} + \eta'\frac{\partial f}{\partial y'}\right) + O(\epsilon^2) \end{aligned} \tag{8.3.1}$$

这里我们把 $f$ 看作三个独立变量 $x, y, y'$ 的函数, 偏导数也都是在点 $(x, y, y')$ 上取值. 现在有

$$\begin{aligned} & J(\hat{y}) - J(y) \\ =& \int_{x_0}^{x_1} f(x, \hat{y}, \hat{y}')\mathrm{d}x - \int_{x_0}^{x_1} f(x, y, y')\mathrm{d}x \\ =& \int_{x_0}^{x_1} \left\{\left\{f(x, y, y') + \epsilon\left(\eta\frac{\partial f}{\partial y} + \eta'\frac{\partial f}{\partial y'}\right) + O(\epsilon^2)\right\} - f(x, y, y')\right\}\mathrm{d}x \\ =& \epsilon\int_{x_0}^{x_1} \left(\eta\frac{\partial f}{\partial y} + \eta'\frac{\partial f}{\partial y'}\right)\mathrm{d}x + O(\epsilon^2) \\ =& \epsilon\delta J(\eta, y) + O(\epsilon^2) \end{aligned} \tag{8.3.2}$$

其中

$$\delta J(\eta,y)\triangleq\int_{x_0}^{x_1}\left(\eta\frac{\partial f}{\partial y}+\eta'\frac{\partial f}{\partial y'}\right)\mathrm{d}x$$

称为 $J$ 的一阶变分. 显然, 如果 $\eta\in H$, 则 $-\eta\in H$ 及 $\delta J(\eta,y)=-\delta J(-\eta,y)$. 除了对任意 $\eta\in H$, $\delta J(\eta,y)=0$ 时, 对充分小的 $\epsilon$, $J(\hat{y})-J(y)$ 的符号由一阶变分的符号所确定. $J(y)$ 在 $S$ 上具有局部极大值要求 $J(\hat{y})-J(y)$ 在邻域 $\|\hat{y}-y\|<\epsilon$ 内不改变符号. 于是如果 $J(y)$ 是局部极大值, 则对任意 $\eta\in H$, 有

$$\delta J(\eta,y)=\int_{x_0}^{x_1}\left[\eta\frac{\partial f}{\partial y}+\eta'\frac{\partial f}{\partial y'}\right]\mathrm{d}x=0\tag{8.3.3}$$

类似地, 如果 $J(y)$ 是在 $S$ 上的局部极小值, 方程 (8.3.3) 必须对任意 $\eta\in H$ 满足.

与函数极值问题一样, 方程 (8.3.3) 也只是极值的必要条件. 如果 $y$ 对任意 $\eta\in H$ 满足方程 (8.3.3), 我们称 $y$ 是泛函 $J$ 的临界函数. 在不引起误解的情况下, 今后也称 $y$ 是泛函 $J$ 的极值函数, 虽然它可能不是泛函 $J$ 的极值函数.

显然式 (8.3.3) 和函数极值的必要条件很类似, 但任意 $\eta$ 这个条件非常麻烦, 现在我们来想办法去掉这个条件. 首先对式 (8.3.3) 中第二项被积函数中的 $\eta'$ 用分部积分法得

$$\begin{aligned}\int_{x_0}^{x_1}\eta'\frac{\partial f}{\partial y'}\mathrm{d}x&=\eta\frac{\partial f}{\partial y'}\bigg|_{x_0}^{x_1}-\int_{x_0}^{x_1}\eta\frac{\mathrm{d}}{\mathrm{d}x}\frac{\partial f}{\partial y'}\mathrm{d}x\\&=-\int_{x_0}^{x_1}\eta\frac{\mathrm{d}}{\mathrm{d}x}\frac{\partial f}{\partial y'}\mathrm{d}x\end{aligned}\tag{8.3.4}$$

这里我们用了条件 $\eta(x_0)=0$ 和 $\eta(x_1)=0$. 因此方程 (8.3.3) 化为

$$\int_{x_0}^{x_1}\eta\left\{\frac{\partial f}{\partial y}-\frac{\mathrm{d}}{\mathrm{d}x}\frac{\partial f}{\partial y'}\right\}\mathrm{d}x=0\tag{8.3.5}$$

其中

$$\frac{\partial f}{\partial y}-\frac{\mathrm{d}}{\mathrm{d}x}\frac{\partial f}{\partial y'}=\frac{\partial f}{\partial y}-\frac{\partial^2 f}{\partial x\partial y'}-\frac{\partial^2 f}{\partial y\partial y'}y'-\frac{\partial^2 f}{\partial y'\partial y'}y''$$

如果 $f$ 是二阶连续可微, 则对任意给定的 $y\in C^2[x_0,x_1]$, 函数

$$E(x)\triangleq\frac{\partial f}{\partial y}-\frac{\mathrm{d}}{\mathrm{d}x}\frac{\partial f}{\partial y'}$$

是区间 $[x_0,x_1]$ 上的连续函数. 这样式 (8.3.5) 就可写成

$$\langle\eta,E\rangle\triangleq\int_{x_0}^{x_1}\eta(x)E(x)\mathrm{d}x=0\tag{8.3.6}$$

下面我们通过考虑 $H$ 的子集来证明 $E(x)=0$.

**引理 8.1** 令 $\alpha,\beta$ 是任意两个满足 $\alpha<\beta$ 的实数. 则存在函数 $\nu\in C^2(\mathbb{R})$ 使得当 $x\in(\alpha,\beta)$ 时, $\nu(x)>0$; 当 $x\in\mathbb{R}\setminus(\alpha,\beta)$ 时, $\nu(x)=0$.

**引理 8.2** 设对任意 $\eta\in H$ 都有 $\langle\eta,h\rangle=0$. 如果 $h:[x_0,x_1]\to\mathbb{R}$ 是连续函数, 则在区间 $[x_0,x_1]$ 上函数 $h\equiv 0$.

这两个引理都不难, 读者可自行证明.

综合上述结果, 我们得到下面定理.

**定理 8.1** 令泛函 $J:C^2[x_0,x_1]\to\mathbb{R}$ 为下面形式

$$J(y)=\int_{x_0}^{x_1}f(x,y,y')\mathrm{d}x$$

其中, $f$ 对 $x,y$ 和 $y'$ 有连续二阶偏导. 再令

$$S=\{y\in C^2[x_0,x_1]:y(x_0)=y_0,y(x_1)=y_1\}$$

其中, $y_0,y_1$ 是给定实数. 如果 $y\in S$ 是 $J$ 的极值点, 则对任意 $x\in[x_0,x_1]$, 有

$$\frac{\mathrm{d}}{\mathrm{d}x}\frac{\partial f}{\partial y'}-\frac{\partial f}{\partial y}=0 \tag{8.3.7}$$

方程 (8.3.7) 称为 Euler-Lagrange 方程, 它是个二阶 (一般是非线性) 常微分方程. 任何光滑极值函数必须满足 Euler-Lagrange 方程. 对于固定端点问题所对应的边值条件为

$$y(x_0)=y_0,\qquad y(x_1)=y_1$$

需要指出满足 Euler-Lagrange 方程只是泛函有极值的必要条件, 并不是充分条件. 在实际应用中, 根据具体的实际背景往往可以判断 Euler-Lagrange 方程的解是否是我们需要的函数. 一般说来, Euler-Lagrange 方程是很难简化的, 更不必说求解, 但对于某些特殊情形, 我们可以简化甚至有可能给出其解析解. 下一节我们就来介绍两种特殊情形.

## 8.4 两种可解情形

### 8.4.1 $f$ 中 $y$ 不显式出现

假设泛函 $J$ 为如下形式:

$$J(y)=\int_{x_0}^{x_1}f(x,y')\mathrm{d}x \tag{8.4.1}$$

其中, 被积函数中变量 $y$ 不显式出现. 显然 Euler-Lagrange 方程化为

$$\frac{\partial f}{\partial y'} = c_1 \tag{8.4.2}$$

其中, $c_1$ 为积分常数. 因为 $\dfrac{\partial f}{\partial y'}$ 是 $x$ 和 $y'$ 的函数, 故方程 (8.4.2) 是对函数 $y$ 的常微分方程. 进一步假设 $\dfrac{\partial^2 f}{\partial y'^2} \neq 0$, 则式 (8.4.2) 可改写成

$$y' = g(x, c_1)$$

然后再求积分可得式 (8.4.1) 的解.

### 8.4.2 $f$ 中 $x$ 不显式出现

**定理 8.2** 泛函 $J$ 为如下形式:

$$J(y) = \int_{x_0}^{x_1} f(y, y')\mathrm{d}x \tag{8.4.3}$$

定义函数 $\mathcal{H}$ 为

$$\mathcal{H}(y, y') = y'\frac{\partial f}{\partial y'} - f \tag{8.4.4}$$

则函数 $\mathcal{H}$ 沿着极值函数 $y$ 是常数, 即如果 $y(x)$ 是泛函 $J$ 的极值函数, 则 $\mathcal{H}(y, y')$ 是常数.

证明: 设 $y$ 是泛函 $J$ 的极值函数, 于是有

$$\begin{aligned}\frac{\mathrm{d}}{\mathrm{d}x}\mathcal{H}(y, y') &= \frac{\mathrm{d}}{\mathrm{d}x}\left(y'\frac{\partial f}{\partial y'} - f\right) \\ &= y''\frac{\partial f}{\partial y'} + y'\frac{\mathrm{d}}{\mathrm{d}x}\frac{\partial f}{\partial y'} - \left(y'\frac{\partial f}{\partial y} + y''\frac{\partial f}{\partial y'}\right) \\ &= y'\left(\frac{\mathrm{d}}{\mathrm{d}x}\frac{\partial f}{\partial y'} - \frac{\partial f}{\partial y}\right)\end{aligned} \tag{8.4.5}$$

由于 $y$ 是极值函数, 故满足 Euler-Lagrange 方程 (8.3.7). 因此 $\dfrac{\mathrm{d}}{\mathrm{d}x}\mathcal{H}(y, y') = 0$. 于是函数 $\mathcal{H}$ 沿着极值函数 $y$ 是常数. ■

注意到 $\mathcal{H}$ 只依赖 $y, y'$, 于是求解下面一阶常微分方程:

$$\mathcal{H}(y, y') = c_1 \tag{8.4.6}$$

就可得到极值函数 $y$.

## 8.5 高阶导数情形

考虑下面形式的泛函

$$J(y) = \int_{x_0}^{x_1} f(x, y, y', y'')\mathrm{d}x \tag{8.5.1}$$

边值条件为 $y(x_0) = y_0, y'(x_0) = y_0', y(x_1) = y_1$ 和 $y'(x_1) = y_1'$. 这里假设 $f$ 对 $x, y, y'$ 和 $y''$ 具有三阶连续偏导数及 $y \in C^4[x_0, x_1]$. 此时

$$S = \{y \in C^4[x_0, x_1] : y(x_0) = y_0, y'(x_0) = y_0', y(x_1) = y_1, y'(x_1) = y_1'\}$$

$$H = \{\eta \in C^4[x_0, x_1] : \eta(x_0) = \eta'(x_0) = \eta(x_1) = \eta'(x_1) = 0\}$$

假设 $y$ 为 $J$ 在 $S$ 内的极值函数. 与前面类似, 令 $\hat{y} = y + \epsilon\eta$ 及考虑 $J(\hat{y}) - J(y)$. 由泰勒展开得

$$\begin{aligned} f(x, \hat{y}, \hat{y}', \hat{y}'') &= f(x, y + \epsilon\eta, y' + \epsilon\eta', y'' + \epsilon\eta'') \\ &= f(x, y, y', y'') + \epsilon\left(\eta\frac{\partial f}{\partial y} + \eta'\frac{\partial f}{\partial y'} + \eta''\frac{\partial f}{\partial y''}\right) + O(\epsilon^2) \end{aligned} \tag{8.5.2}$$

于是有

$$J(\hat{y}) - J(y) = \epsilon\int_{x_0}^{x_1}\left(\eta\frac{\partial f}{\partial y} + \eta'\frac{\partial f}{\partial y'} + \eta''\frac{\partial f}{\partial y''}\right)\mathrm{d}x + O(\epsilon^2) \tag{8.5.3}$$

因此泛函 (8.5.1) 的一阶变分为

$$\delta J(\eta, y) = \int_{x_0}^{x_1}\left(\eta\frac{\partial f}{\partial y} + \eta'\frac{\partial f}{\partial y'} + \eta''\frac{\partial f}{\partial y''}\right)\mathrm{d}x \tag{8.5.4}$$

因为 $y$ 为 $J$ 的极值函数, 所以对任意 $\eta \in H$ 有

$$\delta J(\eta, y) = 0 \tag{8.5.5}$$

与前面类似, 我们通过分部积分以消去 $\eta$ 的导数. 由于在上面一阶变分中出现 $\eta''$, 故需要作两次分部积分, 具体如下.

$$\begin{aligned} \int_{x_0}^{x_1}\eta''\frac{\partial f}{\partial y''}\mathrm{d}x &= \eta'\frac{\partial f}{\partial y''}\bigg|_{x_0}^{x_1} - \int_{x_0}^{x_1}\eta'\frac{\mathrm{d}}{\mathrm{d}x}\frac{\partial f}{\partial y''}\mathrm{d}x \\ &= -\eta\frac{\mathrm{d}}{\mathrm{d}x}\frac{\partial f}{\partial y''}\bigg|_{x_0}^{x_1} + \int_{x_0}^{x_1}\eta\frac{\mathrm{d}^2}{\mathrm{d}x^2}\frac{\partial f}{\partial y''}\mathrm{d}x \\ &= \int_{x_0}^{x_1}\eta\frac{\mathrm{d}^2}{\mathrm{d}x^2}\frac{\partial f}{\partial y''}\mathrm{d}x \end{aligned} \tag{8.5.6}$$

这里用到了边界条件 $\eta(x_0)=\eta'(x_0)=\eta(x_1)=\eta'(x_1)=0$. 又有

$$\begin{aligned}\int_{x_0}^{x_1}\eta'\frac{\partial f}{\partial y'}\mathrm{d}x&=\eta\frac{\partial f}{\partial y'}\Big|_{x_0}^{x_1}-\int_{x_0}^{x_1}\eta\frac{\mathrm{d}}{\mathrm{d}x}\frac{\partial f}{\partial y'}\mathrm{d}x\\&=-\int_{x_0}^{x_1}\eta\frac{\mathrm{d}}{\mathrm{d}x}\frac{\partial f}{\partial y'}\mathrm{d}x\end{aligned}\tag{8.5.7}$$

类似地, 这里也用到了边界条件 $\eta(x_0)=\eta(x_1)=0$. 因此式 (8.5.5) 化为

$$\int_{x_0}^{x_1}\eta\left\{\frac{\partial f}{\partial y}-\frac{\mathrm{d}}{\mathrm{d}x}\frac{\partial f}{\partial y'}+\frac{\mathrm{d}^2}{\mathrm{d}x^2}\frac{\partial f}{\partial y''}\right\}\mathrm{d}x=0\tag{8.5.8}$$

该式对任意 $\eta\in H$ 都成立. 由于 $f$ 具有三阶连续偏导数, 故对任意 $y\in C^4[x_0,x_1]$ 都有

$$E(x)=\frac{\partial f}{\partial y}-\frac{\mathrm{d}}{\mathrm{d}x}\frac{\partial f}{\partial y'}+\frac{\mathrm{d}^2}{\mathrm{d}x^2}\frac{\partial f}{\partial y''}$$

在区间 $[x_0,x_1]$ 上是连续的. 与上节类似可证 $y$ 必须满足四阶 Euler-Lagrange 方程:

$$\frac{\mathrm{d}^2}{\mathrm{d}x^2}\frac{\partial f}{\partial y''}-\frac{\mathrm{d}}{\mathrm{d}x}\frac{\partial f}{\partial y'}+\frac{\partial f}{\partial y}=0\tag{8.5.9}$$

方程 (8.5.9) 是函数 $y$ 为泛函 (8.5.1) 极值的必要条件.

## 8.6 多因变量情形

在本节中我们来研究依赖多个因变量和一个独立变量的 Euler-Lagrange 方程. 令 $\boldsymbol{C}^2[t_0,t_1]$ 表示向量函数 $\boldsymbol{q}:[t_0,t_1]\to\mathbb{R}^n$ 的集合, $\boldsymbol{q}=(q_1,q_2,\cdots,q_n)$ 的每一个分量 $q_k\in C^2[t_0,t_1], k=1,2,\cdots,n$. 集合 $\boldsymbol{C}^2[t_0,t_1]$ 是向量空间且定义其上的范数为

$$\|\boldsymbol{q}\|=\max_{k=1,2,\cdots,n}\sup_{t\in[t_0,t_1]}|q_k(t)|$$

考虑泛函

$$J(\boldsymbol{q})=\int_{t_0}^{t_1}L(t,\boldsymbol{q},\dot{\boldsymbol{q}})\mathrm{d}t\tag{8.6.1}$$

其中, $L$ 对 $t,q_k$ 和 $\dot{q}_k, k=1,2,\cdots,n$ 有连续二阶偏导数. 给定两个向量 $\boldsymbol{q}_0,\boldsymbol{q}_1\in\mathbb{R}^n$, 固定端点问题就是在 $\boldsymbol{q}(t_0)=\boldsymbol{q}_0,\boldsymbol{q}(t_1)=\boldsymbol{q}_1$ 的条件下确定泛函 $J$ 的局部极值, 这里

$$S=\{\boldsymbol{q}\in\boldsymbol{C}^2[t_0,t_1]:\boldsymbol{q}(t_0)=\boldsymbol{q}_0,\boldsymbol{q}(t_1)=\boldsymbol{q}_1\}$$

下面我们用摄动表示 $\boldsymbol{q}$ 的邻近函数 $\hat{\boldsymbol{q}}$:

$$\hat{\boldsymbol{q}} = \boldsymbol{q} + \epsilon\boldsymbol{\eta}$$

其中, $\boldsymbol{\eta} = (\eta_1, \eta_2, \cdots, \eta_n)$. 此时

$$H = \{\boldsymbol{\eta} \in \boldsymbol{C}^2[t_0, t_1] : \boldsymbol{\eta}(t_0) = \boldsymbol{\eta}(t_1) = \boldsymbol{0}\}$$

对 $\epsilon$ 用泰勒公式得

$$\begin{aligned} L(t, \hat{\boldsymbol{q}}, \dot{\hat{\boldsymbol{q}}}) =& L(t, \boldsymbol{q} + \epsilon\boldsymbol{\eta}, \dot{\boldsymbol{q}} + \epsilon\dot{\boldsymbol{\eta}}) \\ =& L(t, \boldsymbol{q}, \dot{\boldsymbol{q}}) + \epsilon\sum_{k=1}^{n}\left(\eta_k\frac{\partial L}{\partial q_k} + \dot{\eta}_k\frac{\partial L}{\partial \dot{q}_k}\right) + O(\epsilon^2) \end{aligned}$$

因此有

$$\begin{aligned} J(\hat{\boldsymbol{q}}) - J(\boldsymbol{q}) =& \int_{t_0}^{t_1} L(t, \hat{\boldsymbol{q}}, \dot{\hat{\boldsymbol{q}}})\mathrm{d}t - \int_{t_0}^{t_1} L(t, \boldsymbol{q}, \dot{\boldsymbol{q}})\mathrm{d}t \\ =& \epsilon\int_{t_0}^{t_1}\sum_{k=1}^{n}\left(\eta_k\frac{\partial L}{\partial q_k} + \dot{\eta}_k\frac{\partial L}{\partial \dot{q}_k}\right)\mathrm{d}t + O(\epsilon^2) \end{aligned} \tag{8.6.2}$$

这时泛函的一阶变分为

$$\delta J(\boldsymbol{\eta}, \boldsymbol{q}) = \int_{t_0}^{t_1}\sum_{k=1}^{n}\left(\eta_k\frac{\partial L}{\partial q_k} + \dot{\eta}_k\frac{\partial L}{\partial \dot{q}_k}\right)\mathrm{d}t$$

如果 $J$ 在函数 $\boldsymbol{q}$ 上取到极值, 类似地, 有 $\boldsymbol{q}$ 为极值函数的必要条件为: 对任意 $\boldsymbol{q} \in H$ 有

$$\delta J(\boldsymbol{\eta}, \boldsymbol{q}) = 0 \tag{8.6.3}$$

考虑集合 $H_1 = \{(\eta_1, 0, \cdots, 0) \in H\}$. 这样方程 (8.6.3) 必须对任意 $\eta_1 \in H_1$ 都成立, 即

$$\int_{t_0}^{t_1}\left(\eta_1\frac{\partial L}{\partial q_1} + \dot{\eta}_1\frac{\partial L}{\partial \dot{q}_1}\right)\mathrm{d}t = 0$$

对任意 $\eta_1 \in H_1$ 成立. 于是我们得到下面 Euler-Lagrange 方程

$$\frac{\mathrm{d}}{\mathrm{d}t}\frac{\partial L}{\partial \dot{q}_1} - \frac{\partial L}{\partial q_1} = 0$$

该式为极值函数存在的必要条件. 对 $k$ 依次进行上述推理, 如果 $J$ 在函数 $\boldsymbol{q}$ 上取到局部极值, 则

$$
\begin{aligned}
\frac{\mathrm{d}}{\mathrm{d}t}\frac{\partial L}{\partial \dot{q}_1}-\frac{\partial L}{\partial q_1}&=0\\
\frac{\mathrm{d}}{\mathrm{d}t}\frac{\partial L}{\partial \dot{q}_2}-\frac{\partial L}{\partial q_2}&=0\\
&\vdots\\
\frac{\mathrm{d}}{\mathrm{d}t}\frac{\partial L}{\partial \dot{q}_n}-\frac{\partial L}{\partial q_n}&=0
\end{aligned}
$$

综合上述, 我们有下面定理.

**定理 8.3** 令泛函 $J:\boldsymbol{C}^2[t_0,t_1]\to\mathbb{R}$ 为

$$
J(\boldsymbol{q})=\int_{t_0}^{t_1}L(t,\boldsymbol{q},\dot{\boldsymbol{q}})\mathrm{d}t \tag{8.6.4}
$$

其中, $\boldsymbol{q}=(q_1,q_2,\cdots,q_n)$ 及 $L$ 对 $t,q_k$ 和 $\dot{q}_k,k=1,2,\cdots,n$ 有连续二阶偏导数. 令

$$
S=\{\boldsymbol{q}\in\boldsymbol{C}^2[t_0,t_1]:\boldsymbol{q}(t_0)=\boldsymbol{q}_0,\boldsymbol{q}(t_1)=\boldsymbol{q}_1\}
$$

其中, $\boldsymbol{q}_0,\boldsymbol{q}_1\in\mathbb{R}^n$ 是两个给定两个向量. 如果 $\boldsymbol{J}$ 在 $\boldsymbol{q}$ 上取到 $S$ 内的局部极值, 则

$$
\frac{\mathrm{d}}{\mathrm{d}t}\frac{\partial L}{\partial \dot{q}_k}-\frac{\partial L}{\partial q_k}=0,\qquad k=1,2,\cdots,n \tag{8.6.5}
$$

## 8.7 等周问题

本节把受如下积分约束的泛函条件极值问题称为等周问题.

令泛函 $J:C^2[x_0,x_1]\to\mathbb{R}$ 具有如下形式:

$$
J(y)=\int_{x_0}^{x_1}f(x,y,y')\mathrm{d}x \tag{8.7.1}
$$

其中, $f$ 是 $x,y,y'$ 的光滑函数. 又令

$$
I(y)=\int_{x_0}^{x_1}g(x,y,y')\mathrm{d}x=L \tag{8.7.2}
$$

其中, $g$ 是关于 $x, y, y'$ 的给定函数, $L$ 是给定的常数. 式 (8.7.2) 称为等周约束. 等周问题就是在满足等周约束 (8.7.2) 和边值条件

$$y(x_0) = y_0, \qquad y(x_1) = y_1 \tag{8.7.3}$$

下确定泛函 $J$ 的极值.

假设 $y$ 是 $J$ 满足边界条件和等周约束的极值. 与无约束情形一样, 我们考虑具有形式 $\hat{y} = y + \epsilon\eta$ 点 $y$ 的邻域内函数, 其中 $\eta \in C^2[x_0, x_1], \eta(x_0) = \eta(x_1) = 0$. 注意此时由于等周约束对 $\epsilon\eta$ 项施加了限制, 因此, 我们不能像前面那样处理如果我们要类似处理就必须确定使得 $\hat{y}$ 满足等周约束的函数类 $H$, 这就使问题复杂化了. 我们可以通过引入额外的函数和参数来避免这个麻烦, 考虑如下函数:

$$\hat{y} = y + \epsilon_1\eta_1 + \epsilon_2\eta_2 \tag{8.7.4}$$

其中, $\epsilon_k$ 是小参数, $\epsilon_k \in C^2[x_0, x_1], \eta_k(x_0) = \eta_k(x_1) = 0, k = 1, 2$. 大致说来, $\epsilon_2\eta_2$ 项可以看作一个修正项. 函数 $\eta_1$ 可是任意的, 但 $\epsilon_2\eta_2$ 项必须选择合适使得 $\hat{y}$ 满足等周约束 (8.7.2).

如果只有一个光滑函数满足等周约束 (8.7.2), 则称此约束为刚性约束. 比如对于约束

$$I(y) = \int_0^1 \sqrt{1 + y'^2}\mathrm{d}x = \sqrt{2}, \qquad y(0) = 0,\ y(1) = 1$$

只有一个光滑函数 $y(x) = x$ 满足.

下面我们假设约束不是刚性约束, 对于约束

$$I(\hat{y}) = \int_{x_0}^{x_1} g(x, y + \epsilon_1\eta_1 + \epsilon_2\eta_2, y' + \epsilon_1\eta_1' + \epsilon_2\eta_2')\mathrm{d}x$$

令 $\eta_1$ 和 $\eta_2$ 固定, 则 $I(\hat{y})$ 可看作参数 $\epsilon_1$ 和 $\epsilon_2$ 的函数, 记为 $I(\hat{y}) = \Lambda(\epsilon_1, \epsilon_2)$. 由于 $g$ 是光滑函数, 于是 $\Lambda(\epsilon_1, \epsilon_2)$ 也是光滑函数. 进一步, 如果 $y$ 是 $J$ 满足等周约束和边界条件的极值, 则有 $\Lambda(0, 0) = L$. 如果 $\Lambda$ 的梯度

$$\boldsymbol{\nabla}\Lambda \neq \mathbf{0} \tag{8.7.5}$$

由隐函数定理知, 存在函数 $\epsilon_2 = \epsilon_2(\epsilon_1)$ 或者 $\epsilon_1 = \epsilon_1(\epsilon_2)$ 使得 $\Lambda(\epsilon_1, \epsilon_2(\epsilon_1)) = L$ 或者 $\Lambda(\epsilon_2, \epsilon_1(\epsilon_2)) = L$. 注意到, 如果是刚性约束则有 $\boldsymbol{\nabla}\Lambda(0, 0) = \mathbf{0}$, 故非刚性约束的假设是必要的.

假设 $y$ 是满足等周约束和条件 (8.7.5) 的极值, 则存在满足边界条件 (8.7.3) 和等周约束 (8.7.2) 具有形式 (8.7.4) 的邻近函数, 其中 $\eta_1$ 为任意函数.

$J(\hat{y})$ 也可看作参数 $\epsilon_1$ 和 $\epsilon_2$ 的函数, 记为 $J(\hat{y}) = \Theta(\epsilon_1, \epsilon_2)$. 由于 $y$ 是 $J$ 在约束 $I(y) = L$ 下的极值函数, 因此函数 $\Theta(\epsilon_1, \epsilon_2)$ 一定在约束 $\Lambda(\epsilon_1, \epsilon_2) - L = 0$ 下在 $(0, 0)$ 点取到极值. 对函数条件极值的 Lagrange 乘数法有

$$\frac{\partial}{\partial \epsilon_1}\left(\Theta(\epsilon_1, \epsilon_2) - \lambda\Lambda(\epsilon_1, \epsilon_2)\right)\Big|_{\epsilon_1=0,\epsilon_2=0} = 0 \tag{8.7.6}$$

$$\frac{\partial}{\partial \epsilon_2}\left(\Theta(\epsilon_1, \epsilon_2) - \lambda\Lambda(\epsilon_1, \epsilon_2)\right)\Big|_{\epsilon_1=0,\epsilon_2=0} = 0 \tag{8.7.7}$$

由于

$$\begin{aligned}
&\frac{\partial}{\partial \epsilon_1}\Theta(\epsilon_1, \epsilon_2)\Big|_{\epsilon_1=0,\epsilon_2=0} \\
=&\frac{\partial}{\partial \epsilon_1}\int_{x_0}^{x_1} f(x, y+\epsilon_1\eta_1+\epsilon_2\eta_2, y'+\epsilon_1\eta_1'+\epsilon_2\eta_2')\mathrm{d}x\Big|_{\epsilon_1=0,\epsilon_2=0} \\
=&\int_{x_0}^{x_1} \frac{\partial}{\partial \epsilon_1} f(x, y+\epsilon_1\eta_1+\epsilon_2\eta_2, y'+\epsilon_1\eta_1'+\epsilon_2\eta_2')\Big|_{\epsilon_1=0,\epsilon_2=0}\mathrm{d}x \\
=&\int_{x_0}^{x_1}\left(\eta_1\frac{\partial f}{\partial y} + \eta_1'\frac{\partial f}{\partial y'}\right)\mathrm{d}x
\end{aligned} \tag{8.7.8}$$

再由分部积分有

$$\frac{\partial}{\partial \epsilon_1}\Theta(\epsilon_1, \epsilon_2)\Big|_{\epsilon_1=0,\epsilon_2=0} = \int_{x_0}^{x_1}\eta_1\left(\frac{\partial f}{\partial y} - \frac{\mathrm{d}}{\mathrm{d}x}\frac{\partial f}{\partial y'}\right)\mathrm{d}x$$

类似地, 我们有

$$\frac{\partial}{\partial \epsilon_1}\Lambda(\epsilon_1, \epsilon_2)\Big|_{\epsilon_1=0,\epsilon_2=0} = \int_{x_0}^{x_1}\eta_1\left(\frac{\partial g}{\partial y} - \frac{\mathrm{d}}{\mathrm{d}x}\frac{\partial g}{\partial y'}\right)\mathrm{d}x$$

于是等式 (8.7.6) 化为

$$\int_{x_0}^{x_1}\eta_1\left\{\frac{\mathrm{d}}{\mathrm{d}x}\frac{\partial f}{\partial y'} - \frac{\partial f}{\partial y} - \lambda\left(\frac{\mathrm{d}}{\mathrm{d}x}\frac{\partial g}{\partial y'} - \frac{\partial g}{\partial y}\right)\right\}\mathrm{d}x = 0$$

由于函数 $\eta_1$ 是任意的, 于是有

$$\frac{\mathrm{d}}{\mathrm{d}x}\frac{\partial F}{\partial y'} - \frac{\partial F}{\partial y} = 0 \tag{8.7.9}$$

其中, $F = f - \lambda g$. 因此极值函数 $y$ 必定满足 Euler-Lagrange 方程 (8.7.9). 另外, 式 (8.7.7) 其实是多余的. 类似上述推导可得

$$\int_{x_0}^{x_1}\eta_2\left(\frac{\mathrm{d}}{\mathrm{d}x}\frac{\partial F}{\partial y'} - \frac{\partial F}{\partial y}\right)\mathrm{d}x = 0$$

显然在式 (8.7.9) 满足的条件下该式对任意 $\eta_2$ 成立.

如果 $\boldsymbol{\nabla}\Lambda(0,0)=\mathbf{0}$, 同上类似的计算可得

$$\int_{x_0}^{x_1}\eta_1\left(\frac{\mathrm{d}}{\mathrm{d}x}\frac{\partial g}{\partial y'}-\frac{\partial g}{\partial y}\right)\mathrm{d}x=0 \tag{8.7.10}$$

$$\int_{x_0}^{x_1}\eta_2\left(\frac{\mathrm{d}}{\mathrm{d}x}\frac{\partial g}{\partial y'}-\frac{\partial g}{\partial y}\right)\mathrm{d}x=0 \tag{8.7.11}$$

由式 (8.7.10) 对任意 $\eta_1$ 成立, 故有

$$\frac{\mathrm{d}}{\mathrm{d}x}\frac{\partial g}{\partial y'}-\frac{\partial g}{\partial y}=0 \tag{8.7.12}$$

在式 (8.7.12) 满足的条件下式 (8.7.11) 也自然成立. 因此条件 $\boldsymbol{\nabla}\Lambda(0,0)=\mathbf{0}$ 意味着 $y$ 是泛函 $I$ 的极值函数.

综合上述, 有下面定理.

**定理 8.4** 假设 $y\in C^2[x_0,x_1]$ 是泛函 $J$ 在边界条件 (8.7.3) 和等周约束 (8.7.2) 下的极值函数, 再假设 $y$ 不是泛函 $I$ 的极值函数, 则存在常数 $\lambda$ 使得 $y$ 满足方程 (8.7.9).

于是由此定理, 利用 Lagrange 乘数法, 等周问题可化为无约束固定端点问题来求解.

## 8.8 广义等周问题

### 8.8.1 高阶导数情形

假设泛函 $J$ 和 $I$ 具有如下形式:

$$J(y)=\int_{x_0}^{x_1}f(x,y,y',y'')\mathrm{d}x$$

$$I(y)=\int_{x_0}^{x_1}g(x,y,y',y'')\mathrm{d}x$$

其中, $f$ 和 $g$ 都是光滑函数. 类似的分析可以得到满足等周约束 $I(y)=L$ 的泛函 $J$ 的极值函数必定满足 Euler-Lagrange 方程:

$$\frac{\mathrm{d}^2}{\mathrm{d}x^2}\frac{\partial F}{\partial y''}-\frac{\mathrm{d}}{\mathrm{d}x}\frac{\partial F}{\partial y'}+\frac{\partial F}{\partial y}=0 \tag{8.8.1}$$

其中, $F=f-\lambda g$ 对某个常数 $\lambda$ 成立.

### 8.8.2 多等周约束情形

令泛函 $J$ 为

$$J(y)=\int_{x_0}^{x_1} f(x,y,y')\mathrm{d}x$$

及泛函 $I_1, I_2, \cdots, I_m$ 为

$$I_k(y)=\int_{x_0}^{x_1} g_k(x,y,y')\mathrm{d}x, \qquad k=1,2,\cdots,m$$

此时等周问题为: 令 $L_k$ 是事先给定的常数, 求在 $m$ 个等周约束 $I_k(y)=L_k$ 下泛函 $J$ 的极值. 同样采用 Lagrange 乘数法, 只是此时不容易判定 $y$ 是否是等周约束的极值 (即刚性约束). 为简单起见, 我们考虑 $m=2$ 时的情况.

此时为了在变分中对付两个约束还要有一个任意项, 我们令 $y$ 邻近的函数具有形式:

$$\hat{y}=y+\epsilon_1\eta_1+\epsilon_2\eta_2+\epsilon_3\eta_3=y+\langle\boldsymbol{\epsilon},\boldsymbol{\eta}\rangle$$

其中, $\boldsymbol{\epsilon}=(\epsilon_1,\epsilon_2,\epsilon_3)^{\mathrm{T}}, \boldsymbol{\eta}=(\eta_1,\eta_2,\eta_3)^{\mathrm{T}}$. 另外, 我们要求 $\boldsymbol{\eta}\in\boldsymbol{C}^2[x_0,x_1]$ 且 $\boldsymbol{\eta}(x_0)=\boldsymbol{\eta}(x_1)=\mathbf{0}$. 进一步, 我们假设约束是非刚性的.

与单约束情形一样, 我们把 $J(\hat{y}), I_1(\hat{y})$ 和 $I_2(\hat{y})$ 看作 $\boldsymbol{\epsilon}$ 的函数. 令

$$\Theta(\boldsymbol{\epsilon})=\int_{x_0}^{x_1} f(x,y+\langle\boldsymbol{\epsilon},\boldsymbol{\eta}\rangle,y'+\langle\boldsymbol{\epsilon},\boldsymbol{\eta}'\rangle)\mathrm{d}x$$

再令

$$\Lambda_k(\boldsymbol{\epsilon})=\int_{x_0}^{x_1} g_k(x,y+\langle\boldsymbol{\epsilon},\boldsymbol{\eta}\rangle,y'+\langle\boldsymbol{\epsilon},\boldsymbol{\eta}'\rangle)\mathrm{d}x, \qquad k=1,2$$

如果 $y$ 是要求的极值函数, 则 $\mathbf{0}$ 是函数 $\Theta$ 在约束 $\Lambda_k=L_k$ 下的极值. 由函数的条件极值知存在常数 $\lambda_1,\lambda_2$ 使得向量方程

$$\nabla(\Theta-\lambda_1\Lambda_1-\lambda_2\Lambda_2)\Big|_{\boldsymbol{\epsilon}=\mathbf{0}}=\mathbf{0} \tag{8.8.2}$$

成立. 类似地, 我们有

$$\begin{aligned}
\left.\frac{\partial\Theta}{\partial\epsilon_j}\right|_{\boldsymbol{\epsilon}=\mathbf{0}}&=\int_{x_0}^{x_1}\eta_j\left(\frac{\partial f}{\partial y}-\frac{\mathrm{d}}{\mathrm{d}x}\frac{\partial f}{\partial y'}\right)\mathrm{d}x, \qquad j=1,2,3\\
\left.\frac{\partial\Lambda_k}{\partial\epsilon_j}\right|_{\boldsymbol{\epsilon}=\mathbf{0}}&=\int_{x_0}^{x_1}\eta_j\left(\frac{\partial g_k}{\partial y}-\frac{\mathrm{d}}{\mathrm{d}x}\frac{\partial g_k}{\partial y'}\right)\mathrm{d}x, \qquad j=1,2,3;\ k=1,2
\end{aligned} \tag{8.8.3}$$

于是式 (8.8.2) 化为

$$\int_{x_0}^{x_1} \eta_j \left( \frac{\partial F}{\partial y} - \frac{\mathrm{d}}{\mathrm{d}x} \frac{\partial F}{\partial y'} \right) \mathrm{d}x, \qquad j = 1, 2, 3 \tag{8.8.4}$$

其中, $F = f - \lambda_1 g_1 - \lambda_2 g_2$.

现在我们把 $\epsilon_1 \eta_1$ 看作是任意函数, $\epsilon_2 \eta_2$ 和 $\epsilon_3 \eta_3$ 看作是使得约束满足的"校正项", 于是考虑 $j = 1$ 时方程 (8.8.4) 就可得到 Euler-Lagrange 方程:

$$\frac{\mathrm{d}}{\mathrm{d}x} \frac{\partial F}{\partial y'} - \frac{\partial F}{\partial y} = 0 \tag{8.8.5}$$

与单约束时一样, 当方程 (8.8.5) 满足时方程 (8.8.4) 在 $j = 2, 3$ 时自动满足.

### 8.8.3 多因变量情形

令泛函 $J$ 和 $I$ 为如下形式:

$$J(\boldsymbol{q}) = \int_{t_0}^{t_1} L(t, \boldsymbol{q}, \dot{\boldsymbol{q}}) \mathrm{d}t$$

$$I(\boldsymbol{q}) = \int_{t_0}^{t_1} g(t, \boldsymbol{q}, \dot{\boldsymbol{q}}) \mathrm{d}t$$

其中, $\boldsymbol{q} = (q_1, q_2, \cdots, q_n)$; $L, g$ 是光滑函数. 如果 $\boldsymbol{q}$ 是泛函 $J$ 在边界条件 $\boldsymbol{q}(t_0) = \boldsymbol{q}_0, \boldsymbol{q}(t_1) = \boldsymbol{q}_1$ 和等周约束 $I(\boldsymbol{q}) = l$ 下的极值函数, 且不是 $I$ 的极值 (刚性约束), 则存在常数 $\lambda$ 使得 $\boldsymbol{q}$ 满足下面 $n$ 个 Euler-Lagrange 方程:

$$\frac{\mathrm{d}}{\mathrm{d}t} \frac{\partial F}{\partial \dot{q}_j} - \frac{\partial F}{\partial q_j} = 0, \qquad j = 1, 2, \cdots, n \tag{8.8.6}$$

其中, $F = L - \lambda g$.

## 8.9 自然边界情形

固定端点变分问题是指寻找满足给定边界条件的泛函极值. 比如对于泛函

$$J(y) = \int_{x_0}^{x_1} f(x, y, y') \mathrm{d}x \tag{8.9.1}$$

边界条件为 $y(x_0) = y_0, y(x_1) = y_1$, 其中 $y_0, y_1$ 是事先给定的. 如果没有事先指定问题的边界条件, 我们将看到变分过程本身会推导出合适的边界条件. 这样的条件称为自然边界条件.

### 8.9.1 端点值可变情形

令泛函 $J: C^2[x_0,x_1] \to \mathbb{R}$ 为式 (8.9.1), 假设 $f$ 为光滑函数. 我们先考虑在没有端点值条件下泛函 $J$ 的极值, 即当 $x_0, x_1$ 固定, 但 $y_0, y_1$ 不固定时的情况.

假设 $y$ 为泛函 $J$ 的极值函数. 令

$$\hat{y} = y + \epsilon\eta$$

其中 $\epsilon$ 是小参数, $\eta \in C^2[x_0,x_1]$. 由于没有边界条件, 故我们不要求 $\eta$ 在端点为零. 类似地, 我们得到

$$\int_{x_0}^{x_1} \left(\eta\frac{\partial f}{\partial y} + \eta'\frac{\partial f}{\partial y'}\right) \mathrm{d}x = 0$$

对 $\eta'$ 项作分部积分, 得

$$\eta\frac{\partial f}{\partial y'}\bigg|_{x_0}^{x_1} + \int_{x_0}^{x_1} \eta\left(\frac{\partial f}{\partial y} - \frac{\mathrm{d}}{\mathrm{d}x}\frac{\partial f}{\partial y'}\right)\mathrm{d}x = 0 \tag{8.9.2}$$

虽然此时没有 $\eta(x_0) = \eta(x_1) = 0$, 但式 (8.9.2) 对任意 $\eta \in C^2[x_0,x_1]$ 成立, 因此也对 $C^2[x_0,x_1]$ 中满足 $\eta(x_0) = \eta(x_1) = 0$ 的子集成立. 于是 $J$ 的极值 $y$ 必须满足

$$\frac{\mathrm{d}}{\mathrm{d}x}\frac{\partial f}{\partial y'} - \frac{\partial f}{\partial y} = 0 \tag{8.9.3}$$

由此得到对任意 $\eta \in C^2[x_0,x_1]$, 有

$$\eta\frac{\partial f}{\partial y'}\bigg|_{x_1} - \eta\frac{\partial f}{\partial y'}\bigg|_{x_0} = 0 \tag{8.9.4}$$

现在我们找个 $C^2[x_0,x_1]$ 中满足在点 $x_0$ 为零但在点 $x_1$ 不为零的函数 $\eta$, 于是有

$$\frac{\partial f}{\partial y'}\bigg|_{x_1} = 0 \tag{8.9.5}$$

类似地, 有

$$\frac{\partial f}{\partial y'}\bigg|_{x_0} = 0 \tag{8.9.6}$$

总之, 如果 $y \in C^2[x_0,x_1]$ 是泛函 $J$ 无边界条件的极值, 则 $y$ 必须满足 Euler-Lagrange 方程 (8.9.3) 及边界条件 (8.9.5) 和 (8.9.6). 如果问题只有一侧有边界条件, 比如在 $x_0$ 有给定的边界条件, 则只需要加上自然边界条件 (8.9.5) 即可, 否则称问题具有双边自然边界条件.

对于具有高阶导数无边界条件的泛函也可得到类似的结果. 比如对于泛函

$$J(y)=\int_{x_0}^{x_1} f(x,y,y',y'')\mathrm{d}x \tag{8.9.7}$$

且在 $x_0, x_1$ 上无边界条件. 于是可以证明泛函 (8.9.7) 的光滑极值函数必须满足 Euler-Lagrange 方程:

$$\frac{\mathrm{d}^2}{\mathrm{d}x^2}\frac{\partial f}{\partial y''}-\frac{\mathrm{d}}{\mathrm{d}x}\frac{\partial f}{\partial y'}+\frac{\partial f}{\partial y}=0 \tag{8.9.8}$$

及边界条件

$$\eta'\frac{\partial f}{\partial y''}-\eta\left(\frac{\mathrm{d}}{\mathrm{d}x}\frac{\partial f}{\partial y''}-\frac{\partial f}{\partial y'}\right)\Bigg|_{x_0}^{x_1}=0 \tag{8.9.9}$$

方程 (8.9.9) 可以推出下面四个边界条件:

$$\begin{aligned}\left.\frac{\partial f}{\partial y''}\right|_{x_0}&=0\\ \left.\frac{\partial f}{\partial y''}\right|_{x_1}&=0\\ \left.\frac{\mathrm{d}}{\mathrm{d}x}\frac{\partial f}{\partial y''}-\frac{\partial f}{\partial y'}\right|_{x_0}&=0\\ \left.\frac{\mathrm{d}}{\mathrm{d}x}\frac{\partial f}{\partial y''}-\frac{\partial f}{\partial y'}\right|_{x_1}&=0\end{aligned}$$

### 8.9.2 一般情形

在第 8.9.1 节讨论的没有预先给定边界条件问题中, 注意到它的端点坐标依然是给定的. 然而对某些变分问题这个限制是不合适的. 本节中我们将考虑更一般的情形——端点坐标和函数值可以相关和无关.

令光滑函数 $y:[x_0,x_1]\to\mathbb{R}$ 表示曲线 $\gamma$, 且其端点为 $P_0=(x_0,y_0)$ 和 $P_1=(x_1,y_1)$. 再令光滑函数 $\hat{y}:[\hat{x}_0,\hat{x}_1]\to\mathbb{R}$ 表示曲线 $\hat{\gamma}$, 且其端点为 $\hat{P}_0=(\hat{x}_0,\hat{y}_0)$ 和 $\hat{P}_1=(\hat{x}_1,\hat{y}_1)$. 由于此时函数 $y$ 和 $\hat{y}$ 的定义域未必相同, 这样就不能像前面一样比较两条曲线的 "接近" 程度. 这里我们通过光滑延拓来解决此问题, 具体来说, 就是通过泰勒级数逼近法来把两个函数延拓成具有共同定义域的函数. 例如, 假设 $\tilde{x}_0=x_0$ 和 $x_1<\tilde{x}_1$, 对于 $y\in C^2[x_0,x_1]$, 如果要保证延拓后的函数 $y^*$ 也是二阶光滑, 可以按下面方式延拓函数 $y$:

$$y^*(x)=\begin{cases} y, & x\in[x_0,x_1]\\ y_1+(x-x_1)y'(x_1)+\dfrac{(x-x_1)^2}{2}y''(x_1), & x\in(x_1,\tilde{x}_1]\end{cases} \tag{8.9.10}$$

不失一般性, 我们假设延拓后的函数仍然用 $y$ 和 $\hat{y}$ 表示. 定义 $y$ 和 $\hat{y}$ 的距离为

$$d(y,\hat{y}) = \|y-\hat{y}\| + |P_0-\hat{P}_0| + |P_1-\hat{P}_1| \tag{8.9.11}$$

其中, $|P_k-\hat{P}_k| = \sqrt{(x_k-\hat{x}_k)^2+(y_k-\hat{y}_k)^2}$, 范数 $\|\cdot\|$ 根据具体问题的需求定义为

$$\|y\| = \sup_{x\in[\tilde{x}_0,\tilde{x}_1]} |y(x)| \tag{8.9.12}$$

或者

$$\|y\| = \sup_{x\in[\tilde{x}_0,\tilde{x}_1]} |y(x)| + \sup_{x\in[\tilde{x}_0,\tilde{x}_1]} |y'(x)|^{①} \tag{8.9.13}$$

令泛函 $J$ 为

$$J(y) = \int_{x_0}^{x_1} f(x,y,y')\mathrm{d}x \tag{8.9.14}$$

其中, $f$ 是 $x,y,y'$ 的光滑函数. 于是

$$J(\hat{y}) = \int_{\hat{x}_0}^{\hat{x}_1} f(x,\hat{y},\hat{y}')\mathrm{d}x \tag{8.9.15}$$

假设点 $y$ 为泛函 $J$ 的极值函数. 于是当 $d(y,\hat{y})=O(\epsilon), \epsilon\to 0$ 时, 有 $J(\hat{y})-J(y)=O(\epsilon^2)$. 令

$$\hat{y} = y + \epsilon\eta$$

其中, $\eta\in C^2[\tilde{x}_0,\tilde{x}_1]$. 注意此时 $\eta$ 除了光滑性假设再没有其他条件, 但由于 $d(y,\hat{y})=O(\epsilon)$, 于是 $\hat{x}_k-x_k$ 和 $\hat{y}_k-y_k$ 是 $\epsilon$ 的同阶无穷小量. 令

$$\begin{aligned} \hat{x}_k &= x_k + \epsilon X_k, \\ \hat{y}_k &= y_k + \epsilon Y_k, \qquad k=0,1 \end{aligned}$$

其中, $\epsilon X_k, \epsilon Y_k$ 为自变量坐标的变分, $X_k, Y_k$ 为任意常数. 于是

$$\begin{aligned} J(\hat{y})-J(y) &= \int_{\hat{x}_0}^{\hat{x}_1} f(x,\hat{y},\hat{y}')\mathrm{d}x - \int_{x_0}^{x_1} f(x,y,y')\mathrm{d}x \\ &= \int_{x_0+\epsilon X_0}^{x_1+\epsilon X_1} f(x,\hat{y},\hat{y}')\mathrm{d}x - \int_{x_0}^{x_1} f(x,y,y')\mathrm{d}x \\ &= \int_{x_0}^{x_1} [f(x,\hat{y},\hat{y}')-f(x,y,y')]\mathrm{d}x + \int_{x_1}^{x_1+\epsilon X_1} f(x,\hat{y},\hat{y}')\mathrm{d}x \\ &\quad - \int_{x_0}^{x_0+\epsilon X_0} f(x,\hat{y},\hat{y}')\mathrm{d}x \end{aligned}$$

① 在本节中, 用第二种作范数定义, 即 $\|y\| = \sup_{x\in[\tilde{x}_0,\tilde{x}_1]} |y(x)| + \sup_{x\in[\tilde{x}_0,\tilde{x}_1]} |y'(x)|$.

由第 8.9.2 节的推理, 可得

$$\begin{aligned}&\int_{x_0}^{x_1}[f(x,\hat{y},\hat{y}')-f(x,y,y')]\mathrm{d}x\\=&\epsilon\left\{\eta\frac{\partial f}{\partial y'}\bigg|_{x_0}^{x_1}+\int_{x_0}^{x_1}\eta\left(\frac{\partial f}{\partial y}-\frac{\mathrm{d}}{\mathrm{d}x}\frac{\partial f}{\partial y'}\right)\mathrm{d}x\right\}+O(\epsilon^2)\end{aligned} \tag{8.9.16}$$

由于 $\epsilon$ 是无穷小量及用式 (8.9.13) 定义函数范数, 故 $\hat{y}'$ 与 $y'$ 相差小于 $\epsilon$. 于是有

$$\begin{aligned}\int_{x_1}^{x_1+\epsilon X_1}f(x,\hat{y},\hat{y}')\mathrm{d}x=&\epsilon X_1 f(x,y,y')\Big|_{x_1}+O(\epsilon^2)\\\int_{x_0}^{x_0+\epsilon X_0}f(x,\hat{y},\hat{y}')\mathrm{d}x=&\epsilon X_0 f(x,y,y')\Big|_{x_0}+O(\epsilon^2)\end{aligned}$$

因此有

$$\begin{aligned}J(\hat{y})-J(y)=&\epsilon\left\{\eta\frac{\partial f}{\partial y'}\bigg|_{x_0}^{x_1}+\int_{x_0}^{x_1}\eta\left(\frac{\partial f}{\partial y}-\frac{\mathrm{d}}{\mathrm{d}x}\frac{\partial f}{\partial y'}\right)\mathrm{d}x\right.\\&\left.+X_1 f(x,y,y')\Big|_{x_1}-X_0 f(x,y,y')\Big|_{x_0}\right\}+O(\epsilon^2)\end{aligned} \tag{8.9.17}$$

这里我们不再把边界条件分别写成多个 (四个) 公式, 而是看作整体写成一个公式. 这可以方便具体问题的应用. 注意本节用式 (8.9.13) 作为函数的范数. 于是在端点 $(x_0,y_0)$ 的变分 $\eta(x_0),Y_0$ 和 $X_0$ 必须满足一定的关系 (称为相容性条件). 由假设有

$$\hat{y}_0=\hat{y}(\hat{x}_0)=y(x_0+\epsilon X_0)+\epsilon\eta(x_0+\epsilon X_0)=y_0+\epsilon Y_0 \tag{8.9.18}$$

又有

$$y(x_0+\epsilon X_0)+\epsilon\eta(x_0+\epsilon X_0)=y(x_0)+\epsilon X_0 y'(x_0)+\epsilon\eta(x_0)+O(\epsilon^2) \tag{8.9.19}$$

因此有

$$\eta(x_0)=Y_0-X_0 y'(x_0)+O(\epsilon) \tag{8.9.20}$$

类似地, 在端点 $x_1$ 有

$$\eta(x_1)=Y_1-X_1 y'(x_1)+O(\epsilon) \tag{8.9.21}$$

再把式 (8.9.20) 和式 (8.9.21) 代入式 (8.9.17), 得

$$\begin{aligned} J(\hat{y}) - J(y) =& \epsilon \left\{ \int_{x_0}^{x_1} \eta \left( \frac{\partial f}{\partial y} - \frac{\mathrm{d}}{\mathrm{d}x} \frac{\partial f}{\partial y'} \right) \mathrm{d}x + Y_1 \frac{\partial f}{\partial y'} \bigg|_{x_1} - Y_0 \frac{\partial f}{\partial y'} \bigg|_{x_0} \right. \\ & \left. + X_1 \left( f - y' \frac{\partial f}{\partial y'} \right) \bigg|_{x_1} - X_0 \left( f - y' \frac{\partial f}{\partial y'} \right) \bigg|_{x_0} \right\} + O(\epsilon^2) \end{aligned} \tag{8.9.22}$$

由假设点 $y$ 为泛函 $J$ 的极值函数, 于是式中的 $\epsilon$ 项必须对所有变分都为零. 我们总可以选变分使得 $X_k = Y_k = 0$, 即固定端点变分. 于是有下面方程成立:

$$\frac{\mathrm{d}}{\mathrm{d}x} \frac{\partial f}{\partial y'} - \frac{\partial f}{\partial y} = 0 \tag{8.9.23}$$

类似地, 我们有 $y$ 必须满足端点条件

$$p\delta y - H\delta x \bigg|_{x_0}^{x_1} = 0 \tag{8.9.24}$$

其中 $p$ 和 $H$ 定义为

$$\begin{aligned} p =& \frac{\partial f}{\partial y'} \\ H =& y'p - f \end{aligned}$$

以及函数 $\delta y$ 和 $\delta x$ 定义为

$$\begin{aligned} \delta y(x_k) =& Y_k, \\ \delta x(x_k) =& X_k, \qquad k = 0, 1 \end{aligned}$$

**注 8.1**　方程 (8.9.24) 是研究更具体问题的出发点, 比如端点满足函数

$$g_k(x_0, y_0, x_1, y_1) = 0$$

关系的变分问题. 当然, 上面的函数一般不能超过四个, 这是由于四个函数就足以确定端点了, 显然此时对应着固定端点问题; 两个或三个函数对应着自然边界问题. 特别地, 现在考虑具有边界条件

$$g_k(x_j, y_j) = 0, \quad j = 0, 1 \tag{8.9.25}$$

的变分问题. 由于此时 $(x_0, y_0)$ 的端点变分和 $(x_1, y_1)$ 的端点变分无关, 因此可得到下面边界条件

$$p\delta y - H\delta x \bigg|_{x_0} = 0 \tag{8.9.26}$$

$$p\delta y - H\delta x\Big|_{x_1} = 0 \tag{8.9.27}$$

从几何上看, 条件 (8.9.25) 就是要求端点 $(x_j, y_j)$ 位于由隐函数 $g_k(x_j, y_j)$ 给定的曲线上. 此问题的进一步讨论留给下节.

另外, 需要指出的是加在端点的关系必须得到相容的边界条件. 比如假设端点没有施加条件, 于是式 (8.9.26) 和式 (8.9.27) 自然满足. 又由在每个端点处 $\delta x$ 和 $\delta y$ 是独立且任意的, 于是在每个端点处有 $p = 0$ 和 $H = 0$, 因此在端点处极值解 $y$ 必须满足边界条件

$$\frac{\partial f}{\partial y'} = 0 \tag{8.9.28}$$

$$f = 0 \tag{8.9.29}$$

由于任何极值函数必须满足 Euler-Lagrange 方程 (8.9.23), 于是对方程 (8.9.23) 两边积分再由边界条件 (8.9.28) 可得

$$\int_{x_0}^{x_1} \frac{\partial f}{\partial y} \mathrm{d}x = 0 \tag{8.9.30}$$

又可验证

$$\frac{\mathrm{d}H}{\mathrm{d}x} = -\frac{\partial f}{\partial x}$$

由于在端点 $H = 0$ 有

$$\int_{x_0}^{x_1} \frac{\partial f}{\partial x} \mathrm{d}x = 0 \tag{8.9.31}$$

方程 (8.9.30) 和方程 (8.9.31) 对极值函数 $y$ 施加了额外的限制, 这一般和 Euler-Lagrange 方程不相容. 比如, 假设 $f$ 不显式依赖 $x$. 则我们知沿任何极值函数 $y$ 有 $H = c$. 因为在端点 $H = 0$, 故对任意 $x$ 有 $H = 0$. 因此

$$y' \frac{\partial f}{\partial y'} - f = 0$$

此方程意味着 $f$ 应该形如

$$f(y, y') = a(y)y' \tag{8.9.32}$$

也就是如果 $y$ 是极值函数则满足方程 (8.9.32). 注意这里 $f$ 是由泛函事先给定的, 它一般不会凑巧刚好使得 Euler-Lagrange 方程中的 $f$ 和方程 (8.9.32) 一致. 这样就会得到不相容的条件.

最后需要指出前面的结果可推广到依赖多个因变量的泛函上去. 令

$$J(\boldsymbol{q})=\int_{t_0}^{t_1} L(t,\boldsymbol{q},\dot{\boldsymbol{q}})\mathrm{d}t$$

其中, $\boldsymbol{q}=(q_1,q_2,\cdots,q_n)$, $L$ 是光滑函数. 如果 $\boldsymbol{q}$ 是泛函 $J$ 的极值函数, 则有

$$\frac{\mathrm{d}}{\mathrm{d}t}\frac{\partial L}{\partial \dot{q}_k}-\frac{\partial L}{\partial q_k}=0, \qquad k=1,2,\cdots,n$$

及在端点 $t_0$ 和 $t_1$ 有

$$\sum_{k=1}^{n} p_k\delta q_k - H\delta t=0$$

其中

$$p_k=\frac{\partial L}{\partial \dot{q}_k}, \qquad H=\sum_{k=1}^{n}\dot{q}_k p_k - L$$

$\delta q_k, \delta t$ 类似前面 $\delta x, \delta y$ 定义.

### 8.9.3 横截条件

令泛函

$$J(y)=\int_{x_0}^{x_1} f(x,y,y')\mathrm{d}x \tag{8.9.33}$$

其端点条件为 $y(x_0)=y_0$, 且另一点位于由参数方程

$$\boldsymbol{r}=(x_\Gamma(s),y_\Gamma(s)), \qquad s\in\mathbb{R} \tag{8.9.34}$$

描述的曲线 $\varGamma$ 上. 考虑求泛函 $J$ 满足上面边界条件的光滑极值函数 $y$. 显然, $y$ 必须为 Euler-Lagrange 方程 (8.9.23) 过点 $(x_0,y_0)$ 且与 $\varGamma$ 相交的解. 又由上节知, $y$ 也要满足方程 (8.9.27). 由上节的分析可知, $\hat{y}(x_1)$ 和 $\hat{x}(x_1)$ 必须也在曲线 $\varGamma$ 上. 这意味着在点 $x_1$ 可以用 $\dfrac{\mathrm{d}y_\varGamma}{\mathrm{d}s}$ 代替 $\delta y$ 及用 $\dfrac{\mathrm{d}x_\varGamma}{\mathrm{d}s}$ 代替 $\delta x$. 于是条件 (8.9.27) 变为

$$\frac{\mathrm{d}y_\varGamma}{\mathrm{d}s}p-\frac{\mathrm{d}x_\varGamma}{\mathrm{d}s}H=0 \tag{8.9.35}$$

其中 $p,H$ 在点 $x_1$ 取值.

从几何上看, $\left(\dfrac{\mathrm{d}x_\varGamma}{\mathrm{d}s},\dfrac{\mathrm{d}y_\varGamma}{\mathrm{d}s}\right)$ 为曲线 $\varGamma$ 的切向量. 令向量 $\boldsymbol{v}=(p,-H)$. 则方程 (8.9.35) 可看作 $\boldsymbol{v}$ 和曲线 $\varGamma$ 正交, 如图 8.2 所示. 因此方程 (8.9.35) 也称为横截条件.

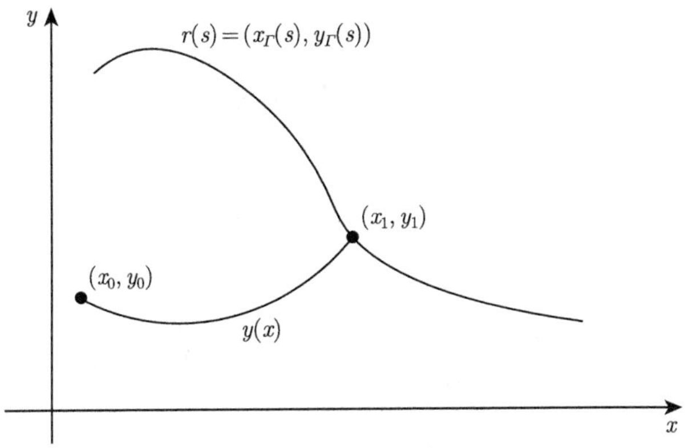


图 8.2 横截条件

显然, 上面结论可推广到求泛函 $J$ 一个端点在曲线 $\Gamma_0$ 上另一个端点在曲线 $\Gamma_1$ 上的极值. 如果曲线 $\Gamma_0$ 为 $(x_{\Gamma_0}(s), y_{\Gamma_0}(s))$, $s \in [s_0, s_1]$, 曲线 $\Gamma_1$ 为 $(x_{\Gamma_1}(t), y_{\Gamma_1}(t))$, $t \in [t_0, t_1]$, 则有

$$\begin{aligned} &\frac{\mathrm{d}y_{\Gamma_0}}{\mathrm{d}s}p - \frac{\mathrm{d}x_{\Gamma_0}}{\mathrm{d}s}H = 0 \\ &\frac{\mathrm{d}y_{\Gamma_1}}{\mathrm{d}t}p - \frac{\mathrm{d}x_{\Gamma_1}}{\mathrm{d}t}H = 0 \end{aligned} \tag{8.9.36}$$

## 8.10 微分约束情形

令 $\boldsymbol{q} = (q_1, q_2, \cdots, q_n)$ 及函数 $L(t, \boldsymbol{q}, \dot{\boldsymbol{q}})$ 对 $t, q_k$ 和 $\dot{q}_k$, $k = 1, 2, \cdots, n$ 有连续二阶偏导数. 考虑泛函

$$J(\boldsymbol{q}) = \int_{t_0}^{t_1} L(t, \boldsymbol{q}, \dot{\boldsymbol{q}})\mathrm{d}t \tag{8.10.1}$$

在约束条件

$$\varphi_i(t, \boldsymbol{q}, \dot{\boldsymbol{q}}) = 0, \qquad i = 1, 2, \cdots, m, \qquad m < n \tag{8.10.2}$$

和边界条件

$$\boldsymbol{q}(t_0) = \boldsymbol{q}_0, \qquad \boldsymbol{q}(t_1) = \boldsymbol{q}_1 \tag{8.10.3}$$

下的极值问题. 式 (8.10.2) 称为微分约束, 其中 $\varphi_i$ $(i = 1, 2, \cdots, m;\ m < n)$ 相互独立.

**定理 8.5** 若函数向量 $\boldsymbol{q}$ 为泛函 $J$ 在约束条件 (8.10.2) 和边界条件 (8.10.3) 下的极值, 则存在 $m$ 维函数向量 $\boldsymbol{\lambda}(t) = (\lambda_1(t), \lambda_2(t), \cdots, \lambda_m(t))$ 使得 $\boldsymbol{q}$ 为下面

泛函

$$J^*(\boldsymbol{q}) = \int_{t_0}^{t_1} H(t, \boldsymbol{q}, \dot{\boldsymbol{q}}, \boldsymbol{\lambda}) \mathrm{d}t \tag{8.10.4}$$

的无微分约束极值, 其中 $H(t, \boldsymbol{q}, \dot{\boldsymbol{q}}, \boldsymbol{\lambda}) = L(t, \boldsymbol{q}, \dot{\boldsymbol{q}}) + \sum_{i=1}^{m} \lambda_i(t)\varphi_i(t, \boldsymbol{q}, \dot{\boldsymbol{q}})$. 也就是说 $\boldsymbol{q}$ 满足 Euler-Lagrange 方程组

$$\begin{aligned} \frac{\mathrm{d}}{\mathrm{d}t}\frac{\partial H}{\partial \dot{q}_k} - \frac{\partial H}{\partial q_k} &= 0, \qquad k = 1, 2, \cdots, n \\ \varphi_i(t, \boldsymbol{q}, \dot{\boldsymbol{q}}) &= 0, \qquad i = 1, 2, \cdots, m \end{aligned} \tag{8.10.5}$$

证明: 令 $\hat{\boldsymbol{q}} = \boldsymbol{q} + \epsilon\boldsymbol{\eta} = (q_1 + \epsilon\eta_1, q_2 + \epsilon\eta_2, \cdots, q_n + \epsilon\eta_n)$, 其中 $\eta_k(t_0) = \eta_k(t_1) = 0$, $k = 1, 2, \cdots, n$. 于是由前面类似的方法得泛函 $J$ 的一阶变分为

$$\delta J = \int_{t_0}^{t_1} \sum_{k=1}^{n} \left[\frac{\partial L}{\partial q_k} - \frac{\mathrm{d}}{\mathrm{d}t}\frac{\partial L}{\partial \dot{q}_k}\right] \eta_k \mathrm{d}t = 0 \tag{8.10.6}$$

注意此时 $\eta_k$ 之间不再是独立的, 因为 $q_k$ 满足微分约束 (8.10.2). 用待定函数 $\lambda_i(t)$ 乘以式 (8.10.2) 两边并积分得

$$I_i = \int_{t_0}^{t_1} \lambda_i(t)\varphi_i(t, \boldsymbol{q}, \dot{\boldsymbol{q}}) \mathrm{d}t = 0, \qquad i = 1, 2, \cdots, m \tag{8.10.7}$$

计算该式变分得

$$\delta I_i = \int_{t_0}^{t_1} \sum_{k=1}^{n} \left[\lambda_i(t)\frac{\partial \varphi_i}{\partial q_k} - \frac{\mathrm{d}}{\mathrm{d}t}\left(\lambda_i(t)\frac{\partial \varphi_i}{\partial \dot{q}_k}\right)\right] \eta_k \mathrm{d}t = 0 \tag{8.10.8}$$

再令 $J^* = J + \sum_{i=1}^{m} I_i$, 于是有

$$\begin{aligned} \delta J^* &= \delta J + \sum_{i=1}^{m} \delta I_i \\ &= \int_{t_0}^{t_1} \sum_{k=1}^{n} \left\{\frac{\partial L}{\partial q_k} - \frac{\mathrm{d}}{\mathrm{d}t}\frac{\partial L}{\partial \dot{q}_k} + \sum_{i=1}^{m} \left[\lambda_i(t)\frac{\partial \varphi_i}{\partial q_k} - \frac{\mathrm{d}}{\mathrm{d}t}\left(\lambda_i(t)\frac{\partial \varphi_i}{\partial \dot{q}_k}\right)\right]\right\} \eta_k \mathrm{d}t \\ &= \int_{t_0}^{t_1} \sum_{k=1}^{n} \left\{\left[\frac{\partial L}{\partial q_k} + \sum_{i=1}^{m} \lambda_i(t)\frac{\partial \varphi_i}{\partial q_k}\right] - \frac{\mathrm{d}}{\mathrm{d}t}\left[\frac{\partial L}{\partial \dot{q}_k} + \sum_{i=1}^{m}\left(\lambda_i(t)\frac{\partial \varphi_i}{\partial \dot{q}_k}\right)\right]\right\} \eta_k \mathrm{d}t \end{aligned} \tag{8.10.9}$$

由假设 $\varphi_i(i=1,2,\cdots,m)$ 是相互独立的, 不妨设

$$\frac{\partial(\varphi_1,\varphi_2,\cdots,\varphi_m)}{\partial(q_1,q_2,\cdots,q_m)}=\begin{vmatrix}\dfrac{\partial\varphi_1}{\partial q_1} & \dfrac{\partial\varphi_1}{\partial q_2} & \cdots & \dfrac{\partial\varphi_1}{\partial q_m}\\ \dfrac{\partial\varphi_2}{\partial q_1} & \dfrac{\partial\varphi_2}{\partial q_2} & \cdots & \dfrac{\partial\varphi_2}{\partial q_m}\\ \vdots & \vdots & & \vdots\\ \dfrac{\partial\varphi_m}{\partial q_1} & \dfrac{\partial\varphi_m}{\partial q_2} & \cdots & \dfrac{\partial\varphi_m}{\partial q_m}\end{vmatrix}\neq\mathbf{0} \tag{8.10.10}$$

于是可把 $\eta_{m+1},\cdots,\eta_n$ 看作是相互独立的. 令函数 $\lambda_i(t)(i=1,2,\cdots,m)$ 满足下面方程组:

$$\frac{\partial L}{\partial q_k}-\frac{\mathrm{d}}{\mathrm{d}t}\frac{\partial L}{\partial\dot{q}_k}+\sum_{i=1}^{m}\left[\lambda_i(t)\frac{\partial\varphi_i}{\partial q_k}-\frac{\mathrm{d}}{\mathrm{d}t}\left(\lambda_i(t)\frac{\partial\varphi_i}{\partial\dot{q}_k}\right)\right]=0,\quad k=1,2,\cdots,m \tag{8.10.11}$$

于是式 (8.10.9) 化为

$$\begin{aligned}\delta J^*=\int_{t_0}^{t_1}\sum_{k=m+1}^{n}&\left\{\left[\frac{\partial L}{\partial q_k}+\sum_{i=1}^{m}\lambda_i(t)\frac{\partial\varphi_i}{\partial q_k}\right]\right.\\&\left.-\frac{\mathrm{d}}{\mathrm{d}t}\left[\frac{\partial L}{\partial\dot{q}_k}+\sum_{i=1}^{m}\left(\lambda_i(t)\frac{\partial\varphi_i}{\partial\dot{q}_k}\right)\right]\right\}\eta_k\mathrm{d}t\end{aligned} \tag{8.10.12}$$

由于 $\eta_{m+1},\cdots,\eta_n$ 是相互独立的, 于是有

$$\frac{\partial L}{\partial q_k}-\frac{\mathrm{d}}{\mathrm{d}t}\frac{\partial L}{\partial\dot{q}_k}+\sum_{i=1}^{m}\left[\lambda_i(t)\frac{\partial\varphi_i}{\partial q_k}-\frac{\mathrm{d}}{\mathrm{d}t}\left(\lambda_i(t)\frac{\partial\varphi_i}{\partial\dot{q}_k}\right)\right]=0,\quad k=m+1,\cdots,n \tag{8.10.13}$$

稍化简, 有

$$\frac{\partial}{\partial q_k}\left[L+\sum_{i=1}^{m}\lambda_i(t)\varphi_i\right]-\frac{\mathrm{d}}{\mathrm{d}t}\frac{\partial}{\partial\dot{q}_k}\left[L+\sum_{i=1}^{m}\lambda_i(t)\varphi_i\right]=0,\quad k=1,2,\cdots,n \tag{8.10.14}$$

即

$$\frac{\mathrm{d}}{\mathrm{d}t}\frac{\partial H}{\partial\dot{q}_k}-\frac{\partial H}{\partial q_k}=0,\qquad k=1,2,\cdots,n$$

这表明能使泛函 (8.10.1) 达到极值的函数同时能使泛函 (8.10.4) 达到无微分约束极值. ■

## 8.11 动态系统的最优控制

考虑下面非线性控制系统

$$\dot{\boldsymbol{x}} = \boldsymbol{f}(t, \boldsymbol{x}, \boldsymbol{u}(t)), \quad \boldsymbol{x}(t_0) = \boldsymbol{x}_0, \quad \boldsymbol{x} \in \mathbb{R}^n \tag{8.11.1}$$

其中, $\boldsymbol{x}$ 为 $n$ 维状态向量, $\boldsymbol{u}$ 为 $m$ 维控制向量, $\boldsymbol{x}_0$ 为在初始时刻 $t_0$ 时的状态, $\boldsymbol{f}(t, \boldsymbol{x}, \boldsymbol{u})$ 是 $n$ 维连续可微的向量函数.

向量函数 $\boldsymbol{x}(t)$ 表示系统 (8.11.1) 在控制 $\boldsymbol{u}(t)$ 下从初始点 $\boldsymbol{x}(t_0) = \boldsymbol{x}_0$ 出发的轨线. 性能指标为

$$J[\boldsymbol{u}(\cdot)] = \int_{t_0}^{t_1} F(t, \boldsymbol{x}, \boldsymbol{u}(t))\mathrm{d}t + \phi(t_1, \boldsymbol{x}(t_1)) \tag{8.11.2}$$

其中, $F$ 和 $\phi$ 是多元函数.

最优控制问题就是求一容许控制[①] $\boldsymbol{u}(t)$, $t \in [t_0, t_1]$ 和满足方程 (8.11.1) 的极值轨线 $\boldsymbol{x}(t)$ 使性能指标 (8.11.2) 为最小值. 这个控制 $\boldsymbol{u}^*(t)$ 称为最优控制, 相应的性能指标 $\boldsymbol{J}^*$ 称为最优性能指标.

下面就初始状态给定 $\boldsymbol{x}(t_0) = \boldsymbol{x}_0$, 终端分两种情况讨论.

### 8.11.1 终点时刻给定, 状态自由

把状态方程写成等式约束方程的形式:

$$\boldsymbol{f}(t, \boldsymbol{x}, \boldsymbol{u}) - \dot{\boldsymbol{x}} = \boldsymbol{0}$$

仿照上节类似推理, 可引入待定的 $n$ 维 Lagrange 乘子向量函数

$$\boldsymbol{\lambda}^{\mathrm{T}}(t) = [\lambda_1(t), \lambda_2(t), \cdots, \lambda_n(t)]$$

其中, $\boldsymbol{\lambda}(t)$ 称为伴随变量, 或协态. 作如下增广泛函

$$J^* = \int_{t_0}^{t_1} \left\{F(t, \boldsymbol{x}, \boldsymbol{u}) + \boldsymbol{\lambda}^{\mathrm{T}}(t)\left[\boldsymbol{f}(t, \boldsymbol{x}, \boldsymbol{u}) - \dot{\boldsymbol{x}}\right]\right\} \mathrm{d}t + \phi(t_1, \boldsymbol{x}(t_1))$$

再引入一个标量函数

$$H(t, \boldsymbol{x}, \boldsymbol{u}, \boldsymbol{\lambda}) = F(t, \boldsymbol{x}, \boldsymbol{u}) + \boldsymbol{\lambda}^{\mathrm{T}} f(t, \boldsymbol{x}, \boldsymbol{u}) \tag{8.11.3}$$

---

① 容许控制根据不同的问题有不同的定义, 常见是时间的有界连续函数或者分段连续函数.

此函数称为 Hamilton 函数. 于是 $J^*$ 可写成

$$J^* = \int_{t_0}^{t_1} [H(t, \boldsymbol{x}, \boldsymbol{u}, \boldsymbol{\lambda}) - \boldsymbol{\lambda}^{\mathrm{T}}(t)\dot{\boldsymbol{x}}]\mathrm{d}t + \phi(t_1, \boldsymbol{x}(t_1))$$

对上式积分号内第二项作分部积分得

$$\begin{aligned} J^* = &\int_{t_0}^{t_1} [H(t, \boldsymbol{x}, \boldsymbol{u}, \boldsymbol{\lambda}) + \dot{\boldsymbol{\lambda}}^{\mathrm{T}}(t)\boldsymbol{x}]\mathrm{d}t \\ &+ \phi(t_1, \boldsymbol{x}(t_1)) - \boldsymbol{\lambda}^{\mathrm{T}}(t_1)\boldsymbol{x}(t_1) + \boldsymbol{\lambda}^{\mathrm{T}}(t_0)\boldsymbol{x}(t_0) \end{aligned}$$

令 $\hat{\boldsymbol{x}} = \boldsymbol{x} + \epsilon\boldsymbol{\eta}$, $\hat{\boldsymbol{u}} = \boldsymbol{u} + \epsilon\boldsymbol{\zeta}$. 于是 $J^*$ 的一阶变分为

$$\delta J^* = \int_{t_0}^{t_1} \left[\boldsymbol{\eta}^{\mathrm{T}}\left(\frac{\partial H}{\partial \boldsymbol{x}} + \dot{\boldsymbol{\lambda}}\right) + \boldsymbol{\zeta}^{\mathrm{T}}\frac{\partial H}{\partial \boldsymbol{u}}\right]\mathrm{d}t + \boldsymbol{\eta}^{\mathrm{T}}(t_1)\left[\frac{\partial \phi}{\partial \boldsymbol{x}(t_1)} - \boldsymbol{\lambda}(t_1)\right] \tag{8.11.4}$$

$J^*$ 为极值的必要条件是: 对任意的 $\boldsymbol{\eta}(T), \boldsymbol{\eta}, \boldsymbol{\zeta}$ 一阶变分 $\delta J^* = 0$. 由式 (8.11.3) 和式 (8.11.4) 可得 ①

$$\begin{aligned} &\dot{\boldsymbol{\lambda}} = -\frac{\partial H}{\partial \boldsymbol{x}} \quad (\text{协态方程}) \\ &\dot{\boldsymbol{x}} = \frac{\partial H}{\partial \boldsymbol{\lambda}} \quad (\text{状态方程}) \\ &\frac{\partial H}{\partial \boldsymbol{u}} = \boldsymbol{0} \quad (\text{控制方程}) \\ &\boldsymbol{\lambda}(t_1) = \frac{\partial \phi}{\partial \boldsymbol{x}(t_1)} \quad (\text{横截条件}) \end{aligned} \tag{8.11.5}$$

式 (8.11.5) 是 $J^*$ 取极值的必要条件, 也即 $J$ 取极值的必要条件. 协态方程和状态方程一起统称为 Hamilton 正则方程.

### 8.11.2 终点时刻自由, 状态受约束

现在考虑终点时刻自由, 但终点状态 $\boldsymbol{x}(t_1)$ 受到下面方程约束

$$\boldsymbol{G}(t_1, \boldsymbol{x}(t_1)) = \boldsymbol{0} \tag{8.11.6}$$

---

① 具体逻辑是: 因为 $\boldsymbol{\zeta}$ 独立, $\boldsymbol{\eta}$ 与 $\boldsymbol{\zeta}$ 有关, 故先根据 $\dfrac{\partial H}{\partial \boldsymbol{x}} + \dot{\boldsymbol{\lambda}} = \boldsymbol{0}$ 解出合适的 $\boldsymbol{\lambda}$ 以消去 $\boldsymbol{\eta}$. 然后根据 $\boldsymbol{\zeta}$ 独立得到 $\dfrac{\partial H}{\partial \boldsymbol{u}} = \boldsymbol{0}$. 最后只要 $\boldsymbol{f}(t, \boldsymbol{x}, \boldsymbol{u}(t))$ 和 $F(t, \boldsymbol{x}, \boldsymbol{u}(t))$ 不要太 "刚性", 在满足式 (8.11.5) 中前三个方程的条件下, 所有可能的 $\boldsymbol{\eta}(t_1)$ 应该是 $\mathbb{R}^n$ 中的一个区域, 故有 $\dfrac{\partial \phi}{\partial \boldsymbol{x}(t_1)} - \boldsymbol{\lambda}(t_1) = \boldsymbol{0}$. 这样就相当于把 $\boldsymbol{\zeta}, \boldsymbol{\eta}$ 和 $\boldsymbol{\eta}(t_1)$ 看作独立变分/变量.

其中

$$
\boldsymbol{G}=\begin{pmatrix} G_1(t_1,\boldsymbol{x}(t_1)) \\ G_2(t_1,\boldsymbol{x}(t_1)) \\ \vdots \\ G_q(t_1,\boldsymbol{x}(t_1)) \end{pmatrix}
$$

性能指标为

$$
J=\int_{t_0}^{t_1} F(t,\boldsymbol{x},\boldsymbol{u})\mathrm{d}t+\phi(t_1,\boldsymbol{x}(t_1)) \tag{8.11.7}
$$

类似地, 引入 $n$ 维 Lagrange 乘子函数向量 $\boldsymbol{\lambda}(t)$ 和 $q$ 维 Lagrange 乘子向量 $\boldsymbol{v}$. 作增广性能泛函

$$
\begin{aligned} J^* =&\phi(t_1,\boldsymbol{x}(t_1))+\boldsymbol{v}^{\mathrm{T}}\boldsymbol{G}(t_1,\boldsymbol{x}(t_1)) \\ &+\int_{t_0}^{t_1}\{F(t,\boldsymbol{x},\boldsymbol{u})+\boldsymbol{\lambda}^{\mathrm{T}}(t)[\boldsymbol{f}(t,\boldsymbol{x},\boldsymbol{u})-\dot{\boldsymbol{x}}]\}\mathrm{d}t \end{aligned} \tag{8.11.8}
$$

引入 Hamilton 函数

$$
H(t,\boldsymbol{x},\boldsymbol{u},\boldsymbol{\lambda})=F(t,\boldsymbol{x},\boldsymbol{u})+\boldsymbol{\lambda}^{\mathrm{T}}\boldsymbol{f}(t,\boldsymbol{x},\boldsymbol{u}) \tag{8.11.9}
$$

于是有

$$
J^*=\phi(t_1,\boldsymbol{x}(t_1))+\boldsymbol{v}^{\mathrm{T}}\boldsymbol{G}(t_1,\boldsymbol{x}(t_1))+\int_{t_0}^{t_1}[H(t,\boldsymbol{x},\boldsymbol{u},\boldsymbol{\lambda})-\boldsymbol{\lambda}^{\mathrm{T}}\dot{\boldsymbol{x}}]\mathrm{d}t \tag{8.11.10}
$$

再令

$$
\theta(t_1,\boldsymbol{x}(t_1))=\phi(t_1,\boldsymbol{x}(t_1))+\boldsymbol{v}^{\mathrm{T}}\boldsymbol{G}(t_1,\boldsymbol{x}(t_1)) \tag{8.11.11}
$$

则

$$
J^*=\theta(t_1,\boldsymbol{x}(t_1))+\int_{t_0}^{t_1}[H(t,\boldsymbol{x},\boldsymbol{u},\boldsymbol{\lambda})-\boldsymbol{\lambda}^{\mathrm{T}}\dot{\boldsymbol{x}}]\mathrm{d}t \tag{8.11.12}
$$

与 $t_1$ 固定情况不同, 这里 $\delta J^*$ 由 $\boldsymbol{\eta},\boldsymbol{\zeta},\boldsymbol{\eta}(t_1),\tau$ 所引起, 其中 $\epsilon\tau=\hat{t}_1-t_1$ 不再为零. 现在先给出等式:

$$
\hat{\boldsymbol{x}}(\hat{t}_1)-\boldsymbol{x}(t_1)=\hat{\boldsymbol{x}}(\hat{t}_1)-\boldsymbol{x}(\hat{t}_1)+\boldsymbol{x}(\hat{t}_1)-\boldsymbol{x}(t_1)=\epsilon\boldsymbol{\eta}(\hat{t}_1)+\dot{\boldsymbol{x}}(t_1)\epsilon\tau+O(\epsilon^2) \tag{8.11.13}
$$

它将在下面计算 $J^*$ 的一阶变分中用到.

现在来计算一阶变分 $\delta J^*$. 由于

$$\begin{aligned}\Delta J^* =&\theta(\hat{t}_1,\hat{\boldsymbol{x}}(\hat{t}_1))+\int_{t_0}^{\hat{t}_1}[H(t,\hat{\boldsymbol{x}},\hat{\boldsymbol{u}},\boldsymbol{\lambda})-\boldsymbol{\lambda}^{\mathrm{T}}\dot{\hat{\boldsymbol{x}}}]\mathrm{d}t\\ &-\theta(t_1,\boldsymbol{x}(t_1))-\int_{t_0}^{t_1}[H(t,\boldsymbol{x},\boldsymbol{u},\boldsymbol{\lambda})-\boldsymbol{\lambda}^{\mathrm{T}}\dot{\boldsymbol{x}}]\mathrm{d}t\end{aligned} \tag{8.11.14}$$

故

$$\begin{aligned}\Delta J^* =&\left(\frac{\partial\theta}{\partial t_1}\right)\epsilon\tau+\left[\frac{\partial\theta}{\partial\boldsymbol{x}(t_1)}\right]^{\mathrm{T}}[\hat{\boldsymbol{x}}(\hat{t}_1)-\boldsymbol{x}(t_1)]\\ &+\epsilon\int_{t_0}^{t_1}\left[\left(\frac{\partial H}{\partial\boldsymbol{x}}\right)^{\mathrm{T}}\boldsymbol{\eta}+\left(\frac{\partial H}{\partial\boldsymbol{u}}\right)^{\mathrm{T}}\boldsymbol{\zeta}-\boldsymbol{\lambda}^{\mathrm{T}}\dot{\boldsymbol{\eta}}\right]\mathrm{d}t\\ &+\int_{t_1}^{\hat{t}_1}\left[H(t,\hat{\boldsymbol{x}},\hat{\boldsymbol{u}},\boldsymbol{\lambda})-\boldsymbol{\lambda}^{\mathrm{T}}\dot{\hat{\boldsymbol{x}}}\right]\mathrm{d}t+O(\epsilon^2)\end{aligned} \tag{8.11.15}$$

对第三项作分部积分得

$$\epsilon\int_{t_0}^{t_1}\left[\left(\frac{\partial H}{\partial\boldsymbol{x}}+\dot{\boldsymbol{\lambda}}\right)^{\mathrm{T}}\boldsymbol{\eta}+\left(\frac{\partial H}{\partial\boldsymbol{u}}\right)^{\mathrm{T}}\boldsymbol{\zeta}\right]\mathrm{d}t-\epsilon\boldsymbol{\lambda}^{\mathrm{T}}(t_1)\boldsymbol{\eta}(t_1)$$

第四项可表示为

$$\begin{aligned}&\int_{t_1}^{\hat{t}_1}\left[H(t,\boldsymbol{x},\boldsymbol{u},\boldsymbol{\lambda})+\left(\frac{\partial H}{\partial\boldsymbol{x}}\right)^{\mathrm{T}}\epsilon\boldsymbol{\eta}+\left(\frac{\partial H}{\partial\boldsymbol{u}}\right)^{\mathrm{T}}\epsilon\boldsymbol{\zeta}-\boldsymbol{\lambda}^{\mathrm{T}}(\dot{\boldsymbol{x}}+\epsilon\dot{\boldsymbol{\eta}})\right]\mathrm{d}t+O(\epsilon^2)\\ =&\epsilon\tau H|_{t_1}-\boldsymbol{\lambda}^{\mathrm{T}}(t_1)\dot{\boldsymbol{x}}(t_1)\epsilon\tau+O(\epsilon^2)\\ =&\epsilon\tau H|_{t_1}-\boldsymbol{\lambda}^{\mathrm{T}}(t_1)\{[\hat{\boldsymbol{x}}(\hat{t}_1)-\boldsymbol{x}(t_1)]-\epsilon\boldsymbol{\eta}(\hat{t}_1)\}+O(\epsilon^2)\end{aligned} \tag{8.11.16}$$

令 $\hat{\boldsymbol{x}}(\hat{t}_1)-\boldsymbol{x}(t_1)=\epsilon\boldsymbol{\omega}$. 根据上面结果可得 $J^*$ 的一阶变分为

$$\begin{aligned}\delta J^* =&\left[\frac{\partial\theta}{\partial t_1}\right]\tau+\left[\frac{\partial\theta}{\partial\boldsymbol{x}(t_1)}\right]^{\mathrm{T}}\boldsymbol{\omega}\\ &+\int_{t_0}^{t_1}\left[\left(\frac{\partial H}{\partial\boldsymbol{x}}+\dot{\boldsymbol{\lambda}}\right)^{\mathrm{T}}\boldsymbol{\eta}+\left(\frac{\partial H}{\partial\boldsymbol{u}}\right)^{\mathrm{T}}\boldsymbol{\zeta}\right]\mathrm{d}t+\tau H|_{t_1}-\boldsymbol{\lambda}^{\mathrm{T}}(t_1)\boldsymbol{\omega}\end{aligned} \tag{8.11.17}$$

因为 $J^*$ 取极值的必要条件是 $\delta J^*=0$, 再由 $\tau,\boldsymbol{\eta},\boldsymbol{\zeta}$ 和 $\boldsymbol{\omega}$ 可看作相互独立的, 故有

$$
\begin{aligned}
&\dot{\boldsymbol{\lambda}} = -\frac{\partial H}{\partial \boldsymbol{x}} \quad (\text{协态方程}) \\
&\dot{\boldsymbol{x}} = \frac{\partial H}{\partial \boldsymbol{\lambda}} \quad (\text{状态方程}) \\
&\frac{\partial H}{\partial \boldsymbol{u}} = \boldsymbol{0} \quad (\text{控制方程}) \\
&\boldsymbol{\lambda}(t_1) = \frac{\partial \theta}{\partial \boldsymbol{x}(t_1)} = \frac{\partial \phi}{\partial \boldsymbol{x}(t_1)} + \frac{\partial \boldsymbol{G}^{\mathrm{T}}}{\partial \boldsymbol{x}(t_1)}\boldsymbol{v} \quad (\text{横截条件}) \\
&H(t_1) = -\frac{\partial \theta}{\partial t_1} = -\frac{\partial \phi}{\partial t_1} - \frac{\partial \boldsymbol{G}^{\mathrm{T}}}{\partial t_1}\boldsymbol{v}
\end{aligned}
\tag{8.11.18}
$$

与固定终点时刻相比, 这里多了一个方程 $H(t_1) = -\dfrac{\partial \theta}{\partial t_1}$. 它是用来求出最优终点时间 $t_1^*$ 的.

## 8.12 线性二次型性能指标最优控制

线性系统的二次型性能指标最优控制在实际问题中具有特别重要的意义: 首先二次型性能指标具有明确的物理意义, 体现了大量实际问题中提出的性能指标要求; 其次它在数学处理上比较简单, 可求出最优控制的统一解析表达式, 特别是可得到状态线性反馈的最优控制规律, 构成闭环最优控制, 易于在工程上实现. 下面介绍线性二次型性能指标最优控制问题.

设控制系统方程为

$$
\begin{aligned}
\dot{\boldsymbol{x}} &= \boldsymbol{A}(t)\boldsymbol{x} + \boldsymbol{B}(t)\boldsymbol{u}(t) \\
\boldsymbol{y} &= \boldsymbol{C}(t)\boldsymbol{x}, \quad \boldsymbol{x}(t_0) = \boldsymbol{x}_0
\end{aligned}
\tag{8.12.1}
$$

其中, $\boldsymbol{x}$ 为 $n$ 维状态向量, $\boldsymbol{u}(t)$ 为 $r$ 维控制向量, $\boldsymbol{y}$ 为 $m$ 维输出向量, $\boldsymbol{A}(t), \boldsymbol{B}(t), \boldsymbol{C}(t)$ 分别为相应阶的分段连续矩阵. 指标泛函为

$$
J(\boldsymbol{x}(t_0), \boldsymbol{u}(\cdot), t_0, t_1) = \frac{1}{2}\boldsymbol{x}^{\mathrm{T}}(t_1)\boldsymbol{S}\boldsymbol{x}(t_1) + \frac{1}{2}\int_{t_0}^{t_1} [\boldsymbol{x}^{\mathrm{T}}\boldsymbol{Q}(t)\boldsymbol{x} + \boldsymbol{u}^{\mathrm{T}}\boldsymbol{R}(t)\boldsymbol{u}]\mathrm{d}t \tag{8.12.2}
$$

其中, $\boldsymbol{S}$ 为半正定对称常数矩阵, $\boldsymbol{Q}(t)$ 为半正定对称时变矩阵, $\boldsymbol{R}(t)$ 为正定对称时变矩阵. 时间间隔 $[t_0, t_1]$ 固定, 求 $\boldsymbol{u}(t)$ 使 $J$ 取最小值.

### 8.12.1 时变系统有限时间的最优控制

构造 Hamilton 函数

$$H = \frac{1}{2}\boldsymbol{x}^{\mathrm{T}}\boldsymbol{Q}(t)\boldsymbol{x} + \frac{1}{2}\boldsymbol{u}^{\mathrm{T}}\boldsymbol{R}(t)\boldsymbol{u} + \boldsymbol{\lambda}^{\mathrm{T}}\boldsymbol{A}(t)\boldsymbol{x} + \boldsymbol{\lambda}^{\mathrm{T}}\boldsymbol{B}(t)\boldsymbol{u} \tag{8.12.3}$$

得到伴随方程及其边界条件

$$\dot{\boldsymbol{\lambda}} = -\frac{\partial H}{\partial \boldsymbol{x}} = -\boldsymbol{A}^{\mathrm{T}}(t)\boldsymbol{\lambda} - \boldsymbol{Q}(t)\boldsymbol{x}, \quad \boldsymbol{\lambda}(t_1) = \boldsymbol{S}\boldsymbol{x}(t_1) \tag{8.12.4}$$

由于 $\boldsymbol{u}(t)$ 不受限, 最优控制应满足

$$\frac{\partial H}{\partial \boldsymbol{u}} = \boldsymbol{R}(t)\boldsymbol{u}(t) + \boldsymbol{B}^{\mathrm{T}}(t)\boldsymbol{\lambda}(t) = \boldsymbol{0} \tag{8.12.5}$$

又由于 $\boldsymbol{R}(t)$ 正定, 故其逆存在, 于是有

$$\boldsymbol{u} = -\boldsymbol{R}^{-1}(t)\boldsymbol{B}^{\mathrm{T}}(t)\boldsymbol{\lambda}(t) \tag{8.12.6}$$

将 $\boldsymbol{u}(t)$ 代入正则方程, 得

$$\dot{\boldsymbol{x}} = \boldsymbol{A}(t)\boldsymbol{x} - \boldsymbol{B}(t)\boldsymbol{R}^{-1}(t)\boldsymbol{B}^{\mathrm{T}}(t)\boldsymbol{\lambda}, \quad \boldsymbol{x}(t_0) = \boldsymbol{x}_0 \tag{8.12.7}$$

$$\dot{\boldsymbol{\lambda}} = -\boldsymbol{A}^{\mathrm{T}}(t)\boldsymbol{\lambda} - \boldsymbol{Q}(t)\boldsymbol{x}, \quad \boldsymbol{\lambda}(t_1) = \boldsymbol{S}\boldsymbol{x}(t_1) \tag{8.12.8}$$

注意这是关于 $\boldsymbol{x}$ 和 $\boldsymbol{\lambda}$ 的线性齐次方程且 $\boldsymbol{x}$ 和 $\boldsymbol{\lambda}$ 在终点时刻呈线性关系, 可以猜想在任何时刻都有线性关系, 即

$$\boldsymbol{\lambda}(t) = \boldsymbol{P}(t)\boldsymbol{x}(t) \tag{8.12.9}$$

其中, $\boldsymbol{P}(t)$ 为一函数矩阵. 将式 (8.12.9) 对 $t$ 求导, 得

$$\begin{aligned}\dot{\boldsymbol{\lambda}} &= \dot{\boldsymbol{P}}(t)\boldsymbol{x} + \boldsymbol{P}(t)\dot{\boldsymbol{x}} \\ &= \dot{\boldsymbol{P}}(t)\boldsymbol{x} + \boldsymbol{P}(t)[\boldsymbol{A}(t)\boldsymbol{x} - \boldsymbol{B}(t)\boldsymbol{R}^{-1}(t)\boldsymbol{B}^{\mathrm{T}}(t)\boldsymbol{\lambda}] \\ &= [\dot{\boldsymbol{P}}(t) + \boldsymbol{P}(t)\boldsymbol{A}(t) - \boldsymbol{P}(t)\boldsymbol{B}(t)\boldsymbol{R}^{-1}(t)\boldsymbol{B}^{\mathrm{T}}(t)\boldsymbol{P}(t)]\boldsymbol{x}\end{aligned} \tag{8.12.10}$$

又由协态方程 (8.12.8) 有

$$\dot{\boldsymbol{\lambda}} = -\boldsymbol{A}^{\mathrm{T}}(t)\boldsymbol{\lambda} - \boldsymbol{Q}(t)\boldsymbol{x} = [-\boldsymbol{Q}(t) - \boldsymbol{A}^{\mathrm{T}}(t)\boldsymbol{P}(t)]\boldsymbol{x} \tag{8.12.11}$$

于是有

$$[\dot{\boldsymbol{P}}(t) + \boldsymbol{P}(t)\boldsymbol{A}(t) - \boldsymbol{P}(t)\boldsymbol{B}(t)\boldsymbol{R}^{-1}(t)\boldsymbol{B}^{\mathrm{T}}(t)\boldsymbol{P}(t)]\boldsymbol{x}(t) = [-\boldsymbol{Q}(t) - \boldsymbol{A}^{\mathrm{T}}(t)\boldsymbol{P}(t)]\boldsymbol{x}(t)$$

由于该式对 $\boldsymbol{x}(t)$ 的任何值都成立, 故应有

$$\dot{\boldsymbol{P}}(t) + \boldsymbol{P}(t)\boldsymbol{A}(t) + \boldsymbol{A}^{\mathrm{T}}(t)\boldsymbol{P}(t) - \boldsymbol{P}(t)\boldsymbol{B}(t)\boldsymbol{R}^{-1}(t)\boldsymbol{B}^{\mathrm{T}}(t)\boldsymbol{P}(t) + \boldsymbol{Q}(t) = \boldsymbol{0} \tag{8.12.12}$$

这是关于矩阵 $\boldsymbol{P}(t)$ 的一阶非线性常微分性方程, 通常称为矩阵 Riccati 微分方程. 为求其边界条件, 将式 (8.12.9) 和式 (8.12.4) 比较, 得

$$\boldsymbol{P}(t_1)=\boldsymbol{S} \tag{8.12.13}$$

本书附录 A.7 中将证明, 当矩阵 $\boldsymbol{A}(t),\boldsymbol{B}(t),\boldsymbol{Q}(t),\boldsymbol{R}(t)$ 的元素在 $[t_0,t_1]$ 上都是时间 $t$ 的分段连续函数时, 方程 (8.12.12) 存在满足边界条件的唯一解. 这时控制可表示为

$$\boldsymbol{u}=-\boldsymbol{R}^{-1}(t)\boldsymbol{B}^{\mathrm{T}}(t)\boldsymbol{P}(t)\boldsymbol{x} \tag{8.12.14}$$

矩阵 Riccati 方程的解是对称的, 因为将式 (8.12.12) 转置有

$$\dot{\boldsymbol{P}}^{\mathrm{T}}(t)+\boldsymbol{A}^{\mathrm{T}}(t)\boldsymbol{P}^{\mathrm{T}}(t)+\boldsymbol{P}^{\mathrm{T}}(t)\boldsymbol{A}(t)-\boldsymbol{P}^{\mathrm{T}}(t)\boldsymbol{B}(t)[\boldsymbol{R}^{-1}(t)]^{\mathrm{T}}\boldsymbol{B}^{\mathrm{T}}(t)\boldsymbol{P}^{\mathrm{T}}(t)+\boldsymbol{Q}^{\mathrm{T}}(t)=\boldsymbol{0}$$

由于 $\boldsymbol{R}(t),\boldsymbol{Q}(t)$ 是对称阵且边界条件

$$\boldsymbol{P}^{\mathrm{T}}(t_1)=\boldsymbol{S}^{\mathrm{T}}=\boldsymbol{S}$$

因此 $\boldsymbol{P}^{\mathrm{T}}(t)$ 也满足 Riccati 方程及边界条件, 由解的唯一性, 有

$$\boldsymbol{P}^{\mathrm{T}}(t)=\boldsymbol{P}(t)$$

令

$$\boldsymbol{K}(t)=\boldsymbol{R}^{-1}(t)\boldsymbol{B}^{\mathrm{T}}(t)\boldsymbol{P}(t)$$

则有控制

$$\boldsymbol{u}=-\boldsymbol{K}(t)\boldsymbol{x} \tag{8.12.15}$$

到目前为止, 严格说来控制 (8.12.15) 只是可能的最优控制. 下面证明控制 (8.12.15) 确是系统 (8.12.1) 在指标泛函 (8.12.2) 下的最优控制. 因为

$$\begin{aligned}
&\frac{\mathrm{d}}{\mathrm{d}t}\left[\boldsymbol{x}^{\mathrm{T}}\boldsymbol{P}(t)\boldsymbol{x}\right]=\dot{\boldsymbol{x}}^{\mathrm{T}}\boldsymbol{P}(t)\boldsymbol{x}+\boldsymbol{x}^{\mathrm{T}}\dot{\boldsymbol{P}}(t)\boldsymbol{x}+\boldsymbol{x}^{\mathrm{T}}\boldsymbol{P}(t)\dot{\boldsymbol{x}}\\
=&[\boldsymbol{A}(t)\boldsymbol{x}+\boldsymbol{B}(t)\boldsymbol{u}]^{\mathrm{T}}\boldsymbol{P}(t)\boldsymbol{x}+\boldsymbol{x}^{\mathrm{T}}\dot{\boldsymbol{P}}(t)\boldsymbol{x}+\boldsymbol{x}^{\mathrm{T}}\boldsymbol{P}(t)[\boldsymbol{A}(t)\boldsymbol{x}+\boldsymbol{B}(t)\boldsymbol{u}]\\
=&\boldsymbol{x}^{\mathrm{T}}[\dot{\boldsymbol{P}}(t)+\boldsymbol{A}^{\mathrm{T}}(t)\boldsymbol{P}(t)+\boldsymbol{P}(t)\boldsymbol{A}(t)]\boldsymbol{x}+\boldsymbol{u}^{\mathrm{T}}\boldsymbol{B}^{\mathrm{T}}(t)\boldsymbol{P}(t)\boldsymbol{x}+\boldsymbol{x}^{\mathrm{T}}\boldsymbol{P}(t)\boldsymbol{B}(t)\boldsymbol{u}\\
=&\boldsymbol{x}^{\mathrm{T}}[\boldsymbol{P}(t)\boldsymbol{B}(t)\boldsymbol{R}^{-1}(t)\boldsymbol{B}^{\mathrm{T}}(t)\boldsymbol{P}(t)-\boldsymbol{Q}(t)]\boldsymbol{x}+\boldsymbol{u}^{\mathrm{T}}\boldsymbol{B}^{\mathrm{T}}(t)\boldsymbol{P}(t)\boldsymbol{x}+\boldsymbol{x}^{\mathrm{T}}\boldsymbol{P}(t)\boldsymbol{B}(t)\boldsymbol{u}
\end{aligned}$$

又有

$$\begin{aligned}
&[\boldsymbol{u}+\boldsymbol{R}^{-1}(t)\boldsymbol{B}^{\mathrm{T}}(t)\boldsymbol{P}(t)\boldsymbol{x}]^{\mathrm{T}}\boldsymbol{R}(t)[\boldsymbol{u}+\boldsymbol{R}^{-1}(t)\boldsymbol{B}^{\mathrm{T}}(t)\boldsymbol{P}(t)\boldsymbol{x}]\\
=&\boldsymbol{u}^{\mathrm{T}}\boldsymbol{R}(t)\boldsymbol{u}+\boldsymbol{u}^{\mathrm{T}}\boldsymbol{B}^{\mathrm{T}}(t)\boldsymbol{P}(t)\boldsymbol{x}+\boldsymbol{x}^{\mathrm{T}}\boldsymbol{P}(t)\boldsymbol{B}(t)\boldsymbol{u}+\boldsymbol{x}^{\mathrm{T}}\boldsymbol{P}(t)\boldsymbol{B}(t)\boldsymbol{R}^{-1}(t)\boldsymbol{B}^{\mathrm{T}}(t)\boldsymbol{P}(t)\boldsymbol{x}
\end{aligned}$$

于是有

$$\begin{aligned}&\boldsymbol{u}^{\mathrm{T}}\boldsymbol{B}^{\mathrm{T}}(t)\boldsymbol{P}(t)\boldsymbol{x}+\boldsymbol{x}^{\mathrm{T}}\boldsymbol{P}(t)\boldsymbol{B}(t)\boldsymbol{u}+\boldsymbol{x}^{\mathrm{T}}\boldsymbol{P}(t)\boldsymbol{B}(t)\boldsymbol{R}^{-1}(t)\boldsymbol{B}^{\mathrm{T}}(t)\boldsymbol{P}(t)\boldsymbol{x}\\=&-\boldsymbol{u}^{\mathrm{T}}\boldsymbol{R}(t)\boldsymbol{u}+[\boldsymbol{u}+\boldsymbol{R}^{-1}(t)\boldsymbol{B}^{\mathrm{T}}(t)\boldsymbol{P}(t)\boldsymbol{x}]^{\mathrm{T}}\boldsymbol{R}(t)[\boldsymbol{u}+\boldsymbol{R}^{-1}(t)\boldsymbol{B}^{\mathrm{T}}(t)\boldsymbol{P}(t)\boldsymbol{x}]\end{aligned}$$

因此有

$$\begin{aligned}\frac{\mathrm{d}}{\mathrm{d}t}\left[\boldsymbol{x}^{\mathrm{T}}\boldsymbol{P}(t)\boldsymbol{x}\right]=&-\boldsymbol{x}^{\mathrm{T}}\boldsymbol{Q}(t)\boldsymbol{x}-\boldsymbol{u}^{\mathrm{T}}\boldsymbol{R}(t)\boldsymbol{u}\\&+[\boldsymbol{u}+\boldsymbol{R}^{-1}(t)\boldsymbol{B}^{\mathrm{T}}(t)\boldsymbol{P}(t)\boldsymbol{x}]^{\mathrm{T}}\boldsymbol{R}(t)[\boldsymbol{u}+\boldsymbol{R}^{-1}(t)\boldsymbol{B}^{\mathrm{T}}(t)\boldsymbol{P}(t)\boldsymbol{x}]\end{aligned}$$

两边积分可得

$$\begin{aligned}&\frac{1}{2}\int_{t_0}^{t_1}\frac{\mathrm{d}}{\mathrm{d}t}\left[\boldsymbol{x}^{\mathrm{T}}\boldsymbol{P}(t)\boldsymbol{x}\right]\mathrm{d}t\\=&-\frac{1}{2}\int_{t_0}^{t_1}[\boldsymbol{x}^{\mathrm{T}}\boldsymbol{Q}(t)\boldsymbol{x}+\boldsymbol{u}^{\mathrm{T}}\boldsymbol{R}(t)\boldsymbol{u}]\mathrm{d}t\\&+\frac{1}{2}\int_{t_0}^{t_1}[\boldsymbol{u}+\boldsymbol{R}^{-1}(t)\boldsymbol{B}^{\mathrm{T}}(t)\boldsymbol{P}(t)\boldsymbol{x}]^{\mathrm{T}}\boldsymbol{R}(t)[\boldsymbol{u}+\boldsymbol{R}^{-1}(t)\boldsymbol{B}^{\mathrm{T}}(t)\boldsymbol{P}(t)\boldsymbol{x}]\mathrm{d}t\end{aligned}$$

即

$$\begin{aligned}&-\frac{1}{2}\int_{t_0}^{t_1}[\boldsymbol{x}^{\mathrm{T}}\boldsymbol{Q}(t)\boldsymbol{x}+\boldsymbol{u}^{\mathrm{T}}\boldsymbol{R}(t)\boldsymbol{u}]\mathrm{d}t\\&+\frac{1}{2}\int_{t_0}^{t_1}[\boldsymbol{u}+\boldsymbol{R}^{-1}(t)\boldsymbol{B}^{\mathrm{T}}(t)\boldsymbol{P}(t)\boldsymbol{x}]^{\mathrm{T}}\boldsymbol{R}(t)[\boldsymbol{u}+\boldsymbol{R}^{-1}(t)\boldsymbol{B}^{\mathrm{T}}(t)\boldsymbol{P}(t)\boldsymbol{x}]\mathrm{d}t\\=&\frac{1}{2}\boldsymbol{x}^{\mathrm{T}}(t_1)\boldsymbol{P}(t_1)\boldsymbol{x}(t_1)-\frac{1}{2}\boldsymbol{x}^{\mathrm{T}}(t_0)\boldsymbol{P}(t_0)\boldsymbol{x}(t_0)\end{aligned}$$

这样我们求得系统的性能指标的值为

$$\begin{aligned}J=&\frac{1}{2}\boldsymbol{x}^{\mathrm{T}}(t_1)\boldsymbol{P}(t_1)\boldsymbol{x}(t_1)+\frac{1}{2}\int_{t_0}^{t_1}[\boldsymbol{x}^{\mathrm{T}}\boldsymbol{Q}(t)\boldsymbol{x}+\boldsymbol{u}^{\mathrm{T}}\boldsymbol{R}(t)\boldsymbol{u}]\mathrm{d}t\\=&\frac{1}{2}\boldsymbol{x}^{\mathrm{T}}(t_0)\boldsymbol{P}(t_0)\boldsymbol{x}(t_0)\\&+\frac{1}{2}\int_{t_0}^{t_1}[\boldsymbol{u}+\boldsymbol{R}^{-1}(t)\boldsymbol{B}^{\mathrm{T}}(t)\boldsymbol{P}(t)\boldsymbol{x}]^{\mathrm{T}}\boldsymbol{R}(t)[\boldsymbol{u}+\boldsymbol{R}^{-1}(t)\boldsymbol{B}^{\mathrm{T}}(t)\boldsymbol{P}(t)\boldsymbol{x}]\mathrm{d}t\end{aligned}\tag{8.12.16}$$

显然 $\boldsymbol{u}=-\boldsymbol{R}^{-1}(t)\boldsymbol{B}^{\mathrm{T}}(t)\boldsymbol{P}(t)\boldsymbol{x}$ 是系统性能指标取最小值的充分且必要条件. 此时性能指标为

$$J^* = \frac{1}{2}\boldsymbol{x}^{\mathrm{T}}(t_0)\boldsymbol{P}(t_0)\boldsymbol{x}(t_0)$$

由 $\boldsymbol{S}, \boldsymbol{Q}(t), \boldsymbol{R}(t)$ 的正定和半正定性, 可得

$$J^* = \frac{1}{2}\boldsymbol{x}^{\mathrm{T}}(t_0)\boldsymbol{P}(t_0)\boldsymbol{x}(t_0) \geqslant 0$$

注意上式中 $\boldsymbol{x}(t_0)$ 和时刻 $t_0$ 可改为任意时刻, 于是可得 $\boldsymbol{P}(t)$ 是半正定的. 矩阵 Riccati 微分方程是 $\dfrac{n(n+1)}{2}$ 个互相耦合的非线性微分方程组, 除个别情形外, 无解析解.

### 8.12.2 时变系统无限时间的最优控制

设控制系统状态方程为

$$\dot{\boldsymbol{x}} = \boldsymbol{A}(t)\boldsymbol{x} + \boldsymbol{B}(t)\boldsymbol{u}(t), \qquad \boldsymbol{x}(t_0) = \boldsymbol{x}_0 \tag{8.12.17}$$

指标泛函为

$$J(\boldsymbol{x}(t_0), \boldsymbol{u}(\cdot), t_0) = \frac{1}{2}\int_{t_0}^{\infty} [\boldsymbol{x}^{\mathrm{T}}\boldsymbol{Q}(t)\boldsymbol{x} + \boldsymbol{u}^{\mathrm{T}}\boldsymbol{R}(t)\boldsymbol{u}]\mathrm{d}t \tag{8.12.18}$$

其中, $\boldsymbol{Q}(t)$ 为半正定对称时变矩阵, $\boldsymbol{R}(t)$ 为正定对称时变矩阵. 求最优控制 $\boldsymbol{u}^*$ 使得性能指标 (8.12.18) 最小.

由 8.12.1 节可知, 有限时间最优控制问题中的 $\boldsymbol{P}(t)$ 满足 Riccati 方程:

$$\dot{\boldsymbol{P}}(t) + \boldsymbol{P}(t)\boldsymbol{A}(t) + \boldsymbol{A}(t)^{\mathrm{T}}P(t) - \boldsymbol{P}(t)\boldsymbol{B}(t)\boldsymbol{R}^{-1}(t)\boldsymbol{B}^{\mathrm{T}}(t)\boldsymbol{P}(t) + \boldsymbol{Q}(t) = \boldsymbol{0} \tag{8.12.19}$$

及其边界条件

$$\boldsymbol{P}(t_1) = \boldsymbol{0}$$

本小节中 $t_1$ 要趋于无穷, 因此把 $\boldsymbol{P}(t)$ 改写成 $\boldsymbol{P}(t; t_1)$. 令

$$\boldsymbol{P}^*(t) = \lim_{t_1 \to +\infty} \boldsymbol{P}(t; t_1)$$

又由于现在 $t_1$ 是作为可变量, 为避免误会我们用 $\tau$ 替代 $t_1$. 于是有下面定理.

**定理 8.6** 若状态方程 (8.12.17) 中 $(\boldsymbol{A}(t), \boldsymbol{B}(t))$ 能控, 则系统 (8.12.17) 在性能指标 (8.12.18) 下存在唯一的最优控制

$$\boldsymbol{u}^* = -\boldsymbol{R}^{-1}(t)\boldsymbol{B}^{\mathrm{T}}(t)\boldsymbol{P}^*(t)\boldsymbol{x}(t)$$

和最优性能指标

$$J^* = \frac{1}{2}\boldsymbol{x}^{\mathrm{T}}(t_0)\boldsymbol{P}^*(t_0)\boldsymbol{x}(t_0)$$

其中

$$\boldsymbol{P}^*(t) = \lim_{\tau\to+\infty} \boldsymbol{P}(t;\tau)$$

是半正定矩阵.

证明: 第一步: 证明 $\boldsymbol{P}^*(t)$ 的存在性.

因为 $\boldsymbol{P}^*(t) = \lim\limits_{\tau\to+\infty} \boldsymbol{P}(t;\tau)$, 这里 $t$ 是固定不变的, 为避免和时间变量 $t$ 误会我们用 $s$ (设为初始时刻) 替代 $t$, 即 $\boldsymbol{P}^*(s) = \lim\limits_{\tau\to+\infty} \boldsymbol{P}(s;\tau)$. 由于系统能控, 则存在有限时间 $s_1 > s$ 和某一控制 $\boldsymbol{u}(t), t\in[s,s_1]$, 使得 $\boldsymbol{x}(s_1) = \boldsymbol{0}$. 把 $\boldsymbol{u}(t)$ 延拓到无穷, 令 $\boldsymbol{u}(t)\equiv\boldsymbol{0}$, $t\in(s_1,+\infty)$. 则 $\boldsymbol{x}(t)\equiv\boldsymbol{0}, t\in(s_1,+\infty)$. 再令 $\tau\geqslant s_1$. 于是在控制 $\boldsymbol{u}(t)$ 下性能指标 $J(\boldsymbol{x}(s),\boldsymbol{u}(\cdot),s,\tau)$ 存在 (即积分有限), 因为这是有限时间状态问题.

由 8.12.1 节知, 最优控制 $\boldsymbol{u}^*(t), t\in[s,\tau]$ 和最优性能指标 $J^*(\boldsymbol{x}(s),s,\tau)$ 存在, 以及相应 Riccati 方程的解 $\boldsymbol{P}(t;\tau)\triangleq\boldsymbol{P}(t), t\in[s,\tau]$ 存在. 于是有

$$\begin{aligned}&\frac{1}{2}\boldsymbol{x}^{\mathrm{T}}(s)\boldsymbol{P}(s;\tau)\boldsymbol{x}(s) = J^*(\boldsymbol{x}(s),s,\tau)\\ \leqslant& J(\boldsymbol{x}(s),\boldsymbol{u}(\cdot),s,\tau)\leqslant J(\boldsymbol{x}(s),\boldsymbol{u}(\cdot),s,+\infty)\\ =&J(\boldsymbol{x}(s),\boldsymbol{u}(\cdot),s,s_1)<+\infty\end{aligned}\tag{8.12.20}$$

故矩阵 $\boldsymbol{P}(s;\tau)$ 必有界, 且其上界与 $\tau$ 无关.

设 $\boldsymbol{u}^*(t), t\in[s,\tau]$ 为性能指标在区间 $[s,\tau]$ 上的最优控制, 令末端时刻 $\tau_1\leqslant\tau_2$, 有

$$\begin{aligned}&\frac{1}{2}\boldsymbol{x}^T(s)\boldsymbol{P}(s;\tau_1)\boldsymbol{x}(s) = J^*(\boldsymbol{x}(s),s,\tau_1)\\ =&\frac{1}{2}\min\int_s^{\tau_1}[\boldsymbol{x}^{\mathrm{T}}(t)\boldsymbol{Q}(t)\boldsymbol{x}(t)+\boldsymbol{u}^{\mathrm{T}}(t)\boldsymbol{R}(t)\boldsymbol{u}(t)]\mathrm{d}t\end{aligned}\tag{8.12.21}$$

及

$$\begin{aligned}&\frac{1}{2}\boldsymbol{x}^{\mathrm{T}}(s)\boldsymbol{P}(s;\tau_2)\boldsymbol{x}(s) = J^*(\boldsymbol{x}(s),s,\tau_2)\\ =&\frac{1}{2}\min\int_s^{\tau_2}[\boldsymbol{x}^{\mathrm{T}}(t)\boldsymbol{Q}(t)\boldsymbol{x}(t)+\boldsymbol{u}^{\mathrm{T}}(t)\boldsymbol{R}(t)\boldsymbol{u}(t)]\mathrm{d}t\end{aligned}\tag{8.12.22}$$

由于 $\boldsymbol{Q}(t)\geqslant\boldsymbol{0}$, $\boldsymbol{R}(t)>\boldsymbol{0}$, 故有

$$\boldsymbol{x}^{\mathrm{T}}(s)\boldsymbol{P}(s;\tau_1)\boldsymbol{x}(s)\leqslant\boldsymbol{x}^{\mathrm{T}}(s)\boldsymbol{P}(s;\tau_2)\boldsymbol{x}(s),\quad\forall\,\tau_1\leqslant\tau_2\tag{8.12.23}$$

这样可以通过选取合适的初始向量, 可证明当 $\tau \to +\infty$ 时, 矩阵 $\boldsymbol{P}(s;\tau)$ 每一个分量的极限存在, 即 $\boldsymbol{P}^*(s) = \lim\limits_{\tau \to +\infty} \boldsymbol{P}(s;\tau)$ 存在 (也就是 $\boldsymbol{P}^*(t)$ 存在). 再由 $\boldsymbol{P}(s;\tau)$ 是半正定的, 可知 $\boldsymbol{P}^*(s)$ 也是半正定的 (即 $\boldsymbol{P}^*(t)$ 是半正定的).

下面以 $\boldsymbol{P}(s;\tau)$ 为二阶方阵为例证明 $\boldsymbol{P}^*(s)$ 存在.

设 $\boldsymbol{P}(s;\tau) = (p_{ij}(s;\tau))_{2\times 2}$. 令 $\boldsymbol{x}(s) = (1,0)^{\mathrm{T}}$. 则根据式 (8.12.20) 和式 (8.12.23), 当 $\tau \to +\infty$ 时 $p_{11}(s;\tau)$ 是单调递增有上界, 故 $\lim\limits_{\tau \to +\infty} p_{11}(s;\tau)$ 存在. 同理 $\lim\limits_{\tau \to +\infty} p_{22}(s;\tau)$ 存在. 再令 $\boldsymbol{x}(s) = (1,1)^{\mathrm{T}}$. 则有当 $\tau \to +\infty$ 时 $p_{11}(s;\tau) + 2p_{12}(s;\tau) + p_{22}(s;\tau)$ 是单调递增有上界, 也就是 $\lim\limits_{\tau \to +\infty} [p_{11}(s;\tau) + 2p_{12}(s;\tau) + p_{22}(s;\tau)]$ 存在. 由于 $\lim\limits_{\tau \to +\infty} p_{11}(s;\tau)$ 和 $\lim\limits_{\tau \to +\infty} p_{22}(s;\tau)$ 存在, 故 $\lim\limits_{\tau \to +\infty} p_{12}(s;\tau)$ 存在. 这样就证明了 $\boldsymbol{P}^*(s)$ 存在, 即 $\boldsymbol{P}^*(t)$ 存在.

第二步: 容易验证 $\boldsymbol{P}^*(t)$ 满足 Riccati 方程 (8.12.19) 及边界条件 $\boldsymbol{P}^*(+\infty) = \boldsymbol{0}$.

第三步: 证明 $\boldsymbol{u}^*$ 和 $J^*$ 确是最优控制和最优指标.

设控制 $\widehat{\boldsymbol{u}}(t) = -\boldsymbol{R}^{-1}(t)\boldsymbol{B}^{\mathrm{T}}(t)\boldsymbol{P}^*(t)\boldsymbol{x}(t)$, 下证确是最优控制. 性能指标为

$$
\begin{aligned}
&J(\boldsymbol{x}(t), \widehat{\boldsymbol{u}}(\cdot), s, +\infty) = \lim_{\tau \to +\infty} J(\boldsymbol{x}(s), \widehat{\boldsymbol{u}}(\cdot), s, \tau) \\
&= \lim_{\tau \to +\infty} \frac{1}{2} \int_s^\tau [\boldsymbol{x}^{\mathrm{T}}(t)\boldsymbol{Q}(t)\boldsymbol{x}(t) + \widehat{\boldsymbol{u}}^{\mathrm{T}}(t)\boldsymbol{R}(t)\widehat{\boldsymbol{u}}(t)]\mathrm{d}t
\end{aligned} \tag{8.12.24}
$$

将 $\widehat{\boldsymbol{u}}(t)$ 代入, 得

$$
\begin{aligned}
&J(\boldsymbol{x}(t), \widehat{\boldsymbol{u}}(\cdot), s, +\infty) \\
&= \lim_{\tau \to +\infty} \frac{1}{2} \int_s^\tau \boldsymbol{x}^{\mathrm{T}}(t)[\boldsymbol{Q}(t) + \boldsymbol{P}^*(t)\boldsymbol{B}(t)\boldsymbol{R}^{-1}(t)\boldsymbol{B}^{\mathrm{T}}(t)\boldsymbol{P}^*(t)]\boldsymbol{x}(t)\mathrm{d}t \\
&= -\frac{1}{2} \lim_{\tau \to +\infty} \int_s^\tau \frac{\mathrm{d}}{\mathrm{d}t}[\boldsymbol{x}^{\mathrm{T}}(t)\boldsymbol{P}^*(t)\boldsymbol{x}(t)]\mathrm{d}t \\
&= \frac{1}{2}\boldsymbol{x}^{\mathrm{T}}(s)\boldsymbol{P}^*(s)\boldsymbol{x}(s) - \frac{1}{2} \lim_{\tau \to +\infty} \boldsymbol{x}^{\mathrm{T}}(\tau)\boldsymbol{P}^*(\tau)\boldsymbol{x}(\tau) \geqslant 0
\end{aligned} \tag{8.12.25}
$$

由于 $\boldsymbol{P}^*(\tau) \geqslant \boldsymbol{0}$, 故

$$
J(\boldsymbol{x}(t), \widehat{\boldsymbol{u}}(\cdot), s, +\infty) = \lim_{\tau \to +\infty} J(\boldsymbol{x}(t), \widehat{\boldsymbol{u}}(\cdot), s, \tau) \leqslant \frac{1}{2}\boldsymbol{x}^{\mathrm{T}}(s)\boldsymbol{P}^*(s)\boldsymbol{x}(s)
$$

又由于 $\widehat{\boldsymbol{u}}(\cdot)$ 不一定是最优控制, 故由上小节结果有

$$
J(\boldsymbol{x}(t), \widehat{\boldsymbol{u}}(\cdot), s, \tau) \geqslant J^*(\boldsymbol{x}(t), s, \tau) = \frac{1}{2}\boldsymbol{x}^{\mathrm{T}}(s)\boldsymbol{P}(s;\tau)\boldsymbol{x}(s)
$$

两端取极限有

$$\lim_{\tau\to+\infty} J(\boldsymbol{x}(t),\widehat{\boldsymbol{u}}(\cdot),s,\tau) \geqslant \frac{1}{2}\boldsymbol{x}^{\mathrm{T}}(s)\boldsymbol{P}^*(s)\boldsymbol{x}(s)$$

因此 $\boldsymbol{u}^*=\widehat{\boldsymbol{u}}$ 是最优控制且最优指标为 $J^*$. 由 Riccati 方程解 $\boldsymbol{P}^*(t)$ 的唯一性知 $\boldsymbol{u}^*$ 是唯一的. ■

### 8.12.3 定常系统无限时间最优控制的稳定性

设线性定常系统

$$\dot{\boldsymbol{x}}=\boldsymbol{A}\boldsymbol{x}+\boldsymbol{B}\boldsymbol{u}(t),\quad \boldsymbol{x}(t_0)=\boldsymbol{x}_0 \tag{8.12.26}$$

是能控的, 性能指标为

$$J=\frac{1}{2}\int_{t_0}^{+\infty}[\boldsymbol{x}^{\mathrm{T}}\boldsymbol{Q}\boldsymbol{x}+\boldsymbol{u}^{\mathrm{T}}\boldsymbol{R}\boldsymbol{u}]\mathrm{d}t \tag{8.12.27}$$

其中常值方阵 $\boldsymbol{R}>\boldsymbol{0}$, $\boldsymbol{Q}\geqslant\boldsymbol{0}$.

由 8.12.1 节知, 最优控制为 $\boldsymbol{u}^*(t)=-\boldsymbol{R}^{-1}\boldsymbol{B}^T\boldsymbol{P}^*(t)\boldsymbol{x}(t)$. 下证

$$\boldsymbol{P}^*(t)=\lim_{\tau\to+\infty}\boldsymbol{P}(t;\tau)$$

为常值矩阵, 其中 $\boldsymbol{P}(t;\tau)\triangleq\boldsymbol{P}(t)$ (即把 $\tau$ 看作固定的数) 满足

$$\dot{\boldsymbol{P}}(t)+\boldsymbol{P}(t)\boldsymbol{A}+\boldsymbol{A}^{\mathrm{T}}\boldsymbol{P}(t)-\boldsymbol{P}(t)\boldsymbol{B}\boldsymbol{R}^{-1}\boldsymbol{B}^{\mathrm{T}}\boldsymbol{P}(t)+\boldsymbol{Q}=\boldsymbol{0} \tag{8.12.28}$$

及边界条件 $\boldsymbol{P}(\tau)=\boldsymbol{0}$.

注意方程 (8.12.28) 是定常非线性常微分方程组, 所以它的解具有群性质. 于是有

$$\boldsymbol{P}^*(t)=\lim_{\tau\to+\infty}\boldsymbol{P}(t;\tau)=\lim_{\tau\to+\infty}\boldsymbol{P}(0;\tau-t)=\boldsymbol{P}(0;+\infty)$$

因此 $\boldsymbol{P}^*(t)$ 是常值矩阵, 记为 $\boldsymbol{P}^*$. 于是式 (8.12.28) 退化为下面矩阵代数 Riccati 方程

$$\boldsymbol{P}\boldsymbol{A}+\boldsymbol{A}^{\mathrm{T}}\boldsymbol{P}-\boldsymbol{P}\boldsymbol{B}\boldsymbol{R}^{-1}\boldsymbol{B}^{\mathrm{T}}\boldsymbol{P}+\boldsymbol{Q}=\boldsymbol{0} \tag{8.12.29}$$

这样就证明了对于定常线性系统 (8.12.26), 如果 $(\boldsymbol{A},\boldsymbol{B})$ 能控, 则其最优控制为

$$\boldsymbol{u}^*=-\boldsymbol{R}^{-1}\boldsymbol{B}^{\mathrm{T}}\boldsymbol{P}^*\boldsymbol{x}$$

最优指标为

$$J^*=\frac{1}{2}\boldsymbol{x}^{\mathrm{T}}(t_0)\boldsymbol{P}^*\boldsymbol{x}(t_0)$$

其中, $\boldsymbol{P}^*$ 是代数 Riccati 方程 (8.12.29) 的半正定解.

我们注意到最优控制并不能保证系统一定是稳定的. 例如, 一阶系统 $\dot{x} = x + u$, 性能指标为 $J = \frac{1}{2}\int_{t_0}^{+\infty} u^2 \mathrm{d}t$. 显然 $u \equiv 0$ 是最优控制, 然而此时系统是不稳定的. 由这个例子我们可以看出要保证系统稳定, 矩阵 $\boldsymbol{Q}$ 需要满足一定的条件. 这样我们有下面定理.

**定理 8.7** 假设定常线性系统 (8.12.26) 能控, 且式 (8.12.27) 中的常值矩阵 $\boldsymbol{Q}$ 有分解 $\boldsymbol{Q} = \boldsymbol{D}^{\mathrm{T}}\boldsymbol{D}$ 使得 $(\boldsymbol{A}, \boldsymbol{D})$ 能观测, 则矩阵代数 Riccati 方程 (8.12.29) 有唯一正定对称解矩阵 $P^*$, 且最优闭环系统

$$\dot{\boldsymbol{x}} = \boldsymbol{A}\boldsymbol{x} - \boldsymbol{B}\boldsymbol{R}^{-1}\boldsymbol{B}^{\mathrm{T}}\boldsymbol{P}^*\boldsymbol{x} \tag{8.12.30}$$

是全局渐近稳定的.

证明: 令 $\boldsymbol{P}^*$ 为代数 Riccati 方程 (8.12.29) 的半正定解. 有闭环系统 (8.12.30) 的状态矩阵为 $\boldsymbol{A} - \boldsymbol{B}\boldsymbol{R}^{-1}\boldsymbol{B}^{\mathrm{T}}\boldsymbol{P}^*$. 令 $\boldsymbol{A}_c = \boldsymbol{A} - \boldsymbol{B}\boldsymbol{R}^{-1}\boldsymbol{B}^{\mathrm{T}}\boldsymbol{P}^*$. 设 $\lambda$ 是 $\boldsymbol{A}_c$ 的任意一个特征值, $\boldsymbol{\xi}$ 是相应的非零向量, 则 $\boldsymbol{A}_c\boldsymbol{\xi} = \lambda\boldsymbol{\xi}$.

首先证明 $\lambda$ 的实部是负数. 容易验证代数 Riccati 方程 (8.12.29) 可改写为

$$\boldsymbol{P}^*\boldsymbol{A}_c + \boldsymbol{A}_c^{\mathrm{T}}\boldsymbol{P}^* + \boldsymbol{P}^*\boldsymbol{B}\boldsymbol{R}^{-1}\boldsymbol{B}^{\mathrm{T}}\boldsymbol{P}^* + \boldsymbol{Q} = \boldsymbol{0}$$

用 $\overline{\boldsymbol{\xi}}^T$ 和 $\boldsymbol{\xi}$ 分别左乘和右乘上式, 其中 $\overline{\boldsymbol{\xi}}$ 表示 $\boldsymbol{\xi}$ 的共轭向量, 得

$$(\lambda + \overline{\lambda})\overline{\boldsymbol{\xi}}^{\mathrm{T}}\boldsymbol{P}^*\boldsymbol{\xi} + \overline{\boldsymbol{\xi}}^{\mathrm{T}}\boldsymbol{P}^*\boldsymbol{B}\boldsymbol{R}^{-1}\boldsymbol{B}^{\mathrm{T}}\boldsymbol{P}^*\boldsymbol{\xi} + \overline{\boldsymbol{\xi}}^{\mathrm{T}}\boldsymbol{D}^{\mathrm{T}}\boldsymbol{D}\boldsymbol{\xi} = 0$$

如果 $\lambda + \overline{\lambda} = 0$, 即 $\lambda$ 的实部等于零, 则 $\boldsymbol{R}^{-1}\boldsymbol{B}^{\mathrm{T}}\boldsymbol{P}^*\boldsymbol{\xi} = \boldsymbol{0}$ 且 $\boldsymbol{D}\boldsymbol{\xi} = \boldsymbol{0}$. 于是

$$\begin{bmatrix} \lambda\boldsymbol{I} - \boldsymbol{A}_c \\ \boldsymbol{D} \end{bmatrix}\boldsymbol{\xi} = \begin{bmatrix} \lambda\boldsymbol{I} - \boldsymbol{A} \\ \boldsymbol{D} \end{bmatrix}\boldsymbol{\xi} = \boldsymbol{0} \tag{8.12.31}$$

这与 $(\boldsymbol{A}, \boldsymbol{D})$ 能观测矛盾.

若 $\lambda + \overline{\lambda} > 0$, 即 $\lambda$ 的实部大于零. 由于 $\boldsymbol{P}^*$ 非负定, 故

$$\overline{\boldsymbol{\xi}}^{\mathrm{T}}\boldsymbol{P}^*\boldsymbol{\xi} = 0, \quad \overline{\boldsymbol{\xi}}^{\mathrm{T}}\boldsymbol{P}^*\boldsymbol{B}\boldsymbol{R}^{-1}\boldsymbol{B}^{\mathrm{T}}\boldsymbol{P}^*\boldsymbol{\xi} = 0, \quad \overline{\boldsymbol{\xi}}^{\mathrm{T}}\boldsymbol{D}^{\mathrm{T}}\boldsymbol{D}\boldsymbol{\xi} = 0$$

因此 $\boldsymbol{P}^*\boldsymbol{\xi} = \boldsymbol{0}$, $\boldsymbol{R}^{-1}\boldsymbol{B}^{\mathrm{T}}\boldsymbol{P}^*\boldsymbol{\xi} = \boldsymbol{0}$ 且 $\boldsymbol{D}\boldsymbol{\xi} = \boldsymbol{0}$. 同样导致与 $(\boldsymbol{A}, \boldsymbol{D})$ 能观测矛盾.

因此必有 $\lambda + \overline{\lambda} < 0$, 即最优闭环系统 (8.12.30) 是全局渐近稳定的.

下证 $\boldsymbol{P}^*$ 是代数 Riccati 方程 (8.12.29) 的正定解. 否则存在非零向量 $\boldsymbol{\eta}$ 使得 $\boldsymbol{\eta}^{\mathrm{T}}\boldsymbol{P}^*\boldsymbol{\eta} = 0$. 如果令 $\boldsymbol{x}(t_0) = \boldsymbol{\eta}$, 则 $J^* = \frac{1}{2}\boldsymbol{x}^{\mathrm{T}}(t_0)\boldsymbol{P}^*\boldsymbol{x}(t_0) = 0$. 由 $\boldsymbol{R}$ 的正定性和

$\boldsymbol{u}(t)$ 的连续性, 从 $J^*=0$ 可得 $\boldsymbol{u}(t)\equiv\boldsymbol{0}, t\geqslant t_0$. 因此

$$J^*=\frac{1}{2}\int_{t_0}^{+\infty}\boldsymbol{x}^{\mathrm{T}}(t)\boldsymbol{Q}\boldsymbol{x}(t)\mathrm{d}t=\frac{1}{2}\int_{t_0}^{+\infty}\boldsymbol{x}^{\mathrm{T}}(t_0)\mathrm{e}^{\boldsymbol{A}^{\mathrm{T}}(t-t_0)}\boldsymbol{D}^{\mathrm{T}}\boldsymbol{D}\mathrm{e}^{\boldsymbol{A}(t-t_0)}\boldsymbol{x}(t_0)\mathrm{d}t=0$$

从而 $\boldsymbol{D}\mathrm{e}^{\boldsymbol{A}(t-t_0)}\boldsymbol{x}(t_0)\equiv\boldsymbol{0}, t\geqslant t_0$. 这与 $(\boldsymbol{A},\boldsymbol{D})$ 是能观测的矛盾. 故 $\boldsymbol{P}^*$ 是正定的.

$\boldsymbol{P}^*$ 的唯一性由定理 2.3 可得. 证毕. ■

## 思考与练习

(1) 把求条件极值的 Lagrange 乘数法推广到高维和具有多个约束条件情形.

(2) 当最优泛函为 $\int_a^b f(x,y)\sqrt{1+y'^2}\,\mathrm{d}x$ 时, 求相应的 Euler-Lagrange 方程.

(3) 根据最速降线泛函 (8.2.1), 试求最速降线函数.

(4) 根据泛函 (8.2.2) 求长度无约束条件下的悬链线函数.

(5) 对二阶情形, 证明如果被积函数不显含 $y$, 则 Euler-Lagrange 方程的一个首次积分为

$$\frac{\mathrm{d}}{\mathrm{d}x}\frac{\partial f}{\partial y''}-\frac{\partial f}{\partial y'}=c$$

又如果被积函数不显含 $x$, 证明沿任何极值函数有

$$\mathcal{H}(y,y',y'')\triangleq y''\frac{\partial f}{\partial y''}-y'\left(\frac{\mathrm{d}}{\mathrm{d}x}\frac{\partial f}{\partial y''}-\frac{\partial f}{\partial y'}\right)-f=c$$

(6) 证明被积函数包含 $n$ 阶导数的泛函

$$J(y)=\int_{x_0}^{x_1}f(x,y,y',\cdots,y^{(n)})\mathrm{d}x$$

的 Euler-Lagrange 方程为

$$(-1)^n\frac{\mathrm{d}^n}{\mathrm{d}x^n}\frac{\partial f}{\partial y^{(n)}}+(-1)^{n-1}\frac{\mathrm{d}^{n-1}}{\mathrm{d}x^{n-1}}\frac{\partial f}{\partial y^{(n-1)}}+\cdots+\frac{\partial f}{\partial y}=0$$

(7) 证明: 如果 $L$ 不显式包含变量 $t$, 则沿着任何极值有

$$\mathcal{H}\triangleq\sum_{k=1}^{n}\dot{\boldsymbol{q}}_k\frac{\partial L}{\partial\dot{q}_k}-L=c$$

(8) 根据泛函 (8.2.2) 求有长度约束条件下的悬链线函数.

(9) 求解等周问题, 即在约束条件 (8.2.4) 下求泛函 (8.2.5) 的最大值.

(10) Dido 问题: 在平面上用一条长为 $L>2$ 的曲线 $C$ 连接点 $(-1,0)$ 和 $(1,0)$, 使得在 $x$ 轴上的线段 $[-1,1]$ 和曲线 $C$ 围成的面积最大.

(11) 设运动的初始状态和终端状态都自由, 求使泛函

$$J(x)=\int_0^2\left(\frac{1}{2}\dot{x}^2+x\dot{x}+\dot{x}+x\right)\mathrm{d}t,\ x\in\mathbb{R}$$

取极小值的曲线方程 $x(t)$.

(12) 证明: 系统 (8.11.1) 及其指标泛函 (8.11.2) 在边界约束 (8.11.6) 下的最优控制 $\boldsymbol{u}(t)$ 和轨线 $\boldsymbol{x}(t)$ 一定是增广泛函 (8.11.8) 在无约束下的极值函数.

(13) 给定系统

$$\begin{aligned}\dot{x}_1&=x_2\\ \dot{x}_2&=u(t)\end{aligned}$$

求从已知初始状态 $x_1(0)=0,x_2(0)=0$, 在终端时刻 $T=1$ 时转移到目标集 (终端约束)

$$x_1(1)+x_2(1)=1$$

且使性能指标

$$J=\frac{1}{2}\int_0^1 u^2\mathrm{d}t$$

为最小值的最优控制, 并计算相应的最优轨线和最优性能指标.

(14) 给定系统 $\dot{x}=u(t),x(0)=1$. 设终端时间 $T$ 自由, 求最优控制使性能指标

$$J=4x^2(T)+\int_0^T(1+u^2)\mathrm{d}t$$

取极小值, 并计算最优时间、最优轨线和最优性能指标.

(15) 对于一阶系统

$$\dot{x}=-x+u,\quad x(0)=1$$

和性能指标

$$J=x^2(T)+\frac{1}{2}\int_0^T[2x^2(t)+u^2(t)]\mathrm{d}t$$

求最优控制 $u^*(t)$ 和相应的最优轨线.

(16) 设系统为 $\dot{x}=x+u,\ x(0)=1$, 性能指标为

$$J(u)=\int_0^T(x^2+u^2)\mathrm{d}t$$

试求上述系统的最优控制和最优轨线, 以及当 $T\to+\infty$ 时 $J(u)$ 的渐近性态.

(17) 对线性系统

$$\dot{\boldsymbol{x}}=\begin{bmatrix}0&1\\0&0\end{bmatrix}\boldsymbol{x}+\begin{pmatrix}0\\1\end{pmatrix}u,\qquad \boldsymbol{x}(0)=\begin{pmatrix}1\\-2\end{pmatrix}$$

和性能指标

$$J=\int_0^{+\infty}(2x_1^2+2x_1x_2+x_2^2+u^2)\mathrm{d}t$$

其中, $\boldsymbol{x}=(x_1,x_2)^{\mathrm{T}}$, 试求最优状态反馈 $u=\boldsymbol{Kx}$ 和最优性能 $J^*$.

(18) 证明: 求系统 $\dot{\boldsymbol{x}}=\boldsymbol{Ax}+\boldsymbol{Bu}$ 在指标 $J(u)=\int_0^{+\infty}\mathrm{e}^{2\alpha t}(\boldsymbol{x}^{\mathrm{T}}\boldsymbol{Qx}+\boldsymbol{u}^{\mathrm{T}}\boldsymbol{Ru})\mathrm{d}t$ 下的最优控制等价于求系统 $\dot{\boldsymbol{z}}=(\boldsymbol{A}+\alpha\boldsymbol{I})\boldsymbol{z}+\boldsymbol{Bv}$ 在指标 $\bar{J}(\boldsymbol{v})=\int_0^{+\infty}(\boldsymbol{z}^{\mathrm{T}}\boldsymbol{Qz}+\boldsymbol{v}^{\mathrm{T}}\boldsymbol{Rv})\mathrm{d}t$ 下的最优控制, 其中, $\boldsymbol{z}=\mathrm{e}^{\alpha t}\boldsymbol{x},\boldsymbol{v}=\mathrm{e}^{\alpha t}\boldsymbol{u}$.

(19) 对于系统

$$\begin{pmatrix}\dot{x}_1\\\dot{x}_2\\\dot{x}_3\end{pmatrix}=\begin{bmatrix}1&1&0\\0&1&0\\0&0&-1\end{bmatrix}\begin{pmatrix}x_1\\x_2\\x_3\end{pmatrix}+\begin{pmatrix}0\\1\\0\end{pmatrix}u,\quad \boldsymbol{x}(0)=\begin{pmatrix}1\\1\\1\end{pmatrix}$$

确定使泛函

$$J[\boldsymbol{x}(0),u]=\int_0^{+\infty}\mathrm{e}^t[x_1^2(t)+x_3^2(t)+u^2(t)]\mathrm{d}t$$

为最小的状态控制律 $u^*$, 并计算最优性能指标 $J^*$.

# 第 9 章 非线性控制系统理论初步

由于线性系统具有齐次性和叠加性, 故线性系统的基本性质在全局意义上都是成立的, 它完全取决于系统的结构和参数, 而与系统的初始状态没有什么关系. 这些为控制系统的设计带来了非常有利的条件, 有一套成熟和完整的理论和方法, 使整个系统的分析与设计简单方便. 随着人类研究领域的扩展和动态系统运动速度的越来越快, 于是动态系统的非线性效应不能再被忽略了. 然而非线性系统具有比线性系统更复杂的动态行为: 首先, 不满足齐次性和叠加性原理; 其次, 非线性系统的能控性, 能观测性和能镇定性不但取决于系统的结构和参数, 也和系统的初始状态有直接关系. 这些都为非线性系统研究带来极大的困难与挑战.

## 9.1 近似线性化法

由于系统的稳定性是其能正常运行的必要条件, 为此我们首先讨论非线性控制系统如何才是稳定的, 即镇定性.

**定义 9.1** 考虑如下非线性系统

$$\begin{aligned}\dot{\boldsymbol{x}} &= \boldsymbol{f}(\boldsymbol{x}, \boldsymbol{u}(\cdot)) \\ \boldsymbol{y} &= \boldsymbol{h}(\boldsymbol{x}, \boldsymbol{u})\end{aligned} \tag{9.1.1}$$

其中, 状态 $\boldsymbol{x} \in \mathbb{R}^n$, $\boldsymbol{u}(\cdot)$ 是控制输入, $\boldsymbol{y}$ 是输出, $\boldsymbol{f}, \boldsymbol{h}$ 是光滑函数向量且 $\boldsymbol{f}(\boldsymbol{0},\boldsymbol{0})=\boldsymbol{0}$. 如果存在一个状态反馈控制律 $\boldsymbol{u} = \boldsymbol{\theta}(\boldsymbol{x})$ 使得原点 $\boldsymbol{x} = \boldsymbol{0}$ 是闭环系统

$$\dot{\boldsymbol{x}} = \boldsymbol{f}(\boldsymbol{x}, \boldsymbol{\theta}(\boldsymbol{x}))$$

的渐近稳定平衡点, 则称系统 (9.1.1) 是能状态反馈镇定的. 如果存在一个静态输出反馈控制律 $\boldsymbol{u} = \boldsymbol{\zeta}(\boldsymbol{y})$ 或动态输出反馈控制律

$$\begin{aligned}\dot{\boldsymbol{z}} &= \boldsymbol{g}(\boldsymbol{z}, \boldsymbol{y}, \boldsymbol{u}) \\ \boldsymbol{u} &= \boldsymbol{\zeta}(\boldsymbol{y}, \boldsymbol{z})\end{aligned}$$

使得 $\boldsymbol{x} = \boldsymbol{0}$ 或 $\boldsymbol{x} = \boldsymbol{0}, \boldsymbol{z} = \boldsymbol{0}$ 是闭环系统的渐近稳定平衡点, 则称系统 (9.1.1) 是能输出反馈镇定的.

设系统 (9.1.1) 在包含原点 $\boldsymbol{x}=\mathbf{0}, \boldsymbol{u}=\mathbf{0}$ 的区域 $D_{\boldsymbol{x}} \times D_{\boldsymbol{u}} \subseteq \mathbb{R}^n \times \mathbb{R}^p$ 内连续可微. 对系统 (9.1.1) 在点 $\boldsymbol{x}=\mathbf{0}, \boldsymbol{u}=\mathbf{0}$ 上作一阶线性近似, 可得如下线性系统

$$\dot{\boldsymbol{x}}=\boldsymbol{A}\boldsymbol{x}+\boldsymbol{B}\boldsymbol{u} \tag{9.1.2}$$

其中

$$\boldsymbol{A}=\frac{\partial \boldsymbol{f}}{\partial \boldsymbol{x}}(\boldsymbol{x}, \boldsymbol{u})\bigg|_{\boldsymbol{x}=\mathbf{0}, \boldsymbol{u}=\mathbf{0}}, \qquad \boldsymbol{B}=\frac{\partial \boldsymbol{f}}{\partial \boldsymbol{u}}(\boldsymbol{x}, \boldsymbol{u})\bigg|_{\boldsymbol{x}=\mathbf{0}, \boldsymbol{u}=\mathbf{0}}$$

假设矩阵对 $(\boldsymbol{A}, \boldsymbol{B})$ 能控, 或者至少是能镇定的. 于是存在一个矩阵 $\boldsymbol{K}$ 使得 $\boldsymbol{A}+\boldsymbol{B}\boldsymbol{K}$ 的特征根位于开左半复平面内.

现在把线性状态反馈控制 $\boldsymbol{u}=\boldsymbol{K}\boldsymbol{x}$ 应用到非线性系统 (9.1.1) 上去, 得到闭环系统为

$$\dot{\boldsymbol{x}}=\boldsymbol{f}(\boldsymbol{x}, \boldsymbol{K}\boldsymbol{x}) \tag{9.1.3}$$

显然, 原点是闭环系统 (9.1.3) 的平衡点. 下证原点是渐近稳定平衡点. 对系统 (9.1.3) 在原点作泰勒展开, 得

$$\dot{\boldsymbol{x}}=\left[\frac{\partial \boldsymbol{f}}{\partial \boldsymbol{x}}(\boldsymbol{x}, \boldsymbol{K}\boldsymbol{x})+\frac{\partial \boldsymbol{f}}{\partial \boldsymbol{u}}(\boldsymbol{x}, \boldsymbol{K}\boldsymbol{x})\,\boldsymbol{K}\right]\bigg|_{\boldsymbol{x}=\mathbf{0}} \boldsymbol{x}+o(\|\boldsymbol{x}\|)=(\boldsymbol{A}+\boldsymbol{B}\boldsymbol{K})\boldsymbol{x}+o(\|\boldsymbol{x}\|)$$

由于 $\boldsymbol{A}+\boldsymbol{B}\boldsymbol{K}$ 是 Hurwitz 矩阵, 则对任意正定对称矩阵 $\boldsymbol{Q}$, 方程

$$(\boldsymbol{A}+\boldsymbol{B}\boldsymbol{K})^{\mathrm{T}}\boldsymbol{P}+\boldsymbol{P}(\boldsymbol{A}+\boldsymbol{B}\boldsymbol{K})=-\boldsymbol{Q}$$

有唯一正定矩阵解 $\boldsymbol{P}$. 于是二次型函数 $V(\boldsymbol{x})=\boldsymbol{x}^{\mathrm{T}}\boldsymbol{P}\boldsymbol{x}$ 是正定的, 它的全导数为

$$\begin{aligned}\dot{V}(\boldsymbol{x}) &=\boldsymbol{x}^{\mathrm{T}}[(\boldsymbol{A}+\boldsymbol{B}\boldsymbol{K})^{\mathrm{T}}\boldsymbol{P}+\boldsymbol{P}(\boldsymbol{A}+\boldsymbol{B}\boldsymbol{K})]\boldsymbol{x}+o(\|\boldsymbol{x}\|^3)\\ &=-\boldsymbol{x}^{\mathrm{T}}\boldsymbol{Q}\boldsymbol{x}+o(\|\boldsymbol{x}\|^3)\end{aligned} \tag{9.1.4}$$

由此在原点的一个足够小邻域内, 有李雅普诺夫函数 $V(\boldsymbol{x})$ 的全导数 $\dot{V}(\boldsymbol{x})<0$, $\boldsymbol{x} \neq \mathbf{0}$. 因此原点是渐近稳定的. 显然这里控制 $\boldsymbol{u}=\boldsymbol{K}\boldsymbol{x}$ 一般只能局部镇定系统 (9.1.1).

## 9.2 精确反馈线性化

第 9.1 节的近似线性化法初步解决了非线性系统局部镇定问题, 可这个局部往往过于保守. 因此需要发展新的线性化方法, 使得控制器能镇定的范围更大. 为

此我们研究一种相对简单的非线性控制系统, 称为仿射非线性控制系统. 这种系统与线性控制系统形状相似, 具有如下形式:

$$\begin{aligned} \dot{\boldsymbol{x}} &= \boldsymbol{f}(\boldsymbol{x}) + \sum_{i=1}^{m} \boldsymbol{g}_i(\boldsymbol{x}) u_i(t) \\ y_i &= h_i(\boldsymbol{x}), \quad i = 1, 2, \cdots, p \end{aligned} \tag{9.2.1}$$

其中, 状态 $\boldsymbol{x} \in \mathbb{R}^n$, $u_i(t)$ 是控制输入, $y_i$ 是输出, 以及 $\boldsymbol{f}, \boldsymbol{g}_i$ 是光滑函数向量, $h_i$ 是光滑函数.

显然, 容易想到的方法就是把非线性系统化为线性系统. 比如, 假设有同胚变换

$$\boldsymbol{z} = \boldsymbol{T}(\boldsymbol{x})$$

则

$$\begin{aligned} \dot{\boldsymbol{z}} &= \frac{\partial \boldsymbol{T}}{\partial \boldsymbol{x}} \dot{\boldsymbol{x}} = \frac{\partial \boldsymbol{T}}{\partial \boldsymbol{x}} \left[ \boldsymbol{f}(\boldsymbol{x}) + \sum_{i=1}^{m} \boldsymbol{g}_i(\boldsymbol{x}) u_i(t) \right] \\ &= \frac{\partial \boldsymbol{T}}{\partial \boldsymbol{x}} \boldsymbol{f}(\boldsymbol{x}) + \sum_{i=1}^{m} \frac{\partial \boldsymbol{T}}{\partial \boldsymbol{x}} \boldsymbol{g}_i(\boldsymbol{x}) u_i(t) \end{aligned} \tag{9.2.2}$$

再把

$$\boldsymbol{x} = \boldsymbol{T}^{-1}(\boldsymbol{z})$$

代入式 (9.2.2), 就化为关于状态 $\boldsymbol{z}$ 的系统方程. 如果

$$\frac{\partial \boldsymbol{T}}{\partial \boldsymbol{x}} \boldsymbol{f}(\boldsymbol{x}), \quad \frac{\partial \boldsymbol{T}}{\partial \boldsymbol{x}} \boldsymbol{g}_i(\boldsymbol{x}), \quad i = 1, 2, \cdots, m$$

是常值向量, 这样就可以把式 (9.2.1) 的状态方程化为线性方程①.

显然满足上面条件的非线性系统非常少. 这样的系统本质上仍然是线性系统, 只是没有选择合适的状态变量. 下面我们介绍非线性系统的输入-状态可线性化法, 它的思想是: 先通过一个局部/全局微分同胚变换把系统化为 $z^{(n)} = f(z) + b(z)u$ 的形式; 然后利用一部分控制去抵消系统中的非线性项.

### 9.2.1 输入-状态可线性化

为了方便研究, 把非线性系统 (9.2.1) 写成如下更紧凑的形式:

$$\begin{aligned} \dot{\boldsymbol{x}} &= \boldsymbol{f}(\boldsymbol{x}) + \boldsymbol{G}(\boldsymbol{x}) \boldsymbol{u} \\ \boldsymbol{y} &= \boldsymbol{h}(\boldsymbol{x}) \end{aligned} \tag{9.2.3}$$

① 局部/全局微分同胚 $\boldsymbol{T}$ 的存在性条件可见参考文献 (Marino, 2006).

其中, $\boldsymbol{f}(\mathbf{0})=\mathbf{0}$, $\boldsymbol{G}$ 是 $n\times m$ 阶光滑函数矩阵, $\boldsymbol{h}$ 是 $p$ 维光滑函数向量.

**定义 9.2** 假设 $\boldsymbol{f}:D_{\boldsymbol{x}}\to\mathbb{R}^n$ 和 $\boldsymbol{G}:D_{\boldsymbol{x}}\to\mathbb{R}^{n\times p}$ 在包含原点的区域 $D_{\boldsymbol{x}}$ 上是充分光滑的. 非线性系统

$$\dot{\boldsymbol{x}}=\boldsymbol{f}(\boldsymbol{x})+\boldsymbol{G}(\boldsymbol{x})\boldsymbol{u} \tag{9.2.4}$$

称作是输入-状态可线性化的, 如果存在微分同胚 $\boldsymbol{T}:D_{\boldsymbol{x}}\to\mathbb{R}^n$, $\boldsymbol{T}(\mathbf{0})=\mathbf{0}$ 使得 $D_{\boldsymbol{z}}=\boldsymbol{T}(D_{\boldsymbol{x}})$ 及变量变换 $\boldsymbol{z}=\boldsymbol{T}(\boldsymbol{x})$ 把系统 (9.2.4) 变为如下形式:

$$\dot{\boldsymbol{z}}=\boldsymbol{A}\boldsymbol{z}+\boldsymbol{B}\boldsymbol{\Theta}^{-1}(\boldsymbol{x})[\boldsymbol{u}-\boldsymbol{\alpha}(\boldsymbol{x})] \tag{9.2.5}$$

其中, $\boldsymbol{\alpha}(\boldsymbol{x})$ 是 $m$ 维向量, $\boldsymbol{\Theta}(\boldsymbol{x})$ 是 $m\times m$ 阶方阵且对所有的 $\boldsymbol{x}\in D_{\boldsymbol{x}}$ 非奇异, $(\boldsymbol{A},\boldsymbol{B})$ 能控.

这样我们就可以利用 $\boldsymbol{u}=\boldsymbol{\alpha}(\boldsymbol{x})+\boldsymbol{\Theta}(\boldsymbol{x})\boldsymbol{v}$ 消去系统 (9.2.4) 的非线性成分, 化为线性系统 $\dot{\boldsymbol{z}}=\boldsymbol{A}\boldsymbol{z}+\boldsymbol{B}\boldsymbol{v}$. 这里要求 $(\boldsymbol{A},\boldsymbol{B})$ 能控是因为我们希望变换后的线性系统是能控的, 有利于进一步研究控制器设计问题. 下面我们研究如果系统 (9.2.4) 是输入-状态可线性化的, 则系统 (9.2.4) 应该满足什么条件?

令

$$\boldsymbol{\alpha}_0(\boldsymbol{z})=\boldsymbol{\alpha}(\boldsymbol{T}^{-1}(\boldsymbol{z})),\qquad \boldsymbol{\Theta}_0(\boldsymbol{z})=\boldsymbol{\Theta}(\boldsymbol{T}^{-1}(\boldsymbol{z}))$$

则式 (9.2.5) 可写成

$$\dot{\boldsymbol{z}}=\boldsymbol{A}\boldsymbol{z}+\boldsymbol{B}\boldsymbol{\Theta}_0^{-1}(\boldsymbol{z})[\boldsymbol{u}-\boldsymbol{\alpha}_0(\boldsymbol{z})] \tag{9.2.6}$$

前面把 $\boldsymbol{\alpha},\boldsymbol{\Theta}$ 表示为 $\boldsymbol{x}$ 的函数只是因为有时会更方便点.

假设系统 (9.2.4) 是输入-状态可线性化的. 令 $\boldsymbol{z}=\boldsymbol{T}(\boldsymbol{x})$ 为所要的变换. 我们有

$$\dot{\boldsymbol{z}}=\frac{\partial\boldsymbol{T}}{\partial\boldsymbol{x}}\dot{\boldsymbol{x}}=\frac{\partial\boldsymbol{T}}{\partial\boldsymbol{x}}[\boldsymbol{f}(\boldsymbol{x})+\boldsymbol{G}(\boldsymbol{x})\boldsymbol{u}] \tag{9.2.7}$$

又由式 (9.2.5) 我们有

$$\dot{\boldsymbol{z}}=\boldsymbol{A}\boldsymbol{z}+\boldsymbol{B}\boldsymbol{\Theta}^{-1}(\boldsymbol{x})[\boldsymbol{u}-\boldsymbol{\alpha}(\boldsymbol{x})]=\boldsymbol{A}\boldsymbol{T}(\boldsymbol{x})+\boldsymbol{B}\boldsymbol{\Theta}^{-1}(\boldsymbol{x})[\boldsymbol{u}-\boldsymbol{\alpha}(\boldsymbol{x})] \tag{9.2.8}$$

于是

$$\frac{\partial\boldsymbol{T}}{\partial\boldsymbol{x}}[\boldsymbol{f}(\boldsymbol{x})+\boldsymbol{G}(\boldsymbol{x})\boldsymbol{u}]=\boldsymbol{A}\boldsymbol{T}(\boldsymbol{x})+\boldsymbol{B}\boldsymbol{\Theta}^{-1}(\boldsymbol{x})[\boldsymbol{u}-\boldsymbol{\alpha}(\boldsymbol{x})]$$

由于上式对任意的 $\boldsymbol{x}$ 和 $\boldsymbol{u}$ 都成立, 故有

$$\frac{\partial\boldsymbol{T}}{\partial\boldsymbol{x}}\boldsymbol{f}(\boldsymbol{x})=\boldsymbol{A}\boldsymbol{T}(\boldsymbol{x})-\boldsymbol{B}\boldsymbol{\Theta}^{-1}(\boldsymbol{x})\boldsymbol{\alpha}(\boldsymbol{x}) \tag{9.2.9}$$

$$\frac{\partial \boldsymbol{T}}{\partial \boldsymbol{x}}\boldsymbol{G}(\boldsymbol{x})=\boldsymbol{B}\boldsymbol{\Theta}^{-1}(\boldsymbol{x}) \tag{9.2.10}$$

于是, 系统 (9.2.4) 能输入-状态线性化的充分必要条件是存在 $\boldsymbol{T},\boldsymbol{\alpha},\boldsymbol{\Theta},\boldsymbol{A},\boldsymbol{B}$ 满足上面微分偏微分方程 (9.2.9)、方程 (9.2.10).

注意到式 (9.2.9)、式 (9.2.10) 的解 $\boldsymbol{T}$ 是不唯一的, 因为如果 $\boldsymbol{z}=\boldsymbol{T}(\boldsymbol{x})$ 满足要求, 则变换 $\boldsymbol{M}\boldsymbol{z}$ 也满足要求, 其中 $\boldsymbol{M}$ 是任意非奇异方阵.

下面我们就利用这点来求合适的 $\boldsymbol{T}$. 这里以 $m=1$ 来说明具体求法, 此时 $\boldsymbol{G}(x)$ 为一向量. 由于对任意能控矩阵对 $(\boldsymbol{A},\boldsymbol{B})$, 我们可以找到一个非奇异矩阵 $\boldsymbol{M}$ 使得 $(\boldsymbol{A},\boldsymbol{B})$ 是能控标准型. 即 $\boldsymbol{M}\boldsymbol{A}\boldsymbol{M}^{-1}=\boldsymbol{A}_c+\boldsymbol{B}_c\lambda^{\mathrm{T}},\boldsymbol{M}\boldsymbol{B}=\boldsymbol{B}_c$, 其中

$$\boldsymbol{A}_c=\begin{bmatrix}0&1&0&\cdots&0\\0&0&1&\cdots&0\\\vdots&\vdots&\vdots&&\vdots\\0&0&0&\cdots&1\\0&0&0&\cdots&0\end{bmatrix}_{n\times n},\quad \boldsymbol{B}_c=\begin{pmatrix}0\\0\\\vdots\\0\\1\end{pmatrix}_{n\times 1} \tag{9.2.11}$$

因此我们直接假设式 (9.2.9)、式 (9.2.10) 中的 $\boldsymbol{A},\boldsymbol{B}$ 为标准型 $\boldsymbol{A}_c,\boldsymbol{B}_c$.

再令

$$\boldsymbol{T}(\boldsymbol{x})=\begin{pmatrix}T_1(\boldsymbol{x})\\T_2(\boldsymbol{x})\\\vdots\\T_{n-1}(\boldsymbol{x})\\T_n(\boldsymbol{x})\end{pmatrix} \tag{9.2.12}$$

容易验证有

$$\boldsymbol{A}_c\boldsymbol{T}(\boldsymbol{x})-\boldsymbol{B}_c\theta^{-1}(\boldsymbol{x})\alpha(\boldsymbol{x})=\begin{pmatrix}T_2(\boldsymbol{x})\\T_3(\boldsymbol{x})\\\vdots\\T_n(\boldsymbol{x})\\-\dfrac{\alpha(\boldsymbol{x})}{\theta(\boldsymbol{x})}\end{pmatrix},\quad \boldsymbol{B}_c\theta^{-1}(\boldsymbol{x})=\begin{pmatrix}0\\0\\\vdots\\0\\\dfrac{1}{\theta(\boldsymbol{x})}\end{pmatrix}$$

其中, $\alpha,\theta$ 是标量函数.

于是由式 (9.2.9) 有

$$
\begin{aligned}
\frac{\partial T_1}{\partial \boldsymbol{x}}\boldsymbol{f}(\boldsymbol{x}) =& T_2(\boldsymbol{x}) \\
\frac{\partial T_2}{\partial \boldsymbol{x}}\boldsymbol{f}(\boldsymbol{x}) =& T_3(\boldsymbol{x}) \\
& \vdots \\
\frac{\partial T_{n-1}}{\partial \boldsymbol{x}}\boldsymbol{f}(\boldsymbol{x}) =& T_n(\boldsymbol{x}) \\
\frac{\partial T_n}{\partial \boldsymbol{x}}\boldsymbol{f}(\boldsymbol{x}) =& -\frac{\alpha(\boldsymbol{x})}{\theta(\boldsymbol{x})}
\end{aligned}
\tag{9.2.13}
$$

该式说明从 $T_2$ 到 $T_n$ 都由 $T_1$ 所确定, 最后一个方程右边为 $-\dfrac{\alpha(\boldsymbol{x})}{\theta(\boldsymbol{x})}$.

又由式 (9.2.10) 有

$$
\begin{aligned}
\frac{\partial T_1}{\partial \boldsymbol{x}}\boldsymbol{G}(\boldsymbol{x}) =& 0 \\
\frac{\partial T_2}{\partial \boldsymbol{x}}\boldsymbol{G}(\boldsymbol{x}) =& 0 \\
& \vdots \\
\frac{\partial T_{n-1}}{\partial \boldsymbol{x}}\boldsymbol{G}(\boldsymbol{x}) =& 0 \\
\frac{\partial T_n}{\partial \boldsymbol{x}}\boldsymbol{G}(\boldsymbol{x}) =& \frac{1}{\theta(\boldsymbol{x})} \neq 0
\end{aligned}
\tag{9.2.14}
$$

这样我们需要求函数 $T_1(\boldsymbol{x})$, 使得

$$
\begin{aligned}
&\frac{\partial T_i}{\partial \boldsymbol{x}}\boldsymbol{G}(\boldsymbol{x}) = 0, \quad i = 1, 2, \cdots, n-1 \\
&\frac{\partial T_n}{\partial \boldsymbol{x}}\boldsymbol{G}(\boldsymbol{x}) \neq 0
\end{aligned}
\tag{9.2.15}
$$

其中

$$
T_{i+1}(\boldsymbol{x}) = \frac{\partial T_i}{\partial \boldsymbol{x}}\boldsymbol{f}(\boldsymbol{x}), \quad i = 1, 2, \cdots, n-1
$$

如果函数 $T_1(\boldsymbol{x})$ 满足式 (9.2.15), 则 $\alpha, \theta$ 由下式给出:

$$
\theta(\boldsymbol{x}) = \left[\frac{\partial T_n}{\partial \boldsymbol{x}}\boldsymbol{G}(\boldsymbol{x})\right]^{-1}, \qquad \alpha(\boldsymbol{x}) = -\left[\frac{\partial T_n}{\partial \boldsymbol{x}}\boldsymbol{f}(\boldsymbol{x})\right]\left[\frac{\partial T_n}{\partial \boldsymbol{x}}\boldsymbol{G}(\boldsymbol{x})\right]^{-1} \tag{9.2.16}
$$

这样我们就得到非线性系统 (9.2.4) 能输入-状态线性化的条件: 存在函数 $T_1(\boldsymbol{x})$ 满足式 (9.2.15).

### 9.2.2 输入-输出线性化

从名称上看, 输入-输出线性化是把输入和输出之间的关系化为线性的. 也就是说使输出 $y$ 和输入 $v$ (这里 $v$ 与第 9.2.1 节中的输入-状态线性化中的新输入 $v$ 类似) 之间由一个线性常微分方程联系. 下面以单输入-单输出非线性系统为例阐述输入-输出线性化思想.

考虑如下单输入-单输出非线性系统:

$$\begin{aligned}\dot{\boldsymbol{x}} &= \boldsymbol{f}(\boldsymbol{x}) + \boldsymbol{g}(\boldsymbol{x})u(t)\\ y &= h(\boldsymbol{x})\end{aligned} \tag{9.2.17}$$

其中, $\boldsymbol{f}(\mathbf{0}) = \mathbf{0}$, $\boldsymbol{x} \in \mathbb{R}^n$, $\mathbf{0} \in D$, $\boldsymbol{f}, \boldsymbol{g}$ 和 $h$ 是区域 $D \subseteq \mathbb{R}^n$ 上的充分光滑函数 (向量).

此时最简单的情形是系统能够化为 $y^{(n)} = v$. 这样令 $y, y', y'', \cdots, y^{(n-1)}$ 为新的状态, 系统就可以同时输入-状态和输入-输出线性化.

为此可令 $\psi_1 = h(\boldsymbol{x}) = T_1(\boldsymbol{x})$, 于是有

$$\dot{y} = \frac{\partial \psi_1}{\partial \boldsymbol{x}}[\boldsymbol{f}(\boldsymbol{x}) + \boldsymbol{g}(\boldsymbol{x})u]$$

因为我们希望系统能化为 $y^{(n)} = v$, 这样就要求系统满足条件 $\dfrac{\partial \psi_1}{\partial \boldsymbol{x}}\boldsymbol{g}(\boldsymbol{x}) = 0$. 于是

$$\dot{y} = \frac{\partial \psi_1}{\partial \boldsymbol{x}}\boldsymbol{f}(\boldsymbol{x}) \triangleq \psi_2(\boldsymbol{x})$$

继续求 $y$ 的二阶导数, 有

$$\ddot{y} = \frac{\partial \psi_2}{\partial \boldsymbol{x}}[\boldsymbol{f}(\boldsymbol{x}) + \boldsymbol{g}(\boldsymbol{x})u]$$

同理应该有 $\dfrac{\partial \psi_2}{\partial \boldsymbol{x}}\boldsymbol{g}(\boldsymbol{x}) = 0$, 则

$$\ddot{y} = \frac{\partial \psi_2}{\partial \boldsymbol{x}}\boldsymbol{f}(\boldsymbol{x}) \triangleq \psi_3(\boldsymbol{x})$$

重复这个过程, 令

$$\begin{aligned}&\frac{\partial \psi_i}{\partial \boldsymbol{x}}\boldsymbol{g}(\boldsymbol{x}) = 0, \quad i = 1, 2, \cdots, n-1\\ &\frac{\partial \psi_n}{\partial \boldsymbol{x}}\boldsymbol{g}(\boldsymbol{x}) \neq 0\end{aligned}$$

其中

$$\psi_{i+1}=\frac{\partial\psi_i}{\partial\boldsymbol{x}}\boldsymbol{f}(\boldsymbol{x}),\quad i=1,2,\cdots,n-1$$

则 $u$ 没有出现在 $y,\dot{y},\cdots,y^{(n-1)}$ 的方程中但出现在具有非零系数 $y^{(n)}$ 的方程

$$y^{(n)}=\frac{\partial\psi_n}{\partial\boldsymbol{x}}\boldsymbol{f}(\boldsymbol{x})+\frac{\partial\psi_n}{\partial\boldsymbol{x}}\boldsymbol{g}(\boldsymbol{x})u$$

中. 这个方程表明了系统可输入-输出线性化, 因为令

$$u=\frac{1}{\dfrac{\partial\psi_n}{\partial\boldsymbol{x}}\boldsymbol{g}(\boldsymbol{x})}\left[-\frac{\partial\psi_n}{\partial\boldsymbol{x}}\boldsymbol{f}(\boldsymbol{x})+v\right]$$

有

$$y^{(n)}=v$$

这样输出刚好是 $y$, 输入 $v$ 与输出 $y$ 之间的关系是线性的, 且保持系统的维数不变.

如果存在 $1\leqslant r\leqslant n$, 有

$$\frac{\partial\psi_i}{\partial\boldsymbol{x}}\boldsymbol{g}(\boldsymbol{x})=0,\quad i=1,2,\cdots,r-1$$

$$\frac{\partial\psi_r}{\partial\boldsymbol{x}}\boldsymbol{g}(\boldsymbol{x})\neq 0$$

则系统依然可以输入-输出线性化, 但是当 $r<n$ 时不能输入-状态线性化. 这是因为令

$$y^{(r)}=\frac{\partial\psi_r}{\partial\boldsymbol{x}}\boldsymbol{f}(\boldsymbol{x})+\frac{\partial\psi_r}{\partial\boldsymbol{x}}\boldsymbol{g}(\boldsymbol{x})u$$

及

$$u=\frac{1}{\dfrac{\partial\psi_r}{\partial\boldsymbol{x}}\boldsymbol{g}(\boldsymbol{x})}\left[-\frac{\partial\psi_r}{\partial\boldsymbol{x}}\boldsymbol{f}(\boldsymbol{x})+v\right]$$

可得

$$y^{(r)}=v$$

此时, $r$ 称作系统的相对度. 显然输入-输出线性化后的系统维数变小, 会丢失原系统的部分信息. 此时可以采取重新给定输出函数 $y_1=h_1(\boldsymbol{x})$ 的方法来处理控制问题①.

① 参见文献 (Hedrick et al., 1990).

**定义 9.3** 假设 $\boldsymbol{f}: D \to \mathbb{R}^n$, $\boldsymbol{g}: D \to \mathbb{R}^n$ 和 $h: D \to \mathbb{R}$ 在包含原点的区域 $D$ 上是充分光滑的. 仿射非线性系统

$$\begin{aligned} \dot{\boldsymbol{x}} &= \boldsymbol{f}(\boldsymbol{x}) + \boldsymbol{g}(\boldsymbol{x})u(t) \\ y &= h(\boldsymbol{x}) \end{aligned} \tag{9.2.18}$$

称作在区域 $D_0 \subseteq D$ 上具有相对度 $r$, 如果对所有的 $\boldsymbol{x} \in D_0$, 有

$$\frac{\partial \psi_i}{\partial \boldsymbol{x}}\boldsymbol{g}(\boldsymbol{x}) = 0, \quad i = 1, 2, \cdots, r-1$$

$$\frac{\partial \psi_r}{\partial \boldsymbol{x}}\boldsymbol{g}(\boldsymbol{x}) \neq 0$$

其中

$$\psi_1(\boldsymbol{x}) = h(\boldsymbol{x}), \quad \psi_{i+1} = \frac{\partial \psi_i}{\partial \boldsymbol{x}}\boldsymbol{f}(\boldsymbol{x}), \quad i = 1, 2, \cdots, r-1$$

综合上述, 我们有下面结论: 如果系统 (9.2.18) 具有相对度 $r$, 则它是输入-输出可线性化的. 如果相对度为 $n$, 则系统是同时输入-状态和输入-输出可线性化的.

由上面的分析可以看出, 输入-状态和输入-输出线性化的思想就是用部分控制消去系统中的非线性项. 通过线性化可以部分解决系统能控/能观性问题. 输入-状态线性化大体可用来判断局部能控性, 而输入-输出可线性化大体可用来判断局部能观测性. 如果系统 (9.2.18) 具有相对度 $n$, 则它是局部能观测的. 相对度条件其实就是使得能观测性和输入可以无关. 这是个很强的条件, 非线性系统一般不具有这样的性质. 换句话说, 非线性系统 (9.2.18) 中的控制向量场 $\boldsymbol{g}(\boldsymbol{x})$ 几乎一定会影响系统的能观测性①.

最后需要指出, 能精确线性化的非线性系统是非常少的, 绝大多数非线性系统是不可精确线性化的, 比如非完整系统, 可参见文献 (Bloch, 2003). 非完整系统近似线性化当然可以, 但近似线性化的系统一般不具有能控/能镇定性, 然而它们实际上却是能控/能镇定的. 因此非完整系统近似线性化难有工程实践意义. 故探索新的方法是很有必要的.

## 9.3 Backstepping 法

Backstepping 法是非线性系统控制器设计中的一种重要方法. 通过引入虚拟控制, 将具有三角形结构控制系统分解成多个更简单和阶数更低的系统, 然后选

① 仿射非线性控制系统的局部能控性/能观测性已基本获得解决, 可参见文献 (Isidori, 1995). 全局能控/能观测性至今依然是尚未获彻底解决的公开问题.

择适当的李雅普诺夫函数来保证系统的稳定性, 并采用倒推的方法设计出最终的控制律, 实现对系统的有效控制和全局调节.

我们考虑的系统为如下形式

$$\dot{\boldsymbol{x}} = \boldsymbol{f}(\boldsymbol{x}) + \boldsymbol{g}(\boldsymbol{x})\xi \tag{9.3.1}$$

$$\dot{\xi} = u \tag{9.3.2}$$

其中, $[\boldsymbol{x}^{\mathrm{T}}, \xi]^{\mathrm{T}} \in \mathbb{R}^{n+1}$ 是状态, $u \in \mathbb{R}$ 是控制输入. 函数 $\boldsymbol{f}: D \to \mathbb{R}^n$ 和 $\boldsymbol{g}: D \to \mathbb{R}^n$ 是在 $D \subseteq \mathbb{R}^n$ 上的光滑函数, $\boldsymbol{f}(\boldsymbol{0}) = \boldsymbol{0}$, 其中 $D$ 包含原点. 目标是设计状态反馈控制律镇定系统, 使得系统的原点 $\boldsymbol{x} = \boldsymbol{0}$, $\xi = 0$ 为渐近稳定平衡点.

这个系统可以看作两个部分的串联: 第一部分是式 (9.3.1), $\xi$ 看作虚拟输入, 第二部分是积分器 (9.3.2).

假设式 (9.3.1) 部分可以被光滑状态反馈控制 $\xi = \phi(\boldsymbol{x}), \phi(\boldsymbol{0}) = 0$ 镇定. 即系统

$$\dot{\boldsymbol{x}} = \boldsymbol{f}(\boldsymbol{x}) + \boldsymbol{g}(\boldsymbol{x})\phi(\boldsymbol{x})$$

的原点是渐近稳定的. 进一步假设存在一个光滑、正定的李雅普诺夫函数 $V(\boldsymbol{x})$ 满足不等式

$$\frac{\partial V}{\partial \boldsymbol{x}}[\boldsymbol{f}(\boldsymbol{x}) + \boldsymbol{g}(\boldsymbol{x})\phi(\boldsymbol{x})] \leqslant -W(\boldsymbol{x}), \quad \forall \boldsymbol{x} \in D \tag{9.3.3}$$

其中, $W(\boldsymbol{x})$ 是正定函数.

通过在式 (9.3.1) 右边加减 $\boldsymbol{g}(\boldsymbol{x})\phi(\boldsymbol{x})$, 我们得到其等价表示

$$\begin{aligned}
\dot{\boldsymbol{x}} &= [\boldsymbol{f}(\boldsymbol{x}) + \boldsymbol{g}(\boldsymbol{x})\phi(\boldsymbol{x})] + \boldsymbol{g}(\boldsymbol{x})[\xi - \phi(\boldsymbol{x})] \\
\dot{\xi} &= u
\end{aligned}$$

作变量替换

$$z = \xi - \phi(\boldsymbol{x})$$

得

$$\begin{aligned}
\dot{\boldsymbol{x}} &= [\boldsymbol{f}(\boldsymbol{x}) + \boldsymbol{g}(\boldsymbol{x})\phi(\boldsymbol{x})] + \boldsymbol{g}(\boldsymbol{x})z \\
\dot{z} &= u - \dot{\phi}
\end{aligned}$$

由于 $\boldsymbol{f}, \boldsymbol{g}$ 和 $\phi$ 已知, 导数 $\dot{\phi}$ 可由下面表达式计算出

$$\dot{\phi} = \frac{\partial \phi}{\partial \boldsymbol{x}}[\boldsymbol{f}(\boldsymbol{x}) + \boldsymbol{g}(\boldsymbol{x})\xi]$$

令 $v = u - \dot{\phi}$, 于是系统可化简为

$$\begin{aligned}\dot{\boldsymbol{x}} &=[\boldsymbol{f}(\boldsymbol{x})+\boldsymbol{g}(\boldsymbol{x})\phi(\boldsymbol{x})]+\boldsymbol{g}(\boldsymbol{x})z \\ \dot{z} &=v\end{aligned}$$

这与我们开始研究的系统十分相似, 只是这里的第一部分当输入为零时, 原点为系统渐近稳定的平衡点. 这个特性将用来设计镇定整个系统的控制 $v$. 我们采用

$$V_a(\boldsymbol{x},z)=V(\boldsymbol{x})+\frac{1}{2}z^2$$

作为整个系统的待定李雅普诺夫函数. 于是有

$$\begin{aligned}\dot{V}_a &=\frac{\partial V}{\partial \boldsymbol{x}}[\boldsymbol{f}(\boldsymbol{x})+\boldsymbol{g}(\boldsymbol{x})\phi(\boldsymbol{x})]+\frac{\partial V}{\partial \boldsymbol{x}}\boldsymbol{g}(\boldsymbol{x})z+zv \\ &\leqslant -W(\boldsymbol{x})+\frac{\partial V}{\partial \boldsymbol{x}}\boldsymbol{g}(\boldsymbol{x})z+zv\end{aligned} \tag{9.3.4}$$

取

$$v=-\frac{\partial V}{\partial \boldsymbol{x}}\boldsymbol{g}(\boldsymbol{x})-kz,\quad k>0$$

得

$$\dot{V}_a\leqslant -W(\boldsymbol{x})-kz^2$$

这说明原点 $\boldsymbol{x}=\boldsymbol{0}$, $z=0$ 是渐近稳定的. 由于 $\phi(\boldsymbol{0})=0$, 故有原点 $\boldsymbol{x}=\boldsymbol{0}$, $\xi=0$ 是渐近稳定的.

最后, 我们得到状态反馈控制律为

$$u=\frac{\partial \phi}{\partial \boldsymbol{x}}[\boldsymbol{f}(\boldsymbol{x})+\boldsymbol{g}(\boldsymbol{x})\xi]-\frac{\partial V}{\partial \boldsymbol{x}}\boldsymbol{g}(\boldsymbol{x})-k[\xi-\phi(\boldsymbol{x})] \tag{9.3.5}$$

如果所有假设都全局成立且 $V(\boldsymbol{x})$ 是径向无界的, 则原点就是全局渐近稳定的. 综合上述, 有如下定理.

**定理 9.1** 对系统 (9.3.1)~(9.3.2), 令状态反馈控制 $\phi(\boldsymbol{x})$ ($\phi(\boldsymbol{0})=0$) 镇定子系统 (9.3.1), 且 $V(\boldsymbol{x})$ 为满足式 (9.3.3) 的李雅普诺夫函数, 其中 $W(\boldsymbol{x})$ 为某一正定函数. 则状态反馈控制律 (9.3.5) 镇定系统 (9.3.1)~(9.3.2), 使得其原点为渐近稳定平衡点, 且对应李雅普诺夫函数为 $V(\boldsymbol{x})+\dfrac{1}{2}[\xi-\phi(\boldsymbol{x})]^2$. 进一步, 如果所有假设全局成立且 $V(\boldsymbol{x})$ 径向无界, 则原点是全局渐近稳定的.

此结果不难推广到如下具有三角形结构严格反馈形式的控制系统:

$$\begin{aligned}\dot{\boldsymbol{x}} &= \boldsymbol{f}_0(\boldsymbol{x}) + \boldsymbol{g}_0(\boldsymbol{x})z_1 \\ \dot{z}_1 &= f_1(\boldsymbol{x}, z_1) + g_1(\boldsymbol{x}, z_1)z_2 \\ \dot{z}_2 &= f_2(\boldsymbol{x}, z_1, z_2) + g_2(\boldsymbol{x}, z_1, z_2)z_3 \\ &\vdots \\ \dot{z}_{k-1} &= f_{k-1}(\boldsymbol{x}, z_1, \cdots, z_{k-1}) + g_{k-1}(\boldsymbol{x}, z_1, \cdots, z_{k-1})z_k \\ \dot{z}_k &= f_k(\boldsymbol{x}, z_1, \cdots, z_k) + g_k(\boldsymbol{x}, z_1, \cdots, z_k)u\end{aligned} \tag{9.3.6}$$

其中, $\boldsymbol{x} \in \mathbb{R}^n$, $z_1 \sim z_k$ 都是标量, $\boldsymbol{f}_0 \sim f_k$ 在原点都等于零, $g_i(\boldsymbol{x}, z_1, \cdots, z_i) \neq 0$, $1 \leqslant i \leqslant k$.

## 9.4 非线性系统的全局能控性

研究非线性系统的整体性质总体上比较困难, 不仅因为非线性本身带来的困难, 而且与全空间的整体性质/拓扑性质有关. 全局能控性也不例外. 本节首先考虑最简单的非平凡系统——单输入平面仿射系统 (二维系统), 研究其全局能控性. 然后推广到具有三角形结构的高维系统.

### 9.4.1 单输入平面系统

考虑下面的平面仿射非线性控制系统:

$$\begin{aligned}\dot{x}_1 &= f_1(x_1, x_2) + g_1(x_1, x_2)u(t) \\ \dot{x}_2 &= f_2(x_1, x_2) + g_2(x_1, x_2)u(t)\end{aligned} \tag{9.4.1}$$

其中, $f_i(x_1, x_2)$, $g_i(x_1, x_2), i = 1, 2$ 处处满足局部 Lipschitz 条件, 控制输入 $u(t) \in \mathbb{R}$.

令 $\boldsymbol{x} = (x_1, x_2)^{\mathrm{T}} \in \mathbb{R}^2$, $\boldsymbol{f}(\boldsymbol{x}) = (f_1(x_1, x_2), f_2(x_1, x_2))^{\mathrm{T}}$, $\boldsymbol{g}(\boldsymbol{x}) = (g_1(x_1, x_2), g_2(x_1, x_2))^{\mathrm{T}}$, 以及假设 $\boldsymbol{g}(\boldsymbol{x}) \neq \boldsymbol{0}, \forall\ \boldsymbol{x} \in \mathbb{R}^2$①.

现在我们假设控制函数 $u(\cdot)$ 是状态反馈, 也就是 $\boldsymbol{x}$ 的函数. 再令 $u(\boldsymbol{x})$ 满足局部 Lipschitz 条件, 这是为了保证闭环系统方程解的存在与唯一性. 这样处理的好处是可以把闭环系统看作平面上的自治系统, 于是就可以利用自治系统的相图来研究轨线的走向.

首先, 我们注意到, 对于平面 $\mathbb{R}^2$ 上任意一点 $\boldsymbol{x}^0$ (见图 9.1) 和任意函数 $u(\boldsymbol{x})$, 如果 $\det[\boldsymbol{f}(\boldsymbol{x}^0), \boldsymbol{g}(\boldsymbol{x}^0)] \neq 0$, 则控制系统 (9.4.1) 在 $\boldsymbol{x}^0$ 点的向量场指向经过点 $\boldsymbol{x}^0$

① 这里假设控制向量场 $\boldsymbol{g}(\boldsymbol{x})$ 没有零点/奇点是必需的. 当然无此假设也可以做一些研究和探索. 文献 (Sun et al., 2009) 研究了 $\boldsymbol{g}(\boldsymbol{x})$ 有唯一零点/奇点的情况, 其结果相对而言较为繁杂.

且方向与 $\boldsymbol{g}(\boldsymbol{x}^0)$ 相同的直线的一侧; 又如果 $\det[\boldsymbol{f}(\boldsymbol{x}^0),\boldsymbol{g}(\boldsymbol{x}^0)]=0$, 则向量场平行于这条直线, 见图 9.1.

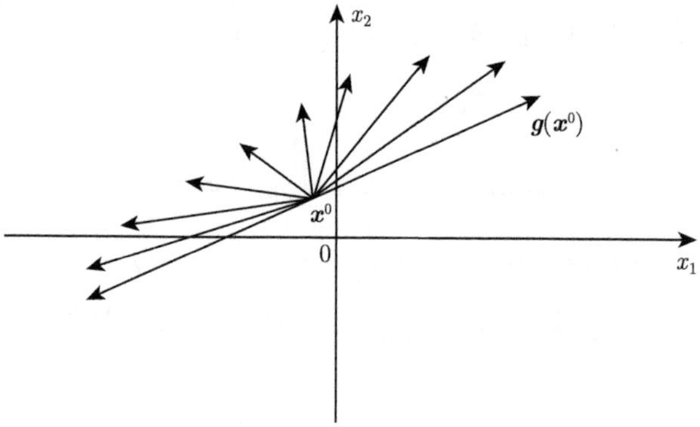


图 9.1　从点 $\boldsymbol{x}^0$ 出发轨线可能的走向

在点 $\boldsymbol{x}^0$ 的向量场是 $\boldsymbol{f}(\boldsymbol{x}^0)+\boldsymbol{g}(\boldsymbol{x}^0)u(\boldsymbol{x}^0)$. 令 $\langle\cdot,\cdot\rangle$ 表示两个向量的内积, $\boldsymbol{g}^{\perp}$ 表示和 $\boldsymbol{g}$ 正交的非零向量, 即 $\langle\boldsymbol{g},\boldsymbol{g}^{\perp}\rangle=0$ 和 $\|\boldsymbol{g}^{\perp}\|\neq 0$, 则容易看出

$$\begin{aligned}&\langle\boldsymbol{f}(\boldsymbol{x}^0)+\boldsymbol{g}(\boldsymbol{x}^0)u(\boldsymbol{x}^0),\boldsymbol{g}^{\perp}(\boldsymbol{x}^0)\rangle\\=&\langle\boldsymbol{f}(\boldsymbol{x}^0),\boldsymbol{g}^{\perp}(\boldsymbol{x}^0)\rangle+u(\boldsymbol{x}^0)\langle\boldsymbol{g}(\boldsymbol{x}^0),\boldsymbol{g}^{\perp}(\boldsymbol{x}^0)\rangle\\=&\langle\boldsymbol{f}(\boldsymbol{x}^0),\boldsymbol{g}^{\perp}(\boldsymbol{x}^0)\rangle\end{aligned}\tag{9.4.2}$$

由假设 $\det[\boldsymbol{f}(\boldsymbol{x}^0),\boldsymbol{g}(\boldsymbol{x}^0)]\neq 0$ 知 $\boldsymbol{f}(\boldsymbol{x}^0)$ 与 $\boldsymbol{g}(\boldsymbol{x}^0)$ 不平行, 因此它与 $\boldsymbol{g}^{\perp}$ 不正交, 所以式 (9.4.2) 不等于零.

由此可知, 对于任意 $u(\boldsymbol{x})$, $\langle\boldsymbol{f}(\boldsymbol{x}^0)+\boldsymbol{g}(\boldsymbol{x}^0)u(\boldsymbol{x}^0),\boldsymbol{g}^{\perp}(\boldsymbol{x}^0)\rangle$ 的符号实际上与 $u(\boldsymbol{x}^0)$ 无关, 这意味着系统 (9.4.1) 在点 $\boldsymbol{x}^0$ 的向量场只指向经过 $\boldsymbol{x}^0$ 点方向为 $\boldsymbol{g}(\boldsymbol{x}^0)$ 的直线一侧. 而另外一侧完全不可能是轨线可能走的方向.

同样, 如果 $\det[\boldsymbol{f}(\boldsymbol{x}^0),\boldsymbol{g}(\boldsymbol{x}^0)]=0$, 则对任意控制函数 $u(\boldsymbol{x})$, 控制系统 (9.4.1) 在点 $\boldsymbol{x}^0$ 的向量 (场) 永远平行于 $\boldsymbol{g}(\boldsymbol{x}^0)$. 当然此向量模的大小是可以任意改变的.

由拟 Jordan 曲线定理①, 我们知道平面上一条与直线同胚且两端延伸至无穷的曲线 $\Gamma$ 把平面分为两部分 (图 9.2).

**定义 9.4**　系统 (9.4.1) 的控制曲线定义为如下微分方程:

$$\begin{aligned}\dot{x}_1&=g_1(x_1,x_2)\\\dot{x}_2&=g_2(x_1,x_2)\end{aligned}\tag{9.4.3}$$

① 拟 Jordan 曲线定理内容就是: 平面上一条与直线同胚且两端延伸至无穷远的曲线把平面分为两部分. 它和 Jordan 曲线定理本质上是一回事. 具体参见文献 (Armstrong, 1983).

在平面上的解曲线 $(x_1(t), x_2(t))$, 其中 $g_i(\boldsymbol{x}), i = 1, 2$ 与在系统 (9.4.1) 中的定义相同.

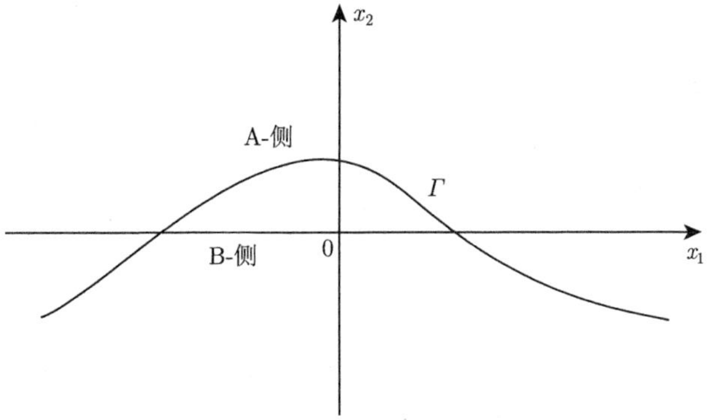


图 9.2 拟 Jordan 曲线定理

在证明引理 9.1之前, 我们对二维系统 (9.4.3) 先引入一个辅助概念. 在 $(x_1, x_2)$ 平面上的一段有限的直线段 $\boldsymbol{l}$ 称作对于向量场 $\boldsymbol{g}$ 的无切线段, 如果 $\boldsymbol{l}$ 上的每一点都是常点 (非奇点), 以及 $\boldsymbol{g}$ 在 $\boldsymbol{l}$ 上每一点的向量场方向都是与 $\boldsymbol{l}$ 的方向不相同 (即不与 $\boldsymbol{l}$ 相切).

**引理 9.1** 系统 (9.4.1) 的任意控制曲线与直线同胚且两端延伸至无穷.

证明: 我们先考虑下面的微分方程:

$$\begin{aligned}\dot{x}_1 &= g_1(x_1, x_2)/(\|\boldsymbol{g}(\boldsymbol{x})\| + 1)\\ \dot{x}_2 &= g_2(x_1, x_2)/(\|\boldsymbol{g}(\boldsymbol{x})\| + 1)\end{aligned} \tag{9.4.4}$$

其中, $\|\boldsymbol{g}(\boldsymbol{x})\| = \sqrt{g_1^2(\boldsymbol{x}) + g_2^2(\boldsymbol{x})}$. 由命题 2.4 知系统 (9.4.3) 等价于上面系统 (9.4.4). 注意到系统 (9.4.4) 的向量场是有界的, 则由命题 2.3 知式 (9.4.4) 解的存在区间是 $(-\infty, \infty)$.

我们现在来证明系统 (9.4.4) 的解轨线 $\boldsymbol{\varphi}(t), t \in (-\infty, \infty)$ 不是闭轨线且两端延伸至无穷. 首先, 由闭轨线内部必有奇点知 $\boldsymbol{\varphi}(t)$ 不是闭轨线, 否则将与假设 $\boldsymbol{g}(\boldsymbol{x}) \neq \boldsymbol{0}, \forall\, \boldsymbol{x} \in \mathbb{R}^2$ 矛盾. 这样有 $\boldsymbol{\varphi}(t)$ 与直线同胚.

其次, 我们将使用反证法来证明 $\boldsymbol{\varphi}(t)$ 的两端延伸至无穷. 否则存在一个有界序列 $\boldsymbol{\varphi}(t_i)$, 不失一般性, 我们假设 $t_i \to +\infty, t_{i+1} > t_i, i = 1, 2, \cdots, n, \cdots$. 因此 $\boldsymbol{\varphi}(t_i)$ 至少存在一个聚点 $\boldsymbol{\xi}$, 如图 9.3 所示. 由于 $\boldsymbol{g}(\boldsymbol{x}) \neq \boldsymbol{0}, \forall\, \boldsymbol{x} \in \mathbb{R}^2$, 于是点 $\boldsymbol{\xi}$ 是方程 (9.4.4) 的常点, 因此我们可以作一条通过点 $\boldsymbol{\xi}$ 的无切线段 $\boldsymbol{l}$. 由 $\boldsymbol{\xi}$ 的定义知必定存在 $t_{j+1} > t_j$ 使得 $\boldsymbol{\varphi}(t_j)$ 和 $\boldsymbol{\varphi}(t_{j+1})$ 分别与 $\boldsymbol{l}$ 相交于点 $\boldsymbol{P}_1$ 和点

$\boldsymbol{P}_2$(图 9.3). 显然有限的闭曲线弧 $\boldsymbol{\varphi}(t), t_j \leqslant t \leqslant t_{j+1}$ 与在 $\boldsymbol{P}_1$ 和点 $\boldsymbol{P}_2$ 之间的无切线段形成一条简单闭曲线 $\mathcal{C}$. 轨线 $\boldsymbol{\varphi}(t), t > t_{j+1}$ 将永远在曲线 $\mathcal{C}$ 的内部, 这是因为 $\boldsymbol{\varphi}(t), t > t_{j+1}$ 既不能从无切线段 $\boldsymbol{l}$ 走出曲线 $\mathcal{C}$ 外 (由于向量场指向内部), 也不能从 $\boldsymbol{\varphi}(t), t_j \leqslant t \leqslant t_{j+1}$ 走出曲线 $\mathcal{C}$ 外 (由于解的唯一性). 因此, 由 Poincare-Bendixson 定理, 有 $\boldsymbol{\varphi}(t)$ 或其正极限集是闭轨线, 这意味着方程 (9.4.4) 存在奇点. 这再一次与假设 $\boldsymbol{g}(\boldsymbol{x}) \neq \boldsymbol{0}, \forall\, \boldsymbol{x} \in \mathbb{R}^2$ 矛盾. 所以方程 (9.4.4) 的每一条解轨线的两端延伸至无穷.

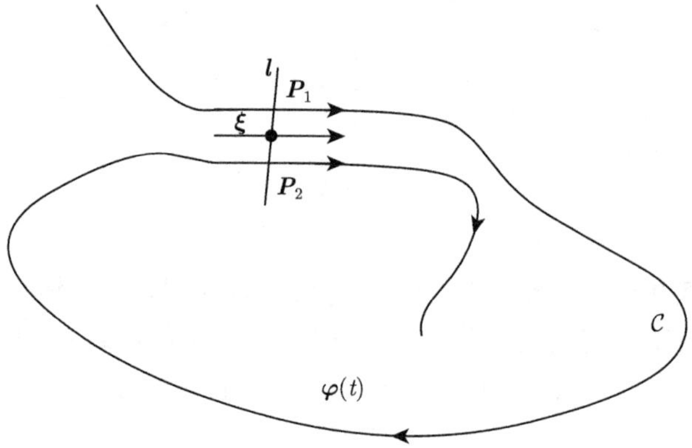


图 9.3　控制曲线必为拟 Jordan 曲线

最后, 由于系统 (9.4.4) 与系统 (9.4.3) 等价, 所以系统 (9.4.3) 的每一条解曲线与直线同胚且两端延伸至无穷. ■

**引理 9.2**　令点 $\boldsymbol{x}^1, \boldsymbol{x}^2 \in \mathbb{R}^2$ 为位于系统 (9.4.1) 的同一条控制曲线上的不相同的两点. 则对于球心为点 $\boldsymbol{x}^2$, 半径为 $\epsilon > 0$ 的任意小邻域 $U(\boldsymbol{x}^2, \epsilon)$, 存在一个控制函数 $u(\boldsymbol{x})$ 使得系统 (9.4.1) 初值为 $\boldsymbol{x}^1$ 的正半轨在有限的时间内到达 $U(\boldsymbol{x}^2, \epsilon)$.

证明: 由于点 $\boldsymbol{x}^1$, $\boldsymbol{x}^2$ 位于同一条控制曲线 $\Gamma$ 上, 我们知道 $\dot{\boldsymbol{x}} = \boldsymbol{g}(\boldsymbol{x})$ 或 $\dot{\boldsymbol{x}} = -\boldsymbol{g}(\boldsymbol{x})$ 的正半轨从点 $\boldsymbol{x}^1$ 出发到达点 $\boldsymbol{x}^2$. 不失一般性, 我们只需要考虑 $\dot{\boldsymbol{x}} = \boldsymbol{g}(\boldsymbol{x})$, 即 $\boldsymbol{\varphi}(0) = \boldsymbol{x}^1$, $\boldsymbol{\varphi}(T) = \boldsymbol{x}^2$ 的情形, 其中 $T > 0$, $\boldsymbol{\varphi}(t)$ 是 $\dot{\boldsymbol{x}} = \boldsymbol{g}(\boldsymbol{x})$ 的正半轨. 令 $D$ 为一个足够大的开圆盘, 它覆盖了轨线 $\boldsymbol{\varphi}(t)(0 \leqslant t \leqslant T)$, 即在时间 $0 \leqslant t \leqslant T$ 内的部分. 因此 $\|\boldsymbol{f}(\boldsymbol{x})\|$ 在圆盘 $D$ 上是有界的, 即存在 $M > 0$, 使得 $\|\boldsymbol{f}(\boldsymbol{x})\| \leqslant M, \forall\, \boldsymbol{x} \in D$. 由于 $\boldsymbol{g}(\boldsymbol{x})$ 在圆盘 $D$ 内满足局部 Lipschitz 条件, 且因为圆盘 $D$ 的闭包是紧的, 于是 $\boldsymbol{g}(\boldsymbol{x})$ 在圆盘 $D$ 内满足 Lipschitz 条件, 即存在 $L > 0$, 对任意属于 $D$ 的点 $\boldsymbol{y}_1$ 和 $\boldsymbol{y}_2$, 我们有 $\|\boldsymbol{g}(\boldsymbol{y}_1) - \boldsymbol{g}(\boldsymbol{y}_2)\| \leqslant L\|\boldsymbol{y}_1 - \boldsymbol{y}_2\|$.

令 $\boldsymbol{\psi}(t)$ 为系统 $\dot{\boldsymbol{x}} = \dfrac{\boldsymbol{f}(\boldsymbol{x})}{K} + \boldsymbol{g}(\boldsymbol{x})$ 以点 $\boldsymbol{x}^1$ 为初值的正半轨, 其中 $K$ 是一个

足够大的正数. 现在我们主要考虑 $\boldsymbol{\psi}(t)$ 在 $D$ 内的部分, 则有

$$\boldsymbol{\varphi}(t)=\boldsymbol{x}^1+\int_0^t \boldsymbol{g}(\boldsymbol{\varphi}(s))\mathrm{d}s, \quad \boldsymbol{\psi}(t)=\boldsymbol{x}^1+\int_0^t \left[\frac{\boldsymbol{f}(\boldsymbol{\psi}(s))}{K}+\boldsymbol{g}(\boldsymbol{\psi}(s))\right]\mathrm{d}s \tag{9.4.5}$$

因此

$$\begin{aligned}\|\boldsymbol{\varphi}(t)-\boldsymbol{\psi}(t)\| &\leqslant \frac{M}{K}t+\int_0^t \|\boldsymbol{g}(\boldsymbol{\varphi}(s))-\boldsymbol{g}(\boldsymbol{\psi}(s))\|\mathrm{d}s \\ &\leqslant \frac{M}{K}t+L\int_0^t \|\boldsymbol{\varphi}(s)-\boldsymbol{\psi}(s)\|\mathrm{d}s\end{aligned} \tag{9.4.6}$$

由我们所熟悉的 Gronwall 不等式, 有

$$\|\boldsymbol{\varphi}(t)-\boldsymbol{\psi}(t)\| \leqslant \frac{M}{LK}(e^{Lt}-1) \tag{9.4.7}$$

显然, 只要 $K$ 足够大, 我们就有

$$\|\boldsymbol{\varphi}(t)-\boldsymbol{\psi}(t)\| \leqslant \epsilon, \quad \forall\, t\in[0,T] \tag{9.4.8}$$

因此 $\boldsymbol{\psi}(t)$ 可以到达点 $\boldsymbol{x}^2$ 的邻域 $U(\boldsymbol{x}^2,\epsilon)$ 内.

最后, 注意到:

$$\frac{\mathrm{d}\boldsymbol{\psi}(Kt)}{\mathrm{d}t}=\boldsymbol{f}(\boldsymbol{\psi}(Kt))+\boldsymbol{g}(\boldsymbol{\psi}(Kt))K \tag{9.4.9}$$

我们知道 $\boldsymbol{\psi}(Kt), t>0$ 是系统 $\dot{\boldsymbol{x}}=\boldsymbol{f}(\boldsymbol{x})+\boldsymbol{g}(\boldsymbol{x})K$ 的正半轨并且在时间 $\dfrac{T}{K}$ 到达球 $U(\boldsymbol{x}^2,\epsilon)$ 内, 因此 $u(\boldsymbol{x})=K$ 就是所要求的控制律. 引理证毕. ■

**定义 9.5** 系统 (9.4.1) 称作是全局能控的, 如果对于平面 $\mathbb{R}^2$ 上任意两点 $\boldsymbol{x}^0$ 和 $\boldsymbol{x}^1$, 存在一个控制函数 $u(\cdot)$ 使得控制系统 (9.4.1) 在控制 $u(\cdot)$ 下以 $\boldsymbol{x}^0$ 为初始点的轨线满足 $\boldsymbol{x}(0)=\boldsymbol{x}^0$ 和在某一时刻 $T\geqslant 0$ 有 $\boldsymbol{x}(T)=\boldsymbol{x}^1$.

**定理 9.2** 控制系统 (9.4.1) 全局能控的充要条件是 $g_1(\boldsymbol{x})f_2(\boldsymbol{x})-g_2(\boldsymbol{x})f_1(\boldsymbol{x})$ 在每一条控制曲线上变号.

我们把函数 $g_1(\boldsymbol{x})f_2(\boldsymbol{x})-g_2(\boldsymbol{x})f_1(\boldsymbol{x})$ 称为全局能控性判据函数, 记作 $C(\boldsymbol{x})$. 此定理的证明有些烦琐. 下面给出证明思路①.

(1) **必要性.**

如果存在一条控制曲线 $\Gamma$, 在其上判据函数 $C(\boldsymbol{x})$ 不变号, 不妨设 $C(\boldsymbol{x})\geqslant 0$, $\boldsymbol{x}\in\Gamma$. 于是向量 $\boldsymbol{f}(\boldsymbol{x})$ 在 $\Gamma$ 上都指向 $\Gamma$ 的一侧, 不妨令指向上侧, 如图 9.4

① 参见文献 (Sun, 2007).

所示. 当 $C(\boldsymbol{x})=0$ 时, 则 $\boldsymbol{f}(\boldsymbol{x})$ 指向 $\Gamma$ 的切线方向. 由引理 9.1 和拟 Jordan 曲线定理得知 $\Gamma$ 把平面分为两部分 (图 9.4), 记为上半部分和下半部分, 显然如果初始值从上半部分出发, 那轨线是无法穿过 $\Gamma$ 进入下半部分的. 于是系统 (9.4.1) 是不可能全局能控的. 这样就证明定理的必要性.

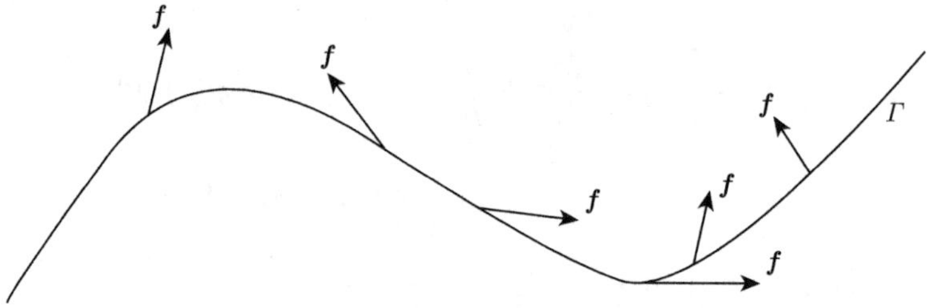


图 9.4　在控制曲线上系统轨线的可能走向

(2) **充分性.**

如果对于每一条控制曲线, 在其上判据函数 $C(\boldsymbol{x})$ 都变号, 则在每一控制曲线上都存在两点, 在其中一点上向量 $\boldsymbol{f}(\boldsymbol{x})$ 指向此控制曲线的上半部分, 在另一点上指向此控制曲线的下半部分. 如图 9.5, 在 $\boldsymbol{x}^1$ 点及其一邻域 $U(\boldsymbol{x}^1)$, 向量 $\boldsymbol{f}(\boldsymbol{x})$ 指向其所在的控制曲线 $\Gamma_2$ 的下方, 在 $\boldsymbol{x}^2$ 点及其一邻域 $U(\boldsymbol{x}^2)$, 向量 $\boldsymbol{f}(\boldsymbol{x})$ 指向 $\Gamma_2$ 的上方, 其中 $\Gamma_i,\ i=1,2,3,\cdots$ 是控制曲线.

假设初始点 $\boldsymbol{x}^0$ 位于控制曲线 $\Gamma_2$ 上. 这样无论目标点在上半部分还是下半部分, 我们都可以选取一个大的控制 (或正或负) 使得轨线从 $\boldsymbol{x}^0$ 出发到达 $\boldsymbol{x}^1$ 的邻域或者 $\boldsymbol{x}^2$ 的邻域. 于是轨线就可以进入曲线 $\Gamma_2$ 上半部分或者下半部分. 在每一条控制曲线上判据函数 $C(\boldsymbol{x})$ 都变号, 于是就可以像上面那样使得系统 (9.4.1) 的轨线一层一层地运动到我们所要的目标点. 因为初始点和目标点都是任意的, 所以系统 (9.4.1) 是全局能控的.

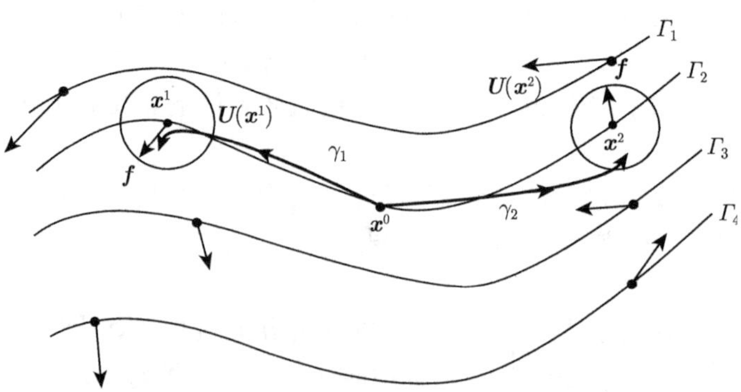


图 9.5　系统轨线可逐层向上或向下走

### 9.4.2 具有三角形结构的高维系统

上面关于平面非线性系统的结论推广到一般的高维系统目前还是有困难, 但可以推广到下面具有三角形结构的高维非线性控制系统.

考虑下面三角形结构控制系统:

$$\begin{aligned}\dot{x}_1 &= f_1(x_1,x_2)+g_1(x_1,x_2)x_3\\ \dot{x}_2 &= f_2(x_1,x_2)+g_2(x_1,x_2)x_3\\ \dot{x}_3 &= f_3(x_1,x_2,x_3)+g_3(x_1,x_2,x_3)x_4\\ &\ \vdots\\ \dot{x}_n &= f_n(x_1,x_2,\cdots,x_n)+g_n(x_1,x_2,\cdots,x_n)u(t)\end{aligned}\tag{9.4.10}$$

其中, $f_i,g_i\in \mathrm{C}^{n-2}$, $i=1,2,\ldots,n$; $\boldsymbol{g}(x_1,x_2)=(g_1(x_1,x_2),g_2(x_1,x_2))^{\mathrm{T}}\neq \mathbf{0}$ 对任意 $(x_1,x_2)^{\mathrm{T}}\in\mathbb{R}^2$ 成立; $g_i(x_1,x_2,\ldots,x_i)\neq 0$ 对任意 $(x_1,x_2,\cdots,x_i)^{\mathrm{T}}\in\mathbb{R}^i$ 成立, $i=3,\cdots,n$, 控制输入 $u(\cdot)\in\mathbb{R}$.

与平面系统类似, 高维系统的全局能控性定义是完全一样的.

**定义 9.6** 系统 (9.4.10) 称作是全局能控的, 如果对于在 $\mathbb{R}^n$ 上任意两点 $\boldsymbol{x}^0=(x_1^0,x_2^0,x_3^0,\cdots,x_n^0)^{\mathrm{T}}$ 和 $\boldsymbol{x}^1=(x_1^1,x_2^1,x_3^1,\cdots,x_n^1)^{\mathrm{T}}$, 存在一个控制函数 $u(\cdot)$ 使得控制系统 (9.4.10) 在控制 $u(\cdot)$ 下以 $\boldsymbol{x}^0$ 为初始点的轨线满足 $\boldsymbol{x}(0)=\boldsymbol{x}^0$ 和在某一时刻 $T\geqslant 0$ 有 $\boldsymbol{x}(T)=\boldsymbol{x}^1$.

**定理 9.3** 控制系统 (9.4.10) 是全局能控的, 当且仅当它的平面子系统

$$\begin{aligned}\dot{x}_1 &= f_1(x_1,x_2)+g_1(x_1,x_2)v(t)\\ \dot{x}_2 &= f_2(x_1,x_2)+g_2(x_1,x_2)v(t)\end{aligned}\tag{9.4.11}$$

是全局能控的, 即判据函数 $g_1(\boldsymbol{x})f_2(\boldsymbol{x})-g_2(\boldsymbol{x})f_1(\boldsymbol{x})$ 在系统 (9.4.11) 的每一控制曲线上变号.

此定理的必要性是显然的. 充分性的证明比较烦琐, 下面仅介绍证明思路 (图 9.6).

设控制系统 (9.4.10) 的初始状态为 $(x_1^0,x_2^0,x_3^0,\cdots,x_n^0)^{\mathrm{T}}$. 这等价于要求其子系统 (9.4.11) 以 $(x_1^0,x_2^0)^{\mathrm{T}}$ 为初始点且以 $\boldsymbol{v}_0=(f_1(x_1^0,x_2^0)+g_1(x_1^0,x_2^0)x_3^0,\ f_2(x_1^0,x_2^0)+g_2(x_1^0,x_2^0)x_3^0)^{\mathrm{T}}$ 为初始速度或初始向量 (角度). 其他分量 $x_4^0,\cdots,x_n^0$ 体现在子系统 (9.4.11) 的初始阶段轨线 $\gamma$ 在初始点的各阶导数上, 也就是对子系统 (9.4.11) 的初始轨线 $\gamma$ 在初始点上的各阶加速度的大小方向有所要求. 通过细致分析, 发现这是可以做到的①. 对终值点做类似处理, 发现如果子系统 (9.4.11) 全局能控, 则系统 (9.4.10) 是全局能控的.

① 参见文献 (Sun et al., 2007).

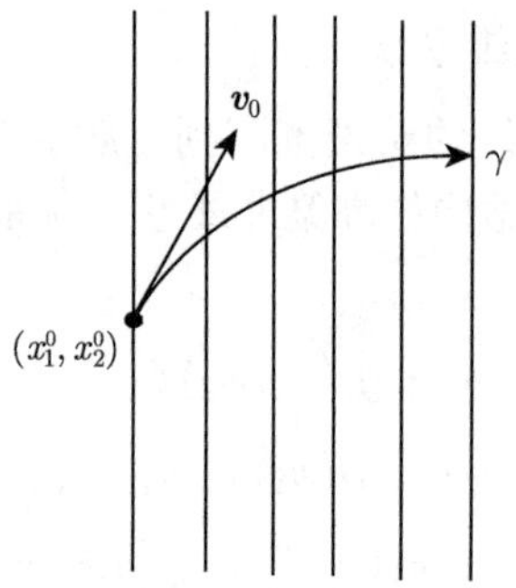


图 9.6　平面子系统的初始点与初始角度

## 思考与练习

(1) 系统

$$\begin{aligned}\dot{x}_1 &= x_2 + x_2^2 + x_3^2 + u \\ \dot{x}_2 &= x_3 + \sin(x_1 - x_3) \\ \dot{x}_3 &= x_3^2 + u\end{aligned}$$

能否输入-状态线性化? 变量

$$\begin{aligned}z_1 &= x_1 - x_3 \\ z_2 &= x_2 + x_2^2 \\ z_3 &= x_3 + \sin(x_1 - x_3) + 2x_2[x_3 + \sin(x_1 - x_3)]\end{aligned}$$

能否作为线性化状态?

(2) 设计状态反馈使下面系统的原点是全局渐近稳定的:

$$\begin{cases}\dot{x}_1 = x_1 x_2 \\ \dot{x}_2 = u\end{cases} \qquad \begin{cases}\dot{x}_1 = x_1 x_2 \\ \dot{x}_2 = x_2^2 + x_3 \\ \dot{x}_3 = u\end{cases}$$

(3) 对下面二阶单输入线性控制系统

$$\begin{aligned}\dot{x}_1 &= a_{11}x_1 + a_{12}x_2 + b_1 u \\ \dot{x}_2 &= a_{21}x_1 + a_{22}x_2 + b_2 u\end{aligned}$$

验证定理 9.2.

(4) 利用定理 9.2, 判别下面系统

$$\begin{aligned}\dot{x}_1 &= -\sin x_2 \cos x_2 + \sin x_2 u \\ \dot{x}_2 &= \sin^2 x_2 + \cos x_2 u\end{aligned}$$

的全局能控性.

# 参考文献


阿诺尔德 V I, 2001. 常微分方程 [M]. 沈家骐, 周宝熙, 卢亭鹤译. 北京: 科学出版社.

陈彭年, 贺建勋, 秦化淑, 2001. 全局渐近稳定性的 Jacobi 猜想的证明 [J]. 数学学报, 44(5): 849-856.

陈启宗, 1988. 线性系统理论与设计 [M]. 王纪文, 杜正秋, 毛剑琴译. 北京: 科学出版社.

邓宗琦, 阮士贵, 1987. Gronwall-Bellman 不等式综述 [C]. 武汉学术讨论会论文集《常微分方程与控制论》: 1-29.

郭雷, 程代展, 冯德兴, 等, 2005. 控制理论导论——从基本概念到研究前沿 [M]. 北京: 科学出版社.

胡寿松, 王执铨, 胡维礼, 2017. 最优控制理论与系统 [M]. 3 版. 北京: 科学出版社.

黄琳, 1984. 系统与控制理论中的线性代数 [M]. 北京: 科学出版社.

黄琳, 1992. 稳定性理论 [M]. 北京: 北京大学出版社.

老大中, 2007. 变分法基础 [M]. 2 版. 北京: 国防工业出版社.

李传江, 马广富, 2011. 最优控制 [M]. 北京: 科学出版社.

钱学森, 宋健, 2011. 工程控制论 [M]. 3 版. 北京: 科学出版社.

王恩平, 秦化淑, 王世林, 1991. 线性控制系统理论引论 [M]. 广州: 广东科技出版社.

王高雄, 周之铭, 朱思铭, 等, 1997. 常微分方程 [M]. 北京: 高等教育出版社.

吴麒, 王诗宓, 2006. 自动控制原理 (上下册)[M]. 2 版. 北京: 清华大学出版社.

解学书, 1986. 最优控制理论与应用 [M]. 北京: 清华大学出版社.

张锦炎, 冯贝叶, 2000. 常微分方程几何理论与分支问题 [M]. 3 版. 北京: 北京大学出版社.

张启仁, 2002. 经典力学 [M]. 北京: 科学出版社.

张嗣瀛, 高立群, 2007. 现代控制论 [M]. 北京: 清华大学出版社.

张芷芬, 丁同仁, 黄文灶, 等, 1997. 微分方程定性理论 [M]. 北京: 科学出版社.

钟宜生, 2015. 最优控制 [M]. 北京: 清华大学出版社.

Anderson B D O, Moore J B, 1971. Linear Optimal Control[M]. 尤云程译. 北京: 科学出版社.

Armstrong M A, 1983. 基础拓扑学 [M]. 孙以丰译. 北京: 北京大学出版社.

Åström K J, Kumar P R, 2014. Control: A perspective[J]. Automatica, 50(1): 3–43.

Bacciotti A, Rosier L, 2005. Liapunov Functions and Stability in Control Theory[M]. 2nd Ed. Berlin: Springer.

Bittanti S, Laub A J, Willems J C, 1991. The Riccati Equation[M]. Berlin: Springer.

Bloch A M, 2003. Nonholonomic Mechanics and Control[M]. New York: Springer.

Brunt B V, 2004. The Calculus of Variations[M]. New York: Springer.

Cima A, Van den Essen A, Gasull A, et al, 1997. A polynomial counter example to the Markus-Yamabe conjecture[J]. Advances in Mathematics, 131(2): 453-457.

Fessler R, 1995. A proof of the two-dimensional Markus-Yamabe stability conjecture and a generalization[J]. Annales Polonici Mathematici, 62(1): 45-74.

Franklin G F, Powell J D, Emami-Naeini A, 2015. Feedback Control of Dynamic Systems[M]. 7th Ed. Upper Saddle River: Pearson Higher Education.

Glutsyuk A A, 1995. The asymptotic stability of the linearization of a vector field on the plane with a singular point implies global stability[J]. Functional Analysis and Its Applications, 29(4): 238-247.

Gutierrez C, 1995. A solution to the bidimensional global asymptotic stability conjecture[J]. Annales de I'Institut Henri Poincare Anal Non Lineaire, 12(6): 627-671.

Hedrick J K, Gopalswamy S, 1990. Nonlinear flight control design via sliding methods[J]. Journal of Guidance, Control, and Dynamics, 13(5): 850-858.

Isidori A, 1995. Nonlinear Control Systems[M]. London: Springer.

Khalil H K, 1996. Nonlinear Systems[M]. 2nd Ed. Upper Saddle River: Prentice-Hall.

Marino R, Tomei P, 2006. 非线性系统设计——微分几何、自适应及鲁棒控制 [M]. 姚郁, 贺风华译. 北京: 电子工业出版社.

Markus L, Yamabe H, 1960. Global stability criteria for differential systems [J]. Osaka Journal of Mathematics, 12(2): 305-317.

Reid W T, 1972. Riccati Differential Equations[M]. New York: Academic Press.

Sun Y M, 2007. Necessary and sufficient condition on global controllability of planar affine nonlinear systems[J]. IEEE Transactions on Automatic Control, 52(8): 1454-1460.

Sun Y M, Mei S W, Lu Q, 2007. On global controllability of affine nonlinear systems with a triangular-like structure[J]. Science in China F: Information Science, 50(6): 831-845.

Sun Y M, Mei S W, Lu Q, 2009. On global controllability of planar affine nonlinear systems with a singularity[J]. Systems & Control Letters, 58(2): 124-127.

Wonham W M, 1984. 线性多变量控制——一种几何方法 [M]. 姚景尹, 王恩平译. 北京: 科学出版社.

# 附 录 A

## A.1 Poincare-Bendixson 定理的证明

我们知道自治系统 $\dot{\boldsymbol{x}} = \boldsymbol{f}(\boldsymbol{x})$ 在非奇点 (非平衡点) 的足够小的邻域内, 轨线可以看作一簇平行的线段[①]. 依此, 下面对二维自治系统的非奇点给出流盒定义.

流盒就是二维自治系统非奇点的一个特殊邻域, 它由近似平行的轨线组成, 可近似看作长方形, 两条对边是两条轨线, 另外两条对边与轨线正交, 如图 A.1 所示. 图中, $\gamma_i, i = -2, -1, 0, 1, 2$ 均为系统 $\dot{\boldsymbol{x}} = \boldsymbol{f}(\boldsymbol{x})$ 的解轨线. 流盒中的轨线都是从一侧流入, 从另一侧流出. 如质点处于此场中, 则不可以一直在流盒内逗留.

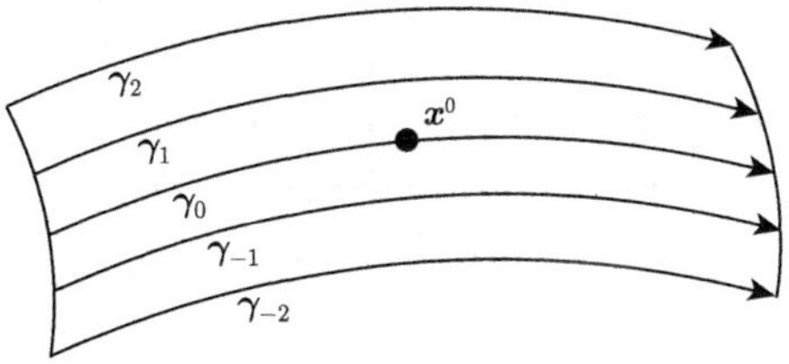


图 A.1 流盒

**定理 A.1 (Poincare-Bendixson)** 对二维自治系统, 若其极限集非空, 有界, 不包含平衡点, 则一定是一条闭轨线.

证明: 不失一般性, 我们考虑正极限集. 令 $L_+$ 为二维自治系统某条轨线 $\varphi(t)$ 的正极限集. 不妨设 $\varphi(t)$ 为非闭轨线, 否则结论显然成立. 因为 $L_+$ 非空, 故存在 $\boldsymbol{x}^0 \in L_+$. 又根据已知条件 $\boldsymbol{x}^0$ 为非平衡点, 于是可做 $\boldsymbol{x}^0$ 的一个流盒和一通过点 $\boldsymbol{x}^0$ 的线段 $S$, 且线段 $S$ 与流盒中的所有轨线垂直 (或都不相切), 在线段 $S$ 上以 $\boldsymbol{x}^0$ 为原点建立坐标 (图 A.2), 箭头方向为正方向, 即 $\boldsymbol{x}^0$ 位于 $s_0 = 0$ 处, $s_1, s_2$ 位于 $S$ 的正部分, $s_{-1}, s_{-2}$ 位于 $S$ 的负部分.

因为 $\boldsymbol{x}^0$ 是极限点, 故轨线 $\varphi(t)$ 在某一时刻到达 $\boldsymbol{x}^0$ 的任意邻域内. 不妨假设在轨线 $\gamma_2$ 处通过 $S$ 上的 $s_2$ 点, 之后轨线 $\varphi(t)$ 出了流盒. 由于 $\boldsymbol{x}^0$ 是极限点, 轨线 $\varphi(t)$ 会再次到达 $\boldsymbol{x}^0$ 的任意邻域内. 轨线 $\varphi(t)$ 不会到达 $S$ 的负部分, 如图 A.2 所示.

① 参见文献 (阿诺尔德, 2001).

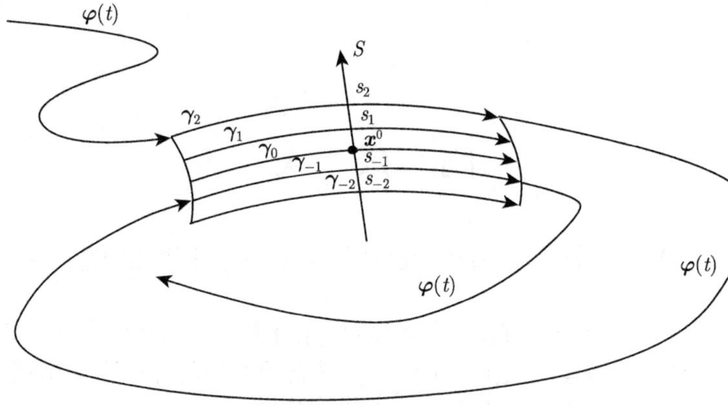


图 A.2 轨线 $\boldsymbol{\varphi}(t)$ 必交线段 $S$ 的正部分

否则, 假设轨线 $\boldsymbol{\varphi}(t)$ 重回此流盒到达 $S$ 的点 $s_{-1}$ 处, 于是轨线 $\boldsymbol{\varphi}(t)$ 在 $s_2$ 和 $s_{-1}$ 点之间的部分, 以及 $S$ 在 $s_2$ 和 $s_{-1}$ 之间的部分合起来刚好构成一条简单闭曲线, 令为 $\Gamma$. 这样轨线 $\boldsymbol{\varphi}(t)$ 从 $\boldsymbol{\gamma}_{-1}$ (或 $s_{-1}$) 离开流盒后就进入 $\Gamma$ 内部, 无法再次回到 $\boldsymbol{x}^0$ 的足够小邻域内 (比如以 $\boldsymbol{x}^0$ 为圆心半径足够小的圆使得不包含 $S$ 上的 $s_2$ 和 $s_{-1}$ 两点), 否则轨线 $\boldsymbol{\varphi}(t)$ 必会跑到 $\Gamma$ 外部从而破坏方程解的存在与唯一性, 这样就与 $\boldsymbol{x}^0$ 是轨线 $\boldsymbol{\varphi}(t)$ 的极限点矛盾. 于是轨线 $\boldsymbol{\varphi}(t)$ 只有从 $\boldsymbol{\gamma}_0$ 上面 (包括 $\boldsymbol{\gamma}_0$) 进入 $\boldsymbol{x}^0$ 的任意小邻域内.

类似可以证明 $\boldsymbol{\varphi}(t)$ 会与线段 $S$ 相交在 $s_2$ 与 $s_0$ (即 $\boldsymbol{x}^0$) 之间的某处, 如图 A.3 所示. 重复这个过程, 可以证明 $\boldsymbol{\varphi}(t)$ 与线段 $S$ 一次又一次相交, 交点离 $\boldsymbol{x}^0$ 越来越近直至趋向于 $\boldsymbol{x}^0$.

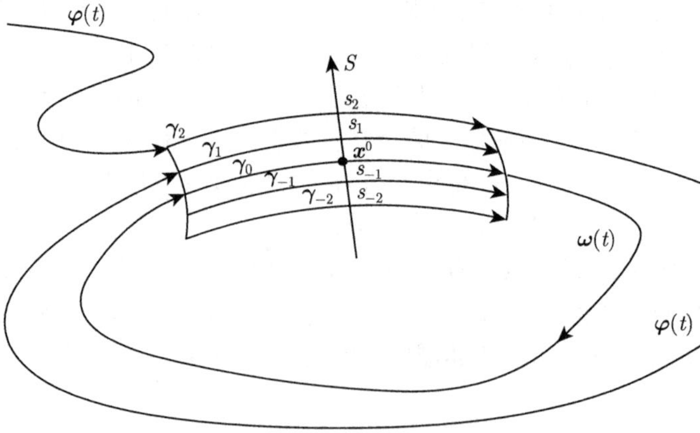


图 A.3 轨线 $\boldsymbol{\omega}(t)$ 必回其出发点

由第 2 章思考与练习知, 通过 $\boldsymbol{x}^0$ 的整条轨线都属于极限集 $L_+$. 令 $\boldsymbol{\omega}(t)$ 为二维自治系统通过点 $\boldsymbol{x}^0$ 的轨线, 它在图 A.3 中的流盒内就是 $\boldsymbol{\gamma}_0$ (或看作与 $\boldsymbol{\gamma}_0$ 重合). 下证 $\boldsymbol{\omega}(t)$ 为一闭轨线.

如果 $\boldsymbol{\omega}(t)$ 出了这个流盒经过一段时间后又会再次回到这个流盒, 则必定从 $\gamma_0$ 轨线处回到这个流盒. 这样就恰好形成一个闭轨线, 如图 A.3所示. 否则, 若 $\boldsymbol{\omega}(t)$ 回到其出发的流盒但非回到其出发点的轨线 (图 A.4), 从 $\boldsymbol{\gamma}_{-1}$ 那里回到出发点附近. 则可用常微分方程解对初值的连续性可知, 存在线段 $S$ 上的点 $s_k$ (位于 $S$ 上的 $s_0$ 与 $s_1$ 之间), 轨线 $\boldsymbol{\varphi}(t)$ 将从 $s_k$ 出发然后在点 $s_{-k}$ (位于 $S$ 上的 $s_0$ 与 $s_{-1}$ 之间) 处与线段 $S$ 再次相遇, 如图 A.4所示. 这样就与轨线 $\boldsymbol{\varphi}(t)$ 不交于线段 $S$ 的负部分矛盾.

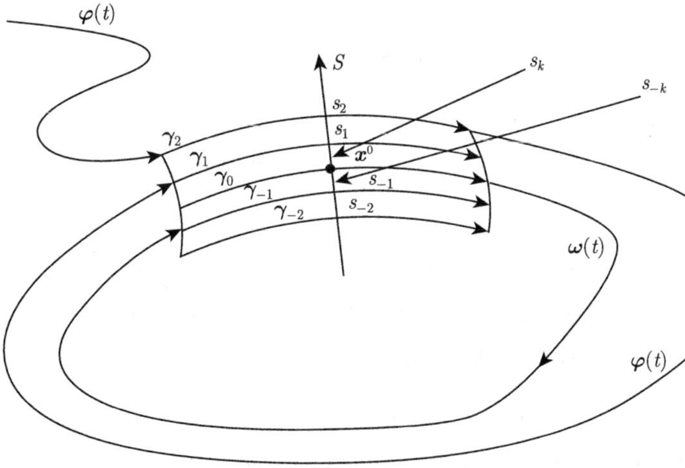


图 A.4 轨线 $\boldsymbol{\omega}(t)$ 不回到非其出发点则矛盾

现在证明至少存在一个流盒使得 $\boldsymbol{\omega}(t)$ 从这个流盒出发必定会再次回到此流盒.

因为极限集 $L_+$ 非空有界, 又知极限集 $L_+$ 是个闭集, 于是对集 $L_+$ 的每一个点上都可定义一个满足上面条件的相应流盒. 于是由有限覆盖定理可知存在有限个极限点及其流盒使得这些流盒的并集包含整个极限集 $L_+$.

因为流盒的并集包含极限集 $L_+$ 且极限集 $L_+$ 不包含平衡点, 故从 $\boldsymbol{x}^0$ 出发的轨线 $\boldsymbol{\omega}(t)$ 出了图 A.3 中的流盒必进入另外一个流盒. 又因为所有流盒中没有奇点, 都是近似为平行线段, 所以轨线 $\boldsymbol{\omega}(t)$ 从一个流盒出去后就只能进入另一个流盒, 不可能一直待在一个流盒里. 而所有这些流盒只有有限个, 因此轨线 $\boldsymbol{\omega}(t)$ 至少进入一个流盒两次. 不妨设就是上面包含点 $\boldsymbol{x}_0$ 的流盒. 再由上面证明可知 $\boldsymbol{\omega}(t)$ 必定是条闭轨线.

下证 $\boldsymbol{\omega}(t)=L_+$. 否则 $L_+$ 内存在一点 $\boldsymbol{y}\notin\boldsymbol{\omega}(t)$. 可类似证明过点 $\boldsymbol{y}$ 的轨线是闭轨线, 它与 $\boldsymbol{\omega}(t)$ 不同. 显然它们不会相交, 否则与相轨线的唯一性矛盾. 这样又与 $L_+$ 是连通的矛盾. 故 $\boldsymbol{\omega}(t)=L_+$. 证毕. ■

## A.2 比例控制与稳态偏差

在实际工程中, 应用最广泛的控制器是 PID 控制器, 又称 PID 调节器, 其中 P 指比例 (proportional), I 指积分 (integral), D 指微分 (derivative). 瓦特蒸汽机就是 PID 控制器的一个特例, 它是一个比例控制器, 也就是 PID 控制器中的比例. 瓦特率先在工程上应用了比例控制器, 之后麦克斯韦在理论上对此进行了系统的分析和总结. 比例控制器是指控制器的输出与输入成比例关系的控制器. 下面简单介绍这种控制器.

考虑一个底部漏水的水位调节系统, 或者温箱加热系统. 它们都可以简化成下面一阶系统

$$\begin{aligned}\dot{x}=&-ax+u(t),\quad a\neq 0\\ y=&x\end{aligned}\tag{A.2.1}$$

其中, $u$ 为控制输入, 也是控制器的输出; $y$ 是受控系统的输出, 也是控制器的输入; $a$ 是漏水或散热系数. 我们希望受控量 $x$ 能够达到一个给定的常值 $v_0$. 令 $e(t)=v_0-x(t)$ 为给定值和受控制量之间的偏差. 比例控制器的动态方程为

$$u(t)=ke(t)=k(v_0-x(t))\tag{A.2.2}$$

其中, $k$ 是比例增益. 把式 (A.2.2) 代入式 (A.2.1) 得闭环系统

$$\begin{aligned}\dot{x}=&-ax+u=-ax+k(v_0-x)\\ =&-(a+k)x+kv_0\end{aligned}\tag{A.2.3}$$

解此方程得

$$x(t)=\mathrm{e}^{-(a+k)t}x_0+\frac{k}{a+k}v_0$$

其中, $x_0$ 是初值. 显然 $a+k>0$ 时闭环系统稳定且 $x(t)\to\dfrac{k}{a+k}v_0$, $t\to+\infty$. 因此闭环系统到达稳定状态时受控量 $x(t)$ 并没有达到 $v_0$, 而是存在一个差 $v_0-\dfrac{k}{a+k}v_0=\dfrac{a}{a+k}v_0$. 这个差叫作稳态偏差或稳态误差. 稳态偏差的存在是为了产生控制 $u$, 因此它的存在是系统正常工作所必需的. 当然我们也可以从控制结构上改进以消除稳态偏差.

## A.3 最小相位系统

如果稳定系统 $G(s)$ 的所有零点都在左半复平面, 那么称这个系统为最小相位的. 为什么称为最小相位? 下面先通过一个例子介绍系统的相位 (角).

**例 A.1** 考虑系统 $\dot{y}+y=u,\ u=A\sin\omega t,\ y(0)=y_0,\omega>0$.

此系统的传递函数是 $G(s)=\dfrac{1}{1+s}$. 方程的解为 $y=y_0\mathrm{e}^{-t}+\dfrac{A}{1+\omega^2}[\sin\omega t-\omega\cos\omega t+\omega\mathrm{e}^{-t}]$. 因为极点为 $-1$, 系统稳定, 故当时间足够大时, 系统输出的主要部分就是

$$\frac{A}{1+\omega^2}[\sin\omega t-\omega\cos\omega t]=\frac{A}{\sqrt{1+\omega^2}}\sin(\omega t+\varphi)$$

其中, $\varphi=-\arctan\omega$ 就是相位 (角). 此输出也称为系统的稳态输出 (响应). ■

易验证上例中 $|G(\mathrm{i}\omega)|=\dfrac{1}{\sqrt{1+\omega^2}}$, $\varphi=\arg G(\mathrm{i}\omega)$, 其中 arg 指复数的辐角, $|G(\mathrm{i}\omega)|$ 称为幅频函数. 这个公式可以推广到一般的线性系统. 也就是说, 如果系统是稳定的, 则输入一个正弦信号 $A\sin\omega t$, 其稳态输出也是一个正弦信号. 输出除了振幅变为 $|G(\mathrm{i}\omega)|$ 倍外, 还有一个称为相位的角度变化 $\arg G(\mathrm{i}\omega)$.

"最小相位" 这个词来源于通信科学, 是指在所有稳定的 (即所有极点都在左半复平面) 且具有相同幅频的 (即对所有 $\omega\in(0,+\infty)$, $|G_1(\mathrm{i}\omega)|\equiv|G_2(\mathrm{i}\omega)|$) 传递函数中, 最小相位系统的相位最小.

假设 $G_0(s)$ 是最小相位系统. 如果存在另一稳定的传递函数 $G_1(s)$, 使得对于任意 $\omega>0$, $|G_1(\mathrm{i}\omega)|\equiv|G_0(\mathrm{i}\omega)|$. 则可以证明 $G_0(s)$ 与 $G_1(s)$ 相差一个或多个形如 $\pm\dfrac{\overline{\beta}-s}{\beta+s}$ 的因子, 其中 $\overline{\beta}$ 是 $\beta$ 的共轭复数, 也即

$$G_1(s)=\pm G_0(s)\cdot\frac{\overline{\beta}_1-s}{\beta_1+s}\cdot\frac{\overline{\beta}_2-s}{\beta_2+s}\cdots\frac{\overline{\beta}_l-s}{\beta_l+s}$$

其中,"±"对应于模拟电路中的具体实现形式, 不影响辐频函数的大小. 因为 $G_1(s)$ 也是稳定的, 故 $\beta_i$ 的实部大于零, $i=1,2,\cdots,l$.

若 $s$ 在虚轴上, 则 $s=\mathrm{i}\omega$ , $\dfrac{\overline{\beta}-s}{\beta+s}$ 表示一个单位复数 $\mathrm{e}^{\mathrm{i}\theta}$, 相当于对复数 $G_0(\mathrm{i}\omega)$ 作了一个旋转. 它表示什么物理意义? 下面考虑相差一个因子且 $\beta$ 为实数的情形, 即 $G_1(s)=G_0(s)\cdot\dfrac{\beta-s}{\beta+s}$, 则 $G_1(s)$ 表示一个传递函数为 $G_0(s)$ 的系统和一个传递函数为 $\dfrac{\beta-s}{\beta+s}$ 的系统串联, 如图 A.5 所示.

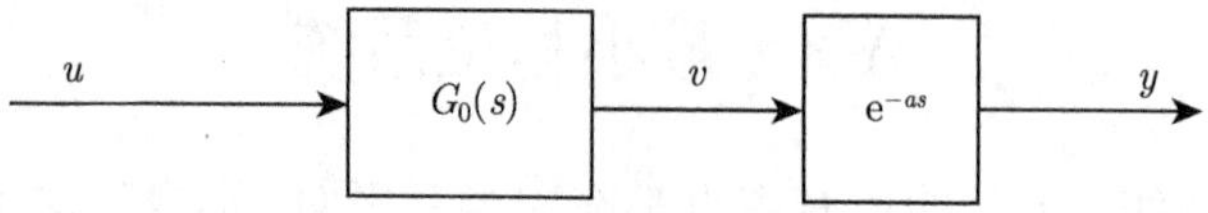


图 A.5 相位的延迟解释

现在考虑 $\dfrac{\beta-s}{\beta+s}$ 的物理意义. 把 $\dfrac{\beta-s}{\beta+s}$ 改写为 $\dfrac{1-\frac{a}{2}s}{1+\frac{a}{2}s}$, 其中 $\beta=\dfrac{2}{a}>0$. 易知

$$\mathrm{e}^{-as}=\frac{\mathrm{e}^{-\frac{a}{2}s}}{\mathrm{e}^{\frac{a}{2}s}}\approx\frac{1-\frac{a}{2}s}{1+\frac{a}{2}s}$$

我们知道 Laplace 变换 $\mathrm{e}^{-as}$ 项对应着信号的延迟. 因此可以把系统 $\dfrac{\beta-s}{\beta+s}$ 看作延迟作用. 相位就是衡量输出对输入的延迟大小. 这样显然最小相位系统 $G_0(s)$ 的延迟最小, 也就是相位最小.

下面以一个例子说明如何通过辐角确定相位, 特别是辐角为正数时应该如何确定相位.

**例 A.2** 考虑传递函数 $G(s)=-\dfrac{1}{1+s}$, 在 $s=\mathrm{i}\omega$ 点它的辐角为 $\pi-\arctan\omega>0$. 此时理解为 "提前" 显然不合适.

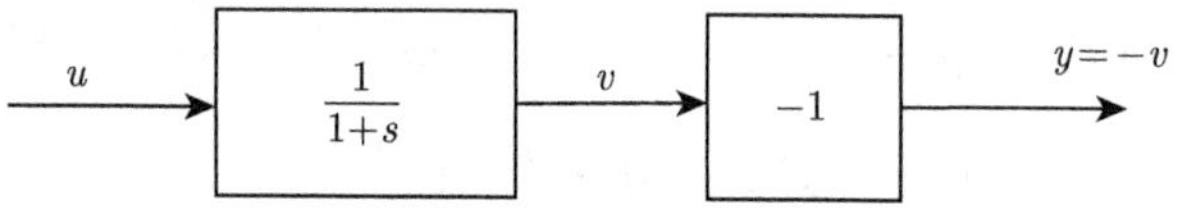


图 A.6 计算相位的合理值

如图 A.6所示, 此系统可分为两个部分, "$\dfrac{1}{1+s}$" 部分具有延迟 $\arctan\omega$; "$-1$" 部分认为不会产生延迟, 虽然对正弦信号也可看作延迟 180°. 因此系统 $G(s)=-\dfrac{1}{1+s}$ 的相位应是 $-\arctan\omega$, 而不是 $-\arctan\omega\pm\pi$.

注意: 有的教科书把零点和极点都不在右半复平面的系统称为最小相位的. 也就是说, 零点和极点可以在虚轴上.

## A.4 预解矩阵的计算

因为

$$(s\boldsymbol{I}_n-\boldsymbol{A})^{-1}=\sum_{k=0}^{+\infty}\frac{1}{s^{k+1}}\boldsymbol{A}^k$$

由凯莱-哈密顿定理, 可知当 $k\geqslant n$ 时, 每个矩阵 $\boldsymbol{A}^k$ 都可表示成矩阵 $\boldsymbol{I}_n,\boldsymbol{A}$, $\boldsymbol{A}^2$, $\cdots$, $\boldsymbol{A}^{n-1}$ 的线性组合. 因此必有 $s$ 的真有理分式 $q_0(s),q_1(s),\cdots,q_{n-1}(s)$, 使得

$$(s\boldsymbol{I}_n-\boldsymbol{A})^{-1}=q_0(s)\boldsymbol{I}_n+q_1(s)\boldsymbol{A}+\cdots+q_{n-1}(s)\boldsymbol{A}^{n-1} \tag{A.4.1}$$

于是

$$\begin{aligned}\boldsymbol{I}_n=&(s\boldsymbol{I}_n-\boldsymbol{A})[q_0(s)\boldsymbol{I}_n+q_1(s)\boldsymbol{A}+\cdots+q_{n-1}(s)\boldsymbol{A}^{n-1}]\\=&sq_0(s)\boldsymbol{I}_n+sq_1(s)\boldsymbol{A}+\cdots+sq_{n-1}(s)\boldsymbol{A}^{n-1}\\&-q_0(s)\boldsymbol{A}-q_1(s)\boldsymbol{A}^2+\cdots-q_{n-1}(s)\boldsymbol{A}^n\end{aligned} \tag{A.4.2}$$

令矩阵 $\boldsymbol{A}$ 的特征多项式为

$$\triangle(s)=s^n+a_{n-1}s^{n-1}+\cdots+a_1s+a_0$$

由凯莱-哈密顿定理有

$$\triangle(\boldsymbol{A})=\boldsymbol{0}$$

从而有

$$\boldsymbol{A}^n=-a_{n-1}\boldsymbol{A}^{n-1}-a_{n-2}\boldsymbol{A}^{n-2}-\cdots-a_1\boldsymbol{A}-a_0\boldsymbol{I}_n$$

代入式 (A.4.2), 得

$$\begin{aligned}\boldsymbol{I}_n=&[sq_0(s)+a_0q_{n-1}(s)]\boldsymbol{I}_n+[sq_1(s)-q_0(s)+a_1q_{n-1}(s)]\boldsymbol{A}\\&+\cdots+[sq_{n-1}(s)-q_{n-2}(s)+a_{n-1}q_{n-1}(s)]\boldsymbol{A}^{n-1}\end{aligned} \tag{A.4.3}$$

比较式 (A.4.3) 关于 $\boldsymbol{A}$ 的各幂次的系数得

$$\begin{gathered}sq_0(s)+a_0q_{n-1}(s)=1\\sq_1(s)-q_0(s)+a_1q_{n-1}(s)=0\\\vdots\\(s+a_{n-1})q_{n-1}(s)-q_{n-2}(s)=0\end{gathered} \tag{A.4.4}$$

上面等式依次乘以 $1,s,\cdots,s^{n-1}$ 并相加得

$$(a_0+a_1s+\cdots+a_{n-1}s^{n-1}+s^n)q_{n-1}(s)=1$$

这样有

$$q_{n-1}(s)=\frac{1}{\triangle(s)}$$

依次可得

$$\begin{aligned}q_{n-2}(s)=&\frac{1}{\triangle(s)}(s+a_{n-1})\\q_{n-3}(s)=&\frac{1}{\triangle(s)}(s^2+a_{n-1}s+a_{n-2})\\&\vdots\\q_0(s)=&\frac{1}{\triangle(s)}(s^{n-1}+a_{n-1}s^{n-2}+\cdots+a_2s+a_1)\end{aligned}\tag{A.4.5}$$

再令

$$\begin{aligned}p_0(s)=&s^{n-1}+a_{n-1}s^{n-2}+\cdots+a_2s+a_1\\p_1(s)=&s^{n-2}+a_{n-1}s^{n-3}+\cdots+a_3s+a_2\\&\vdots\\p_{n-2}(s)=&s+a_{n-1}\\p_{n-1}(s)=&1\end{aligned}\tag{A.4.6}$$

于是有预解矩阵为

$$(s\boldsymbol{I}_n-\boldsymbol{A})^{-1}=\sum_{k=0}^{n-1}\frac{p_k(s)}{\triangle(s)}\boldsymbol{A}^k\tag{A.4.7}$$

利用上面预解矩阵的表达式可计算出线性系统

$$\begin{aligned}\dot{\boldsymbol{x}}=&\boldsymbol{A}\boldsymbol{x}+\boldsymbol{B}\boldsymbol{u}(t)\\\boldsymbol{y}=&\boldsymbol{C}\boldsymbol{x}\end{aligned}$$

的传递矩阵为

$$\boldsymbol{W}(s)=\sum_{k=0}^{n-1}\frac{p_k(s)}{\triangle(s)}\boldsymbol{C}\boldsymbol{A}^k\boldsymbol{B}\tag{A.4.8}$$

# A.5 多输入多输出线性系统的标准型

## A.5.1 Luenberger 标准型

考虑定常线性系统

$$\begin{aligned}\dot{\boldsymbol{x}} &= \boldsymbol{A}\boldsymbol{x} + \boldsymbol{B}\boldsymbol{u}(t)\\ \boldsymbol{y} &= \boldsymbol{C}\boldsymbol{x}\end{aligned} \tag{A.5.1}$$

假设系统 $(\boldsymbol{A}, \boldsymbol{B}, \boldsymbol{C})$ 完全能控和完全能观测, 并设 $\mathrm{rank}\boldsymbol{B} = r, \mathrm{rank}\boldsymbol{C} = m$. 令

$$\boldsymbol{B} = [\boldsymbol{b}_1, \boldsymbol{b}_2, \cdots, \boldsymbol{b}_r]$$

其中, $\boldsymbol{b}_i$ 为矩阵 $\boldsymbol{B}$ 的第 $i$ 列组成的向量, $i = 1, 2, \cdots, r$. 因为系统 $(\boldsymbol{A}, \boldsymbol{B}, \boldsymbol{C})$ 完全能控, 故它的能控性矩阵 $\boldsymbol{Q}_c$ 满秩, 即

$$\mathrm{rank}[\boldsymbol{B}, \boldsymbol{A}\boldsymbol{B}, \cdots, \boldsymbol{A}^{n-1}\boldsymbol{B}] = n$$

展开 $\boldsymbol{Q}_c$ 各列有

$$\boldsymbol{Q}_c = [\boldsymbol{b}_1, \cdots, \boldsymbol{b}_r, \boldsymbol{A}\boldsymbol{b}_1, \cdots, \boldsymbol{A}\boldsymbol{b}_r, \cdots, \boldsymbol{A}^{n-1}\boldsymbol{b}_1, \cdots, \boldsymbol{A}^{n-1}\boldsymbol{b}_r]$$

为了把系统 $(\boldsymbol{A}, \boldsymbol{B}, \boldsymbol{C})$ 化为某种标准型, 可从 $\boldsymbol{Q}_c$ 各列中选取状态空间中的一组基. 选基可按下列原则进行: 首先取 $\boldsymbol{b}_1, \boldsymbol{b}_2, \cdots, \boldsymbol{b}_r$; 然后再取 $\boldsymbol{A}\boldsymbol{b}_1, \boldsymbol{A}\boldsymbol{b}_2, \cdots, \boldsymbol{A}\boldsymbol{b}_r$, 如果其中有某个 $\boldsymbol{A}\boldsymbol{b}_i$ 与前面已选出的向量线性相关, 则舍去, 再继续选取 $\boldsymbol{A}^2\boldsymbol{b}_1, \boldsymbol{A}^2\boldsymbol{b}_2, \cdots, \boldsymbol{A}^2\boldsymbol{b}_r$. 可以证明, 如果 $\boldsymbol{A}^k\boldsymbol{b}_i$ 已被舍去, 那么 $\boldsymbol{A}^j\boldsymbol{b}_i$ 一定也被舍去, $j \geqslant k \geqslant 1$. 把照此选出的一组基重新排列为

$$\boldsymbol{b}_1, \boldsymbol{A}\boldsymbol{b}_1, \cdots, \boldsymbol{A}^{r_1-1}\boldsymbol{b}_1, \boldsymbol{b}_2, \boldsymbol{A}\boldsymbol{b}_2, \cdots, \boldsymbol{A}^{r_2-1}\boldsymbol{b}_2, \cdots, \boldsymbol{b}_r, \boldsymbol{A}\boldsymbol{b}_r, \cdots, \boldsymbol{A}^{r_r-1}\boldsymbol{b}_r$$

其中, $r_1 + r_2 + \cdots + r_r = n$. 取

$$\boldsymbol{T}_1 = [\boldsymbol{b}_1, \boldsymbol{A}\boldsymbol{b}_1, \cdots, \boldsymbol{A}^{r_1-1}\boldsymbol{b}_1, \boldsymbol{b}_2, \boldsymbol{A}\boldsymbol{b}_2, \cdots, \boldsymbol{A}^{r_2-1}\boldsymbol{b}_2, \cdots, \boldsymbol{b}_r, \boldsymbol{A}\boldsymbol{b}_r, \cdots, \boldsymbol{A}^{r_r-1}\boldsymbol{b}_r]$$

显然 $\boldsymbol{T}_1$ 非奇异. 再取坐标变换

$$\overline{\boldsymbol{x}} = \boldsymbol{T}_1^{-1}\boldsymbol{x} \tag{A.5.2}$$

在这个坐标变换下, 系统 $(\boldsymbol{A}, \boldsymbol{B}, \boldsymbol{C})$ 可变为如下代数等价的标准型:

$$\begin{aligned}\dot{\overline{\boldsymbol{x}}} &= \overline{\boldsymbol{A}}_1\overline{\boldsymbol{x}} + \overline{\boldsymbol{B}}_1\boldsymbol{u}(t)\\ \boldsymbol{y} &= \overline{\boldsymbol{C}}_1\overline{\boldsymbol{x}}\end{aligned} \tag{A.5.3}$$

其中, $\overline{\boldsymbol{A}}_1 = \boldsymbol{T}_1^{-1}\boldsymbol{A}\boldsymbol{T}_1, \overline{\boldsymbol{B}}_1 = \boldsymbol{T}_1^{-1}\boldsymbol{B}, \overline{\boldsymbol{C}}_1 = \boldsymbol{C}\boldsymbol{T}_1$, 且 $\overline{\boldsymbol{A}}_1$ 和 $\overline{\boldsymbol{B}}_1$ 有如下特殊结构:

$$\overline{\boldsymbol{A}}_1 = \begin{bmatrix} \overline{\boldsymbol{A}}_{11} & \overline{\boldsymbol{A}}_{12} & \cdots & \overline{\boldsymbol{A}}_{1r} \\ \overline{\boldsymbol{A}}_{21} & \overline{\boldsymbol{A}}_{22} & \cdots & \overline{\boldsymbol{A}}_{2r} \\ \vdots & \vdots & & \vdots \\ \overline{\boldsymbol{A}}_{r1} & \overline{\boldsymbol{A}}_{r2} & \cdots & \overline{\boldsymbol{A}}_{rr} \end{bmatrix}, \quad \overline{\boldsymbol{B}}_1 = \begin{bmatrix} \overline{\boldsymbol{B}}_{11} \\ \overline{\boldsymbol{B}}_{22} \\ \vdots \\ \overline{\boldsymbol{B}}_{rr} \end{bmatrix}$$

其中

$$\overline{\boldsymbol{A}}_{ii} = \begin{bmatrix} 0 & 0 & \cdots & 0 & * \\ 1 & 0 & \cdots & 0 & * \\ 0 & 1 & \cdots & 0 & * \\ \vdots & \vdots & & \vdots & \vdots \\ 0 & 0 & \cdots & 1 & * \end{bmatrix}_{r_i \times r_i}, \quad i = 1, 2, \cdots, r$$

$$\overline{\boldsymbol{A}}_{ij} = \begin{bmatrix} 0 & 0 & \cdots & 0 & * \\ 0 & 0 & \cdots & 0 & * \\ 0 & 0 & \cdots & 0 & * \\ \vdots & \vdots & & \vdots & \vdots \\ 0 & 0 & \cdots & 0 & * \end{bmatrix}_{r_i \times r_j}, \quad i \neq j$$

$$\overline{\boldsymbol{B}}_{ii} = \begin{bmatrix} 0 & \cdots & 1 & \cdots & 0 \\ 0 & \cdots & 0 & \cdots & 0 \\ \vdots & & \vdots & & \vdots \\ 0 & \cdots & 0 & \cdots & 0 \end{bmatrix}_{r_i \times r}, \quad i = 1, 2, \cdots, r$$

$$\uparrow$$

第 $i$ 列

其中, "$*$" 号代表可以为非零的数字.

**定理 A.2** 设定常线性系统 $(\boldsymbol{A}, \boldsymbol{B}, \boldsymbol{C})$ 是完全能控的, 则存在一个坐标变换 (A.5.2), 使得在这个坐标变换下系统 $(\boldsymbol{A}, \boldsymbol{B}, \boldsymbol{C})$ 变成标准型 $(\overline{\boldsymbol{A}}_1, \overline{\boldsymbol{B}}_1, \overline{\boldsymbol{C}}_1)$. 通常称这种标准型为系统 $(\boldsymbol{A}, \boldsymbol{B}, \boldsymbol{C})$ 的 Luenberger 第一能控标准型.

关于 Luenberger 标准型还有另一种形式. 令 $\boldsymbol{q}_i^{\mathrm{T}}(i = 1, 2, \cdots, r)$ 表示非奇异

矩阵 $\boldsymbol{T}_1^{-1}$ 的第 $\sum_{j=1}^{i} r_j$ 行. 然后取 $\boldsymbol{T}_2$ 为

$$\boldsymbol{T}_2 = \begin{bmatrix} \boldsymbol{q}_1^{\mathrm{T}} \\ \boldsymbol{q}_1^{\mathrm{T}}\boldsymbol{A} \\ \vdots \\ \boldsymbol{q}_1^{\mathrm{T}}\boldsymbol{A}^{r_1-1} \\ \vdots \\ \boldsymbol{q}_r^{\mathrm{T}} \\ \boldsymbol{q}_r^{\mathrm{T}}\boldsymbol{A} \\ \vdots \\ \boldsymbol{q}_1^{\mathrm{T}}\boldsymbol{A}^{r_r-1} \end{bmatrix}$$

类似单输入单输出系统的第二能控标准型, 可以证明 $\boldsymbol{T}_2$ 是非奇异的. 取坐标变换

$$\overline{\boldsymbol{x}} = \boldsymbol{T}_2^{-1}\boldsymbol{x} \tag{A.5.4}$$

使得在此坐标变换下系统 $(\boldsymbol{A}, \boldsymbol{B}, \boldsymbol{C})$ 变成如下标准型:

$$\begin{aligned} \dot{\overline{\boldsymbol{x}}} &= \overline{\boldsymbol{A}}_2\overline{\boldsymbol{x}}, + \overline{\boldsymbol{B}}_2\boldsymbol{u}(t) \\ \boldsymbol{y} &= \overline{\boldsymbol{C}}_2\overline{\boldsymbol{x}} \end{aligned} \tag{A.5.5}$$

其中, $\overline{\boldsymbol{A}}_2 = \boldsymbol{T}_2\boldsymbol{A}\boldsymbol{T}_2^{-1}, \overline{\boldsymbol{B}}_2 = \boldsymbol{T}_2\boldsymbol{B}, \overline{\boldsymbol{C}}_2 = \boldsymbol{C}\boldsymbol{T}_2^{-1}$, 且 $\overline{\boldsymbol{A}}_2$ 和 $\overline{\boldsymbol{B}}_2$ 有如下具体形式:

$$\overline{\boldsymbol{A}}_2 = \begin{bmatrix} \overline{\boldsymbol{A}}_{11} & \overline{\boldsymbol{A}}_{12} & \cdots & \overline{\boldsymbol{A}}_{1r} \\ \overline{\boldsymbol{A}}_{21} & \overline{\boldsymbol{A}}_{22} & \cdots & \overline{\boldsymbol{A}}_{2r} \\ \vdots & \vdots & & \vdots \\ \overline{\boldsymbol{A}}_{r1} & \overline{\boldsymbol{A}}_{r2} & \cdots & \overline{\boldsymbol{A}}_{rr} \end{bmatrix}, \quad \overline{\boldsymbol{B}}_2 = \begin{bmatrix} \overline{\boldsymbol{B}}_{11} \\ \overline{\boldsymbol{B}}_{22} \\ \vdots \\ \overline{\boldsymbol{B}}_{rr} \end{bmatrix}$$

其中

$$\overline{\boldsymbol{A}}_{ii} = \begin{bmatrix} 0 & 1 & 0 & \cdots & 0 \\ 0 & 0 & 1 & \cdots & 0 \\ \vdots & \vdots & \vdots & & \vdots \\ 0 & 0 & 0 & \cdots & 1 \\ * & * & * & \cdots & * \end{bmatrix}_{r_i \times r_i}, \quad i = 1, 2, \cdots, r$$

$$\overline{A}_{ij} = \begin{bmatrix} 0 & 0 & \cdots & 0 & 0 \\ 0 & 0 & \cdots & 0 & 0 \\ \vdots & \vdots & & \vdots & \vdots \\ 0 & 0 & \cdots & 0 & 0 \\ * & * & \cdots & * & * \end{bmatrix}_{r_i \times r_j}, \quad i \neq j$$

$$\overline{B}_{11} = \begin{bmatrix} 0 & 0 & 0 & \cdots & 0 \\ 0 & 0 & 0 & \cdots & 0 \\ \vdots & \vdots & \vdots & & \vdots \\ 1 & * & * & \cdots & * \end{bmatrix}, \quad \overline{B}_{22} = \begin{bmatrix} 0 & 0 & 0 & \cdots & 0 \\ 0 & 0 & 0 & \cdots & 0 \\ \vdots & \vdots & \vdots & & \vdots \\ 0 & 1 & * & \cdots & * \end{bmatrix}, \cdots$$

$$\overline{B}_{rr} = \begin{bmatrix} 0 & 0 & 0 & \cdots & 0 \\ 0 & 0 & 0 & \cdots & 0 \\ \vdots & \vdots & \vdots & \vdots & \vdots \\ 0 & 0 & 0 & \cdots & 1 \end{bmatrix}$$

**定理 A.3** 设定常线性系统 $(\boldsymbol{A}, \boldsymbol{B}, \boldsymbol{C})$ 是完全能控的, 则存在一个坐标变换 (A.5.4), 使得在这个坐标变换下系统 $(\boldsymbol{A}, \boldsymbol{B}, \boldsymbol{C})$ 变成标准型 $(\overline{\boldsymbol{A}}_2, \overline{\boldsymbol{B}}_2, \overline{\boldsymbol{C}}_2)$. 通常称这种标准型为系统 $(\boldsymbol{A}, \boldsymbol{B}, \boldsymbol{C})$ 的 Luenberger 第二能控标准型, 也称 Brounovsky 标准型.

类似地, 由对偶原理也有 Luenberger 能观测标准型.

**定理 A.4** 设定常线性系统 $(\boldsymbol{A}, \boldsymbol{B}, \boldsymbol{C})$ 是完全能观测的, 则存在一个坐标变换

$$\overline{\boldsymbol{x}} = \boldsymbol{T}_3 \boldsymbol{x}$$

使得系统 $(\boldsymbol{A}, \boldsymbol{B}, \boldsymbol{C})$ 在这个变换下变成如下标准型:

$$\begin{aligned} \dot{\overline{\boldsymbol{x}}} &= \overline{\boldsymbol{A}}_3 \overline{\boldsymbol{x}} + \overline{\boldsymbol{B}}_3 \boldsymbol{u}(t) \\ \boldsymbol{y} &= \overline{\boldsymbol{C}}_3 \overline{\boldsymbol{x}} \end{aligned} \tag{A.5.6}$$

其中, $\boldsymbol{T}_3$ 是一个非奇异矩阵, $\overline{\boldsymbol{A}}_3 = \boldsymbol{T}_3 \boldsymbol{A} \boldsymbol{T}_3^{-1}$, $\overline{\boldsymbol{B}}_3 = \boldsymbol{T}_3 \boldsymbol{B}$, $\overline{\boldsymbol{C}}_3 = \boldsymbol{C} \boldsymbol{T}_3^{-1}$, 并且

$$\overline{\boldsymbol{A}}_3 = \begin{bmatrix} \overline{\boldsymbol{A}}_{11} & \overline{\boldsymbol{A}}_{12} & \cdots & \overline{\boldsymbol{A}}_{1m} \\ \overline{\boldsymbol{A}}_{21} & \overline{\boldsymbol{A}}_{22} & \cdots & \overline{\boldsymbol{A}}_{2m} \\ \vdots & \vdots & & \vdots \\ \overline{\boldsymbol{A}}_{m1} & \overline{\boldsymbol{A}}_{m2} & \cdots & \overline{\boldsymbol{A}}_{mm} \end{bmatrix}, \quad \overline{\boldsymbol{C}}_3 = \begin{bmatrix} \overline{\boldsymbol{C}}_{11}, & \overline{\boldsymbol{C}}_{22}, & \cdots, & \overline{\boldsymbol{C}}_{mm} \end{bmatrix}$$

$$\overline{A}_{ii} = \begin{bmatrix} 0 & 1 & 0 & \cdots & 0 \\ 0 & 0 & 1 & \cdots & 0 \\ \vdots & \vdots & \vdots & & \vdots \\ 0 & 0 & 0 & \cdots & 1 \\ * & * & * & \cdots & * \end{bmatrix}_{r_i \times r_i}, \quad i = 1, 2, \cdots, m$$

$$\overline{A}_{ij} = \begin{bmatrix} 0 & 0 & \cdots & 0 & 0 \\ 0 & 0 & \cdots & 0 & 0 \\ \vdots & \vdots & & \vdots & \vdots \\ 0 & 0 & \cdots & 0 & 0 \\ * & * & \cdots & * & * \end{bmatrix}_{r_i \times r_j}, \quad i \neq j$$

$$\overline{C}_{ii} = \begin{bmatrix} 0 & 0 & \cdots & 0 \\ \vdots & \vdots & & \vdots \\ 1 & 0 & \cdots & 0 \\ \vdots & \vdots & & \vdots \\ 0 & 0 & \cdots & 0 \end{bmatrix} \leftarrow \text{第 } i \text{ 行}, \ i = 1, 2, \cdots, m; \ \sum_{i=1}^{m} r_i = n$$

通常称 $(\overline{A}_3, \overline{B}_3, \overline{C}_3)$ 为系统 $(A, B, C)$ 的 Luenberger 第一能观测标准型.

**定理 A.5** 设定常线性系统 $(A, B, C)$ 是完全能观测的, 则存在一个坐标变换

$$\overline{x} = T_4 x$$

使得系统 $(A, B, C)$ 在这个变换下变成如下标准型:

$$\begin{aligned} \dot{\overline{x}} &= \overline{A}_4 \overline{x} + \overline{B}_4 u(t) \\ y &= \overline{C}_4 \overline{x} \end{aligned} \tag{A.5.7}$$

其中, $\overline{A}_4 = T_4 A T_4^{-1}$, $\overline{B}_4 = T_4 B$, $\overline{C}_4 = C T_4^{-1}$, 并且

$$\overline{A}_4 = \begin{bmatrix} \overline{A}_{11} & \overline{A}_{12} & \cdots & \overline{A}_{1m} \\ \overline{A}_{21} & \overline{A}_{22} & \cdots & \overline{A}_{2m} \\ \vdots & \vdots & & \vdots \\ \overline{A}_{m1} & \overline{A}_{m2} & \cdots & \overline{A}_{mm} \end{bmatrix}, \quad \overline{C}_4 = \begin{bmatrix} \overline{C}_{11}, & \overline{C}_{22}, & \cdots & \overline{C}_{mm} \end{bmatrix}$$

其中

$$\overline{\boldsymbol{A}}_{ii}=\begin{bmatrix}0&0&\cdots&0&*\\1&0&\cdots&0&*\\0&1&\cdots&0&*\\\vdots&\vdots&&\vdots&\vdots\\0&0&\cdots&1&*\end{bmatrix}_{r_i\times r_i},\quad i=1,2,\cdots,m$$

$$\overline{\boldsymbol{A}}_{ij}=\begin{bmatrix}0&0&\cdots&0&*\\0&0&\cdots&0&*\\\vdots&\vdots&&\vdots&\vdots\\0&0&\cdots&0&*\end{bmatrix}_{r_i\times r_j},\quad i\neq j$$

$$\overline{\boldsymbol{C}}_{11}=\begin{bmatrix}0&0&0&\cdots&1\\0&0&0&\cdots&*\\\vdots&\vdots&\vdots&&\vdots\\0&0&0&\cdots&*\end{bmatrix},\quad \overline{\boldsymbol{C}}_{22}=\begin{bmatrix}0&0&0&\cdots&0\\0&0&0&\cdots&1\\\vdots&\vdots&\vdots&&\vdots\\0&0&0&\cdots&*\end{bmatrix},\cdots$$

$$\overline{\boldsymbol{C}}_{mm}=\begin{bmatrix}0&0&0&\cdots&0\\0&0&0&\cdots&0\\\vdots&\vdots&\vdots&&\vdots\\0&0&0&\cdots&1\end{bmatrix}$$

通常称 $(\overline{\boldsymbol{A}}_4,\overline{\boldsymbol{B}}_4,\overline{\boldsymbol{C}}_4)$ 为系统 $(\boldsymbol{A},\boldsymbol{B},\boldsymbol{C})$ 的 Luenberger 第二能观测标准型.

### A.5.2 三角形标准型

**定理 A.6** 设定常线性系统 $(\boldsymbol{A},\boldsymbol{B},\boldsymbol{C})$ 是完全能控的, 则存在一个坐标变换

$$\overline{\boldsymbol{x}}(t)=\boldsymbol{P}_1^{-1}\boldsymbol{x}$$

使得系统 $(\boldsymbol{A},\boldsymbol{B},\boldsymbol{C})$ 在这个坐标变换下变成如下标准型:

$$\begin{aligned}\dot{\overline{\boldsymbol{x}}}&=\overline{\boldsymbol{A}}_1\overline{\boldsymbol{x}}+\overline{\boldsymbol{B}}_1\boldsymbol{u}(t)\\\boldsymbol{y}&=\overline{\boldsymbol{C}}_1\overline{\boldsymbol{x}}\end{aligned}\tag{A.5.8}$$

其中, $\boldsymbol{P}_1$ 是一个 $n\times n$ 阶非奇异矩阵, $\overline{\boldsymbol{A}}_1=\boldsymbol{P}_1^{-1}\boldsymbol{A}\boldsymbol{P}_1,\overline{\boldsymbol{B}}_1=\boldsymbol{P}_1^{-1}\boldsymbol{B},\overline{\boldsymbol{C}}_1=\boldsymbol{C}\boldsymbol{P}_1$, 且

$$\overline{\boldsymbol{A}}_1=\begin{bmatrix}\overline{\boldsymbol{A}}_{11} & \overline{\boldsymbol{A}}_{12} & \cdots & \overline{\boldsymbol{A}}_{1q}\\ \boldsymbol{0} & \overline{\boldsymbol{A}}_{22} & \cdots & \overline{\boldsymbol{A}}_{2q}\\ \vdots & \vdots & & \vdots\\ \boldsymbol{0} & \boldsymbol{0} & \cdots & \overline{\boldsymbol{A}}_{qq}\end{bmatrix},\quad \overline{\boldsymbol{B}}_1=\begin{bmatrix}\bar{\boldsymbol{b}}_1, & \bar{\boldsymbol{b}}_2, & \cdots, & \bar{\boldsymbol{b}}_q, & \cdots, & \bar{\boldsymbol{b}}_r\end{bmatrix}$$

其中

$$\overline{\boldsymbol{A}}_{ii}=\begin{bmatrix}0 & 0 & \cdots & 0 & *\\ 1 & 0 & \cdots & 0 & *\\ 0 & 1 & \cdots & 0 & *\\ \vdots & \vdots & & \vdots & \vdots\\ 0 & 0 & \cdots & 1 & *\end{bmatrix}_{\mu_i\times\mu_i},\quad i=1,2,\cdots,q$$

$$\overline{\boldsymbol{A}}_{ij}=\begin{bmatrix}0 & 0 & \cdots & 0 & *\\ 0 & 0 & \cdots & 0 & *\\ \vdots & \vdots & & \vdots & \vdots\\ 0 & 0 & \cdots & 0 & *\end{bmatrix}_{\mu_i\times\mu_j},\quad j>i$$

$$\bar{\boldsymbol{b}}_i=\begin{pmatrix}0\\ \vdots\\ 0\\ 1\\ 0\\ \vdots\\ 0\end{pmatrix}\leftarrow \text{第}\left(1+\sum_{j=0}^{i-1}\mu_j\right)\text{行},\ i=1,2,\cdots,q;\ \mu_0=0;\ \sum_{i=1}^{q}\mu_i=n$$

证明: 首先取 $\boldsymbol{b}_1,\boldsymbol{A}\boldsymbol{b}_1,\cdots,\boldsymbol{A}^{\mu_1-1}\boldsymbol{b}_1$ 使得它们是线性独立的, 而 $\boldsymbol{A}^{\mu_1}\boldsymbol{b}_1$ 可用 $\boldsymbol{b}_1,\boldsymbol{A}\boldsymbol{b}_1,\ \cdots,\ \boldsymbol{A}^{\mu_1-1}\boldsymbol{b}_1$ 线性表出. 如果 $\mu_1=n$, 则这组线性独立的向量便构成状态空间的一组基. 如果 $\mu_1<n$, 可以证明 $\boldsymbol{A}^l\boldsymbol{b}_1, n\geqslant l>\mu_1-1$ 都可用 $\boldsymbol{b}_1,\boldsymbol{A}\boldsymbol{b}_1,\cdots,\boldsymbol{A}^{\mu_1-1}\boldsymbol{b}_1$ 线性表出, 因此不再选它们. 接着取 $\boldsymbol{b}_2,\boldsymbol{A}\boldsymbol{b}_2,\cdots,\boldsymbol{A}^{\mu_2-1}\boldsymbol{b}_2$, 使得它们和已经选好的向量线性独立, 而 $\boldsymbol{A}^l\boldsymbol{b}_2, n\geqslant l>\mu_2-1$ 都可用已选好的向量线性表出. 如果 $\mu_1+\mu_2=n$, 则这组线性独立的向量便构成状态空间的一组基. 否则, 继续这个过程, 得到 $n$ 个线性独立的向量

$$\boldsymbol{b}_1,\boldsymbol{A}\boldsymbol{b}_1,\cdots,\boldsymbol{A}^{\mu_1-1}\boldsymbol{b}_1,\boldsymbol{b}_2,\boldsymbol{A}\boldsymbol{b}_2,\cdots,\boldsymbol{A}^{\mu_2-1}\boldsymbol{b}_2,\cdots\boldsymbol{b}_q,\boldsymbol{A}\boldsymbol{b}_q,\cdots,\boldsymbol{A}^{\mu_q-1}\boldsymbol{b}_q$$

它们构成状态空间的一组基, $\mu_1+\mu_2+\cdots+\mu_q=n, 1\leqslant q\leqslant r$. 令

$$P_1 = [b_1, Ab_1, \cdots, A^{\mu_1-1}b_1, b_2, Ab_2, \cdots, A^{\mu_2-1}b_2, \cdots b_q, Ab_q, \cdots, A^{\mu_q-1}b_q]$$

显然 $P_1$ 是非奇异矩阵. 取坐标变换

$$\overline{x} = P_1^{-1}x$$

在这个变换下, 系统 $(A, B, C)$ 将变成定理所要求的形式. 剩下证明可由读者自行补上. ■

**定理 A.7**　设定常线性系统 $(A, B, C)$ 是完全能控的, 则存在一个坐标变换

$$\overline{x} = P_2x$$

使得系统 $(A, B, C)$ 在这个坐标变换下变成如下标准型:

$$\begin{aligned} \dot{\overline{x}} &= \overline{A}_2\overline{x} + \overline{B}_2u(t) \\ y &= \overline{C}_2\overline{x} \end{aligned} \tag{A.5.9}$$

其中, $P_2$ 是一个 $n \times n$ 阶非奇异矩阵, $\overline{A}_2 = P_2AP_2^{-1}$, $\overline{B}_2 = P_2B$, $\overline{C}_2 = CP_2^{-1}$, 且

$$\overline{A}_2 = \begin{bmatrix} \overline{A}_{11} & 0 & \cdots & 0 \\ \overline{A}_{21} & \overline{A}_{22} & \cdots & 0 \\ \vdots & \vdots & & \vdots \\ \overline{A}_{q1} & \overline{A}_{q2} & \cdots & \overline{A}_{qq} \end{bmatrix}, \quad \overline{B}_2 = \begin{bmatrix} \overline{b}_1, & \overline{b}_2, & \cdots, & \overline{b}_q, & \cdots, & \overline{b}_r \end{bmatrix}$$

其中

$$\overline{A}_{ii} = \begin{bmatrix} 0 & 1 & 0 & \cdots & 0 \\ 0 & 0 & 1 & \cdots & 0 \\ \vdots & \vdots & \vdots & & \vdots \\ 0 & 0 & 0 & \cdots & 1 \\ * & * & * & \cdots & * \end{bmatrix}_{\mu_i \times \mu_i}, \quad i = 1, 2, \cdots, q$$

$$\overline{A}_{ij} = \begin{bmatrix} 0 & 0 & \cdots & 0 & 0 \\ 0 & 0 & \cdots & 0 & 0 \\ \vdots & \vdots & & \vdots & \vdots \\ 0 & 0 & \cdots & 0 & 0 \\ * & * & \cdots & * & * \end{bmatrix}_{\mu_i \times \mu_j}, \quad j < i$$

$$\overline{\boldsymbol{b}}_i = \begin{pmatrix} 0 \\ \vdots \\ 0 \\ 1 \\ 0 \\ \vdots \\ 0 \end{pmatrix} \leftarrow \text{第 } \sum_{j=1}^{i} \mu_j \text{ 行}, \ i = 1, 2, \cdots, q; \ \sum_{i=1}^{q} \mu_i = n$$

证明: 令 $\boldsymbol{q}_i^{\mathrm{T}}$ 表示定理 A.6 中的矩阵 $\boldsymbol{P}_1^{-1}$ 的第 $\sum_{j=1}^{i} \mu_j$ 行 $(i = 1, 2, \cdots, q)$ 所组成的向量, 取

$$\boldsymbol{P}_2 = \begin{bmatrix} \boldsymbol{q}_1^{\mathrm{T}} \\ \boldsymbol{q}_1^{\mathrm{T}} \boldsymbol{A} \\ \vdots \\ \boldsymbol{q}_1^{\mathrm{T}} \boldsymbol{A}^{\mu_1 - 1} \\ \vdots \\ \boldsymbol{q}_q^{\mathrm{T}} \\ \boldsymbol{q}_q^{\mathrm{T}} \boldsymbol{A} \\ \vdots \\ \boldsymbol{q}_q^{\mathrm{T}} \boldsymbol{A}^{\mu_q - 1} \end{bmatrix}$$

可以验证 $\boldsymbol{P}_2$ 是非奇异的. 剩下证明和前面一样. ■

## A.6 动态反馈极点配置定理 7.3 的证明

定理 7.3 要证明的就是, 在假设条件下, 寻找矩阵 $\boldsymbol{A}_c, \boldsymbol{B}_c, \boldsymbol{F}_c, \boldsymbol{F}_0$ 使得

$$\sigma\left(\begin{bmatrix} \boldsymbol{A} + \boldsymbol{B}\boldsymbol{F}_0\boldsymbol{C} & \boldsymbol{B}\boldsymbol{F}_c \\ \boldsymbol{B}_c\boldsymbol{C} & \boldsymbol{A}_c \end{bmatrix}\right) = \Lambda$$

为简单起见, 不妨假设 $\boldsymbol{A}$ 是循环矩阵, 否则由引理 7.2 可知, 存在矩阵 $\boldsymbol{H}$, 使得 $\boldsymbol{A} + \boldsymbol{B}\boldsymbol{H}\boldsymbol{C}$ 是循环的, 同时保持系统的能控性和能观测性不变.

由于 $(\boldsymbol{A}, \boldsymbol{B})$ 完全能控, 并且 $\boldsymbol{A}$ 是循环矩阵, 因此必有向量 $\boldsymbol{b} \in \mathrm{Im}\boldsymbol{B}$, 使得 $(\boldsymbol{A}, \boldsymbol{b})$ 完全能控①.

① 可见参考文献 (Wonham, 1984).

任取 $(\nu-1)\times(\nu-1)$ 阶循环矩阵 $\boldsymbol{E}$, 以及向量 $\boldsymbol{g},\boldsymbol{h}\in\mathbb{R}^{\nu-1}$, 使得

$$\begin{aligned}\boldsymbol{h}^{\mathrm{T}}\boldsymbol{g}=&\boldsymbol{h}^{\mathrm{T}}\boldsymbol{E}\boldsymbol{g}=\cdots=\boldsymbol{h}^{\mathrm{T}}\boldsymbol{E}^{\nu-3}\boldsymbol{g}=0\\ \boldsymbol{h}^{\mathrm{T}}\boldsymbol{E}^{\nu-2}\boldsymbol{g}=&1\end{aligned}$$

容易检验矩阵对

$$\left(\begin{bmatrix}\boldsymbol{A} & \boldsymbol{b}\boldsymbol{h}^{\mathrm{T}}\\ \boldsymbol{0} & \boldsymbol{E}\end{bmatrix},\begin{pmatrix}\boldsymbol{0}\\ \boldsymbol{g}\end{pmatrix}\right)$$

是完全能控的. 根据 7.2 节状态反馈的极点配置定理可知, 存在向量 $\boldsymbol{a}\in\mathbb{R}^{n}$ 和 $\boldsymbol{v}\in\mathbb{R}^{\nu-1}$, 使得

$$\sigma\left(\begin{bmatrix}\boldsymbol{A} & \boldsymbol{b}\boldsymbol{h}^{\mathrm{T}}\\ \boldsymbol{g}\boldsymbol{a}^{\mathrm{T}} & \boldsymbol{E}+\boldsymbol{g}\boldsymbol{v}^{\mathrm{T}}\end{bmatrix}\right)=\Lambda$$

因为 $\boldsymbol{b}\in\mathrm{Im}\boldsymbol{B}$, 所以存在向量 $\boldsymbol{z}$, 使得 $\boldsymbol{b}=\boldsymbol{B}\boldsymbol{z}$. 令 $\boldsymbol{F}_c=\boldsymbol{z}\boldsymbol{h}^{\mathrm{T}}$, 其中 $\boldsymbol{F}_c$ 为 $r\times(\nu-1)$ 阶矩阵. 于是 $\boldsymbol{b}\boldsymbol{h}^{\mathrm{T}}=\boldsymbol{B}\boldsymbol{F}_c$.

为了求得所要求的矩阵, 只需找到 $(\nu-1)\times m$ 阶矩阵 $\boldsymbol{B}_c$, $(\nu-1)\times(\nu-1)$ 阶矩阵 $\boldsymbol{A}_c$ 和向量 $\boldsymbol{d}\in\mathrm{Im}\boldsymbol{C}^{\mathrm{T}}$ (即存在向量 $\boldsymbol{y}$ 满足 $\boldsymbol{d}^{\mathrm{T}}=\boldsymbol{y}^{\mathrm{T}}\boldsymbol{C}$), 使得矩阵

$$\begin{bmatrix}\boldsymbol{A} & \boldsymbol{b}\boldsymbol{h}^{\mathrm{T}}\\ \boldsymbol{g}\boldsymbol{a}^{\mathrm{T}} & \boldsymbol{E}+\boldsymbol{g}\boldsymbol{v}^{\mathrm{T}}\end{bmatrix}\text{和}\begin{bmatrix}\boldsymbol{A}+\boldsymbol{b}\boldsymbol{d}^{\mathrm{T}} & \boldsymbol{b}\boldsymbol{h}^{\mathrm{T}}\\ \boldsymbol{B}_c\boldsymbol{C} & \boldsymbol{A}_c\end{bmatrix}$$

相似. 即求 $(\nu-1)\times n$ 阶矩阵 $\boldsymbol{R}$, 使得

$$\begin{bmatrix}\boldsymbol{A} & \boldsymbol{b}\boldsymbol{h}^{\mathrm{T}}\\ \boldsymbol{g}\boldsymbol{a}^{\mathrm{T}} & \boldsymbol{E}+\boldsymbol{g}\boldsymbol{v}^{\mathrm{T}}\end{bmatrix}\begin{bmatrix}\boldsymbol{I}_n & \boldsymbol{0}\\ \boldsymbol{R} & \boldsymbol{I}_{\nu-1}\end{bmatrix}=\begin{bmatrix}\boldsymbol{I}_n & \boldsymbol{0}\\ \boldsymbol{R} & \boldsymbol{I}_{\nu-1}\end{bmatrix}\begin{bmatrix}\boldsymbol{A}+\boldsymbol{b}\boldsymbol{d}^{\mathrm{T}} & \boldsymbol{b}\boldsymbol{h}^{\mathrm{T}}\\ \boldsymbol{B}_c C & \boldsymbol{A}_c\end{bmatrix}$$

而该式成立的一个充分条件是:

$$\boldsymbol{h}^{\mathrm{T}}\boldsymbol{R}=\boldsymbol{d}^{\mathrm{T}}\tag{A.6.1}$$

$$\boldsymbol{T}\boldsymbol{R}=\boldsymbol{R}(\boldsymbol{A}+\boldsymbol{b}\boldsymbol{d}^{\mathrm{T}})+\boldsymbol{B}_c\boldsymbol{C}-\boldsymbol{g}\boldsymbol{a}^{\mathrm{T}}\tag{A.6.2}$$

$$\boldsymbol{A}_c=\boldsymbol{T}-\boldsymbol{R}\boldsymbol{b}\boldsymbol{h}^{\mathrm{T}}\tag{A.6.3}$$

$$\boldsymbol{T}=\boldsymbol{E}+\boldsymbol{g}\boldsymbol{v}^{\mathrm{T}}\tag{A.6.4}$$

显然如果能从式 (A.6.1)、式 (A.6.2) 中求出 $\boldsymbol{d}^{\mathrm{T}}$, $\boldsymbol{R}$ 和 $\boldsymbol{B}_c$, 则 $\boldsymbol{A}_c$ 自然就确定了.

假设式 (A.6.1)、式 (A.6.2) 有解, 然后把 $\boldsymbol{d}^{\mathrm{T}}$, $\boldsymbol{R}$ 和 $\boldsymbol{B}_c$ 具体解出来, 这样所得的解一定满足定理要求. 为此, 在式 (A.6.2) 的两边左乘 $\boldsymbol{h}^{\mathrm{T}}\boldsymbol{T}^{i-1}, i=1,2,\cdots,\nu-2$,

于是有

$$\boldsymbol{h}^{\mathrm{T}}\boldsymbol{R} \triangleq \boldsymbol{d}^{\mathrm{T}} \tag{A.6.5}$$

$$\boldsymbol{h}^{\mathrm{T}}\boldsymbol{T}^{i}\boldsymbol{R} = \boldsymbol{h}^{\mathrm{T}}\boldsymbol{T}^{i-1}\boldsymbol{R}(\boldsymbol{A}+\boldsymbol{b}\boldsymbol{d}^{\mathrm{T}}) + \boldsymbol{h}^{\mathrm{T}}\boldsymbol{T}^{i-1}\boldsymbol{B}_c\boldsymbol{C},\ i=1,2,\cdots,\nu-2 \tag{A.6.6}$$

$$\boldsymbol{h}^{\mathrm{T}}\boldsymbol{T}^{\nu-1}\boldsymbol{R} = \boldsymbol{h}^{\mathrm{T}}\boldsymbol{T}^{\nu-2}\boldsymbol{R}(A+\boldsymbol{b}\boldsymbol{d}^{\mathrm{T}}) + \boldsymbol{h}^{\mathrm{T}}\boldsymbol{T}^{\nu-2}\boldsymbol{B}_c\boldsymbol{C} - \boldsymbol{a}^{\mathrm{T}} \tag{A.6.7}$$

将式 (A.6.5) 和式 (A.6.6) 代入式 (A.6.7), 并计算得

$$\begin{aligned}\boldsymbol{h}^{\mathrm{T}}\boldsymbol{T}^{\nu-1}\boldsymbol{R} =& \boldsymbol{d}^{\mathrm{T}}(\boldsymbol{A}+\boldsymbol{b}\boldsymbol{d}^{\mathrm{T}})^{\nu-1} + \boldsymbol{h}^{\mathrm{T}}\boldsymbol{B}_c\boldsymbol{C}(\boldsymbol{A}+\boldsymbol{b}\boldsymbol{d}^{\mathrm{T}})^{\nu-2} + \cdots \\ &+ \boldsymbol{h}^{\mathrm{T}}\boldsymbol{T}^{\nu-3}\boldsymbol{B}_c\boldsymbol{C}(A+\boldsymbol{b}\boldsymbol{d}^{\mathrm{T}}) + \boldsymbol{h}^{\mathrm{T}}\boldsymbol{T}^{\nu-2}\boldsymbol{B}_c\boldsymbol{C} - \boldsymbol{a}^{\mathrm{T}}\end{aligned} \tag{A.6.8}$$

另一方面, 假设矩阵 $\boldsymbol{T}$ 的特征多项式为

$$f(\lambda) = \lambda^{\nu-1} - \theta_{\nu-2}\lambda^{\nu-2} - \cdots - \theta_1\lambda - \theta_0$$

则有

$$\boldsymbol{T}^{\nu-1} = \theta_{\nu-2}\boldsymbol{T}^{\nu-2} + \cdots + \theta_1\boldsymbol{T} + \theta_0\boldsymbol{I}_{\nu-1}$$

于是

$$\boldsymbol{h}^{\mathrm{T}}\boldsymbol{T}^{\nu-1}\boldsymbol{R} = \boldsymbol{h}^{\mathrm{T}}(\theta_{\nu-2}\boldsymbol{T}^{\nu-2} + \cdots + \theta_1\boldsymbol{T} + \theta_0\boldsymbol{I}_{\nu-1})\boldsymbol{R} \tag{A.6.9}$$

将式 (A.6.5) 和式 (A.6.6) 代入式 (A.6.9) 得

$$\begin{aligned}\boldsymbol{h}^{\mathrm{T}}\boldsymbol{T}^{\nu-1}\boldsymbol{R} =& \theta_{\nu-2}\boldsymbol{d}^{\mathrm{T}}(\boldsymbol{A}+\boldsymbol{b}\boldsymbol{d}^{\mathrm{T}})^{\nu-2} \\ &+ (\theta_{\nu-3}\boldsymbol{d}^{\mathrm{T}} + \theta_{\nu-2}\boldsymbol{h}^{\mathrm{T}}\boldsymbol{B}_c\boldsymbol{C})(\boldsymbol{A}+\boldsymbol{b}\boldsymbol{d}^{\mathrm{T}})^{\nu-3} \\ &+ \cdots \\ &+ (\theta_1\boldsymbol{d}^{\mathrm{T}} + \theta_2\boldsymbol{h}^{\mathrm{T}}\boldsymbol{B}_c\boldsymbol{C} + \cdots + \theta_{\nu-2}\boldsymbol{h}T^{\nu-4}\boldsymbol{B}_c\boldsymbol{C})(\boldsymbol{A}+\boldsymbol{b}\boldsymbol{d}^{\mathrm{T}}) \\ &+ (\theta_0\boldsymbol{d}^{\mathrm{T}} + \theta_1\boldsymbol{h}^{\mathrm{T}}\boldsymbol{B}_c\boldsymbol{C} + \cdots + \theta_{\nu-2}\boldsymbol{h}\boldsymbol{T}^{\nu-3}\boldsymbol{B}_c\boldsymbol{C})\end{aligned} \tag{A.6.10}$$

由于 $(\boldsymbol{A},\boldsymbol{C})$ 的能观测指数为 $\nu$, 因此存在向量 $\boldsymbol{e}$ 和 $\overline{\boldsymbol{e}}_i, i=0,1,2,\cdots,\nu-2$, 使得

$$\boldsymbol{a}^{\mathrm{T}} - \boldsymbol{e}^{\mathrm{T}}\boldsymbol{C}\boldsymbol{A}^{\nu-1} = \overline{\boldsymbol{e}}_0^{\mathrm{T}}\boldsymbol{C} + \overline{\boldsymbol{e}}_1^{\mathrm{T}}\boldsymbol{C}\boldsymbol{A} + \cdots + \overline{\boldsymbol{e}}_{\nu-2}^{\mathrm{T}}\boldsymbol{C}\boldsymbol{A}^{\nu-2} \tag{A.6.11}$$

取 $\boldsymbol{d}^{\mathrm{T}} = \boldsymbol{e}^{\mathrm{T}}\boldsymbol{C}$, 那么存在向量 $\boldsymbol{e}_i, i=0,1,2,\cdots,\nu-2$, 使得

$$\boldsymbol{a}^{\mathrm{T}} - \boldsymbol{e}^{\mathrm{T}}\boldsymbol{C}(\boldsymbol{A}+\boldsymbol{b}\boldsymbol{d}^{\mathrm{T}})^{\nu-1} = \boldsymbol{e}_0^{\mathrm{T}}\boldsymbol{C} + \boldsymbol{e}_1^{\mathrm{T}}\boldsymbol{C}(\boldsymbol{A}+\boldsymbol{b}\boldsymbol{d}^{\mathrm{T}}) + \cdots + \boldsymbol{e}_{\nu-2}^{\mathrm{T}}\boldsymbol{C}(\boldsymbol{A}+\boldsymbol{b}\boldsymbol{d}^{\mathrm{T}})^{\nu-2} \tag{A.6.12}$$

将式 (A.6.12) 代入式 (A.6.8) 得出

$$\begin{aligned}\boldsymbol{h}^{\mathrm{T}}\boldsymbol{T}^{\nu-1}\boldsymbol{R} =&(\boldsymbol{h}^{\mathrm{T}}\boldsymbol{B}_c - \boldsymbol{e}_{\nu-2}^{\mathrm{T}})\boldsymbol{C}(\boldsymbol{A}+\boldsymbol{b}\boldsymbol{d}^{\mathrm{T}})^{\nu-2} \\ &+ (\boldsymbol{h}^{\mathrm{T}}\boldsymbol{T}\boldsymbol{B}_c - \boldsymbol{e}_{\nu-3}^{\mathrm{T}})\boldsymbol{C}(\boldsymbol{A}+\boldsymbol{b}\boldsymbol{d}^{\mathrm{T}})^{\nu-3} \\ &+\cdots \\ &+ (\boldsymbol{h}^{\mathrm{T}}\boldsymbol{T}^{\nu-3}\boldsymbol{B}_c - \boldsymbol{e}_1^{\mathrm{T}})\boldsymbol{C}(\boldsymbol{A}+\boldsymbol{b}\boldsymbol{d}^{\mathrm{T}}) + (\boldsymbol{h}^{\mathrm{T}}\boldsymbol{T}^{\nu-2}\boldsymbol{B}_c - \boldsymbol{e}_0^{\mathrm{T}})\boldsymbol{C}\end{aligned} \tag{A.6.13}$$

比较式 (A.6.10) 和式 (A.6.13) 的右边得出递推等式

$$\begin{aligned}&\boldsymbol{a}_0^{\mathrm{T}} = \boldsymbol{h}^{\mathrm{T}}\boldsymbol{B}_c = \boldsymbol{e}_{\nu-2}^{\mathrm{T}} + \theta_{\nu-2}\boldsymbol{e}^{\mathrm{T}} \\ &\boldsymbol{a}_1^{\mathrm{T}} = \boldsymbol{h}^{\mathrm{T}}\boldsymbol{T}\boldsymbol{B}_c = \boldsymbol{e}_{\nu-3}^{\mathrm{T}} + \theta_{\nu-3}\boldsymbol{e}^{\mathrm{T}} + \theta_{\nu-2}\boldsymbol{h}^{\mathrm{T}}\boldsymbol{B}_c \\ &\boldsymbol{a}_2^{\mathrm{T}} = \boldsymbol{h}^{\mathrm{T}}\boldsymbol{T}^2\boldsymbol{B}_c = \boldsymbol{e}_{\nu-4}^{\mathrm{T}} + \theta_{\nu-4}\boldsymbol{e}^{\mathrm{T}} + \theta_{\nu-3}\boldsymbol{h}^{\mathrm{T}}\boldsymbol{B}_c + \theta_{\nu-2}\boldsymbol{h}^{\mathrm{T}}\boldsymbol{T}\boldsymbol{B}_c \\ &\quad\vdots \\ &\boldsymbol{a}_{\nu-2}^{\mathrm{T}} = \boldsymbol{h}^{\mathrm{T}}\boldsymbol{T}^{\nu-2}\boldsymbol{B}_c = \boldsymbol{e}_0^{\mathrm{T}} + \theta_0\boldsymbol{e}^{\mathrm{T}} + \theta_1\boldsymbol{h}^{\mathrm{T}}\boldsymbol{B}_c + \cdots + \theta_{\nu-2}\boldsymbol{h}^{\mathrm{T}}\boldsymbol{T}^{\nu-3}\boldsymbol{B}_c\end{aligned} \tag{A.6.14}$$

由于矩阵

$$\begin{bmatrix}\boldsymbol{h}^{\mathrm{T}} \\ \boldsymbol{h}^{\mathrm{T}}\boldsymbol{T} \\ \vdots \\ \boldsymbol{h}^{\mathrm{T}}\boldsymbol{T}^{\nu-2}\end{bmatrix}$$

是非奇异的, 因此可以从上式解出

$$\boldsymbol{B}_c = \begin{bmatrix}\boldsymbol{h}^{\mathrm{T}} \\ \boldsymbol{h}^{\mathrm{T}}\boldsymbol{T} \\ \vdots \\ \boldsymbol{h}^{\mathrm{T}}\boldsymbol{T}^{\nu-2}\end{bmatrix}^{-1}\begin{bmatrix}\boldsymbol{a}_0^{\mathrm{T}} \\ \boldsymbol{a}_1^{\mathrm{T}} \\ \vdots \\ \boldsymbol{a}_{\nu-2}^{\mathrm{T}}\end{bmatrix} \tag{A.6.15}$$

然后再从式 (A.6.5) 和式 (A.6.6) 得出递推公式

$$\begin{aligned}&\boldsymbol{r}_0^{\mathrm{T}} = \boldsymbol{d}^{\mathrm{T}} = \boldsymbol{h}^{\mathrm{T}}\boldsymbol{R} \\ &\boldsymbol{r}_1^{\mathrm{T}} = \boldsymbol{r}_0^{\mathrm{T}}(\boldsymbol{A}+\boldsymbol{b}\boldsymbol{d}^{\mathrm{T}}) + \boldsymbol{a}_0^{\mathrm{T}}\boldsymbol{C} = \boldsymbol{h}^{\mathrm{T}}\boldsymbol{T}\boldsymbol{R} \\ &\boldsymbol{r}_2^{\mathrm{T}} = \boldsymbol{r}_1^{\mathrm{T}}(\boldsymbol{A}+\boldsymbol{b}\boldsymbol{d}^{\mathrm{T}}) + \boldsymbol{a}_1^{\mathrm{T}}\boldsymbol{C} = \boldsymbol{h}^{\mathrm{T}}\boldsymbol{T}^2\boldsymbol{R}\end{aligned}$$

$$\vdots$$

$$\boldsymbol{r}_{\nu-2}^{\mathrm{T}} = \boldsymbol{r}_{\nu-3}^{\mathrm{T}}(\boldsymbol{A}+\boldsymbol{b}\boldsymbol{d}^{\mathrm{T}}) + \boldsymbol{a}_{\nu-3}^{\mathrm{T}}\boldsymbol{C} = \boldsymbol{h}^{\mathrm{T}}\boldsymbol{T}^{\nu-2}\boldsymbol{R}$$

于是得出

$$\boldsymbol{R} = \begin{bmatrix} \boldsymbol{h}^{\mathrm{T}} \\ \boldsymbol{h}^{\mathrm{T}}\boldsymbol{T} \\ \vdots \\ \boldsymbol{h}^{\mathrm{T}}\boldsymbol{T}^{\nu-2} \end{bmatrix}^{-1} \begin{bmatrix} \boldsymbol{r}_0^{\mathrm{T}} \\ \boldsymbol{r}_1^{\mathrm{T}} \\ \vdots \\ \boldsymbol{r}_{\nu-2}^{\mathrm{T}} \end{bmatrix} \tag{A.6.16}$$

从而由式 (A.6.5), 式 (A.6.15) 和式 (A.6.16) 便可得到要求的 $\boldsymbol{d}^{\mathrm{T}}, \boldsymbol{R}, \boldsymbol{B}_c$.

这时取 $\boldsymbol{F}_0 = \boldsymbol{z}\boldsymbol{e}^{\mathrm{T}}$. 由 $\boldsymbol{b}, \boldsymbol{d}^{\mathrm{T}}$ 的定义可知 $\boldsymbol{A}+\boldsymbol{b}\boldsymbol{d}^{\mathrm{T}} = \boldsymbol{A}+\boldsymbol{B}\boldsymbol{H}\boldsymbol{C}$, $\boldsymbol{b}\boldsymbol{h}^{\mathrm{T}} = \boldsymbol{B}\boldsymbol{F}_c$. 于是

$$\sigma\left(\begin{bmatrix} \boldsymbol{A}+\boldsymbol{B}\boldsymbol{F}_0\boldsymbol{C} & \boldsymbol{B}\boldsymbol{F}_c \\ \boldsymbol{B}_c\boldsymbol{C} & \boldsymbol{A}_c \end{bmatrix}\right) = \Lambda$$

这就完成了定理的证明.

## A.7 矩阵 Riccati 方程的解

本小节对矩阵 Riccati 方程的解做初步的介绍. 进一步研究可参考 (Bittanti et al., 1991; Reid, 1972).

### A.7.1 矩阵 Riccati 微分方程解的存在性

由式 (8.12.16) 可得到系统的最优指标

$$J^*(\boldsymbol{x}(\cdot), t, t_1) = \min_{\boldsymbol{u}[t,t_1]} J(\boldsymbol{x}(\cdot), \boldsymbol{u}(\cdot), t, t_1) = \frac{1}{2}\boldsymbol{x}^{\mathrm{T}}(t)\boldsymbol{P}(t)\boldsymbol{x}(t) \tag{A.7.1}$$

由常微分方程初值解的存在唯一性知在 $t_1$ 的一个邻域 $(t_1-\epsilon, t_1)$ 上 $\boldsymbol{P}(t)$ 存在, 故式 (A.7.1) 在 $(t_1-\epsilon, t_1)$ 上成立. 假设 $\boldsymbol{P}(t)$ 不能在 $(-\infty, t_1]$ 上都有解, 故必定存在某一时刻 $\hat{t} < t_1$ 使得当 $t \to \hat{t}^+$ (即从右侧趋向 $\hat{t}$) 时, $\boldsymbol{P}(t)$ 的某一个或多个元素会发散到无穷. 不失一般性, 设至少有一个对角线元素无界. 否则, 当 $t \to \hat{t}^+$ 时, 必有 $\boldsymbol{P}(t)$ 的某个 2 阶主子式变为负, 这与 $\boldsymbol{P}(t), t > \hat{t}$ 的非负定性矛盾. 因此, 我们认为当 $t \to \hat{t}^+$ 时, $\boldsymbol{P}(t)$ 的某个对角线元素无界.

不妨设 $\boldsymbol{P}(t)$ 的第 $i$ 个对角线元素 $p_{ii}(t)$ 无界, 再设 $\boldsymbol{e}_i$ 为除了第 $i$ 个分量为 1 其他的全为零的向量, 则有

$$J^*(\boldsymbol{e}_i, t) = p_{ii}(t) \to +\infty, \quad t \to \hat{t}^+$$

然而最优性能指标决不会大于任意一个控制产生的指标. 特别令系统控制为 $\boldsymbol{u} \equiv \mathbf{0}$, 又令 $\boldsymbol{\Phi}(\tau, s)$ 表示状态转移矩阵. 于是系统在 $s$ 时刻从状态 $\boldsymbol{e}_i$ 开始的性能指标为

$$J(\boldsymbol{e}_i, \mathbf{0}, s, t_1) = \frac{1}{2}\boldsymbol{e}_i^{\mathrm{T}}\boldsymbol{\Phi}^{\mathrm{T}}(t_1, s)\boldsymbol{S}\boldsymbol{\Phi}(t_1, s)\boldsymbol{e}_i + \frac{1}{2}\int_s^{t_1} \boldsymbol{e}_i^{\mathrm{T}}\boldsymbol{\Phi}^{\mathrm{T}}(t, s)\boldsymbol{Q}(t)\boldsymbol{\Phi}(t, s)\boldsymbol{e}_i \mathrm{d}t$$

此性能指标必不小于 $p_{ii}(s)$, 但 $\lim\limits_{s\to\hat{t}+} J(\boldsymbol{e}_i, \mathbf{0}, s, t_1)$ 显然为有界, 而 $\lim\limits_{s\to\hat{t}+} p_{ii}(s)$ 为无穷大, 由此产生矛盾. 故对任意 $t \leqslant t_1$, $\boldsymbol{P}(t)$ 有解.

这样也同时证明对任意 $t \leqslant t_1$, 最优指标 $J^*(\boldsymbol{x}(\cdot), t, t_1)$ 也存在, 即取到最小值且不为无穷.

### A.7.2 用线性微分方程求解矩阵 Riccati 微分方程

这里我们只讨论有限区间问题. 考虑下面 Riccati 微分方程:

$$\begin{aligned} -\dot{\boldsymbol{P}}(t) =& \boldsymbol{P}(t)\boldsymbol{A}(t) + \boldsymbol{A}^{\mathrm{T}}(t)\boldsymbol{P}(t) - \boldsymbol{P}(t)\boldsymbol{B}(t)\boldsymbol{R}^{-1}(t)\boldsymbol{B}^{\mathrm{T}}(t)\boldsymbol{P}(t) + \boldsymbol{Q}(t) \\ \boldsymbol{P}(t_1) =& \boldsymbol{S} \end{aligned} \tag{A.7.2}$$

考虑矩阵方程

$$\begin{aligned} &\begin{bmatrix} \dot{\boldsymbol{X}} \\ \dot{\boldsymbol{Y}} \end{bmatrix} = \begin{bmatrix} \boldsymbol{A}(t) & -\boldsymbol{B}(t)\boldsymbol{R}^{-1}(t)\boldsymbol{B}^{\mathrm{T}}(t) \\ -\boldsymbol{Q}(t) & -\boldsymbol{A}^{\mathrm{T}}(t) \end{bmatrix} \begin{bmatrix} \boldsymbol{X} \\ \boldsymbol{Y} \end{bmatrix} \\ &\begin{bmatrix} \boldsymbol{X}(t_1) \\ \boldsymbol{Y}(t_1) \end{bmatrix} = \begin{bmatrix} \boldsymbol{I} \\ \boldsymbol{S} \end{bmatrix} \end{aligned} \tag{A.7.3}$$

其中, $\boldsymbol{X}, \boldsymbol{Y}$ 为 $n$ 阶方阵.

如果 Riccati 方程 (A.7.2) 在区间 $(t_0, t_1]$ 上解存在, 则方程 (A.7.3) 的解在区间 $(t_0, t_1]$ 上也存在, 并且 $\boldsymbol{X}^{-1}(t)$ 在区间 $(t_0, t_1]$ 上存在及

$$\boldsymbol{P}(t) = \boldsymbol{Y}(t)\boldsymbol{X}^{-1}(t)$$

下面验证 $\boldsymbol{Y}(t)\boldsymbol{X}^{-1}(t)$ 为式 (A.7.2) 的解.

$$\begin{aligned} \frac{\mathrm{d}}{\mathrm{d}t}[\boldsymbol{Y}\boldsymbol{X}^{-1}] =& \dot{\boldsymbol{Y}}\boldsymbol{X}^{-1} - \boldsymbol{Y}\boldsymbol{X}^{-1}\dot{\boldsymbol{X}}\boldsymbol{X}^{-1} \\ =& -\boldsymbol{Q}\boldsymbol{X}\boldsymbol{X}^{-1} - \boldsymbol{A}^{\mathrm{T}}\boldsymbol{Y}\boldsymbol{X}^{-1} - \boldsymbol{Y}\boldsymbol{X}^{-1}\boldsymbol{A}\boldsymbol{X}\boldsymbol{X}^{-1} + \boldsymbol{Y}\boldsymbol{X}^{-1}\boldsymbol{B}\boldsymbol{R}^{-1}\boldsymbol{B}^{\mathrm{T}}\boldsymbol{Y}\boldsymbol{X}^{-1} \\ =& -[\boldsymbol{Y}\boldsymbol{X}^{-1}]\boldsymbol{A} - \boldsymbol{A}^{\mathrm{T}}[\boldsymbol{Y}\boldsymbol{X}^{-1}] + [\boldsymbol{Y}\boldsymbol{X}^{-1}]\boldsymbol{B}\boldsymbol{R}^{-1}\boldsymbol{B}^{\mathrm{T}}[\boldsymbol{Y}\boldsymbol{X}^{-1}] - \boldsymbol{Q} \end{aligned}$$

故 $\boldsymbol{Y}(t)\boldsymbol{X}^{-1}(t)$ 为式 (A.7.2) 的解. 下面证明 $\boldsymbol{X}^{-1}(t)$ 在区间 $(t_0, t_1]$ 上存在. 令 $\boldsymbol{\Phi}(t,t_1)$ 为

$$\dot{\boldsymbol{x}} = [\boldsymbol{A}(t) - \boldsymbol{B}(t)\boldsymbol{R}^{-1}(t)\boldsymbol{B}^{\mathrm{T}}(t)\boldsymbol{P}(t)]\boldsymbol{x} \tag{A.7.4}$$

的状态转移矩阵. 因为对 $t \leqslant t_1$, $\boldsymbol{P}(t)$ 是存在的, 故 $\boldsymbol{\Phi}(t,t_1)$ 对 $t \leqslant t_1$ 是有定义的. 容易验证 $\boldsymbol{X}(t) = \boldsymbol{\Phi}(t,t_1), \boldsymbol{Y}(t) = \boldsymbol{P}(t)\boldsymbol{\Phi}(t,t_1)$ 满足式 (A.7.3), 包括边界条件. 这就证明了 $\boldsymbol{X}^{-1}(t)$ 存在, 因为 $\boldsymbol{\Phi}^{-1}(t,t_1) = \boldsymbol{\Phi}(t_1,t)$.

### A.7.3 矩阵代数 Riccati 方程的迭代法

考虑矩阵代数 Riccati 方程

$$\boldsymbol{PA} + \boldsymbol{A}^{\mathrm{T}}\boldsymbol{P} - \boldsymbol{PBR}^{-1}\boldsymbol{B}^{\mathrm{T}}\boldsymbol{P} + \boldsymbol{Q} = \boldsymbol{0} \tag{A.7.5}$$

其中, $(\boldsymbol{A},\boldsymbol{B})$ 能控, $\boldsymbol{Q},\boldsymbol{R}$ 正定, 求其正定解 $\boldsymbol{P}$.

第一步: 选取矩阵 $\boldsymbol{K}_0$, 使 $\boldsymbol{A}+\boldsymbol{BK}_0$ 稳定.

第二步: 做迭代, 令 $\boldsymbol{A}_i = \boldsymbol{A} + \boldsymbol{BK}_i$, 解下面矩阵方程

$$\boldsymbol{P}_i\boldsymbol{A}_i + \boldsymbol{A}_i^{\mathrm{T}}\boldsymbol{P}_i + \boldsymbol{K}_i^{\mathrm{T}}\boldsymbol{RK}_i + \boldsymbol{Q} = \boldsymbol{0} \tag{A.7.6}$$

这是一个线性矩阵方程, 故理应比非线性方程 (A.7.5) 易解.

第三步: 令 $\boldsymbol{K}_{i+1} = -\boldsymbol{R}^{-1}\boldsymbol{B}^{\mathrm{T}}\boldsymbol{P}_i$, 然后返回第二步计算. 我们可算出一个矩阵序列 $\boldsymbol{P}_0, \boldsymbol{P}_1, \boldsymbol{P}_2, \cdots$.

显然上面正定解 $\boldsymbol{P}_0$ 是可以求出的, $\boldsymbol{P}_1$ 要能求出, 必须 $\boldsymbol{A}_1$ 是稳定的, 下面给出其证明. 因为 $\boldsymbol{A}_0 = \boldsymbol{A}_1 + \boldsymbol{B}(\boldsymbol{K}_0 - \boldsymbol{K}_1)$, 故有

$$\begin{aligned}
\boldsymbol{0} =& \boldsymbol{P}_0\boldsymbol{A}_0 + \boldsymbol{A}_0^{\mathrm{T}}\boldsymbol{P}_0 + \boldsymbol{K}_0^{\mathrm{T}}\boldsymbol{RK}_0 + \boldsymbol{Q} \\
=& \boldsymbol{P}_0[\boldsymbol{A}_1 + \boldsymbol{B}(\boldsymbol{K}_0 - \boldsymbol{K}_1)] + [\boldsymbol{A}_1 + \boldsymbol{B}(\boldsymbol{K}_0 - \boldsymbol{K}_1)]^{\mathrm{T}}\boldsymbol{P}_0 + \boldsymbol{K}_0^{\mathrm{T}}\boldsymbol{RK}_0 + \boldsymbol{Q} \\
=& \boldsymbol{P}_0\boldsymbol{A}_1 + \boldsymbol{A}_1^{\mathrm{T}}\boldsymbol{P}_0 + (\boldsymbol{K}_0 - \boldsymbol{K}_1)^{\mathrm{T}}\boldsymbol{B}^{\mathrm{T}}\boldsymbol{P}_0 + \boldsymbol{P}_0\boldsymbol{B}(\boldsymbol{K}_0 - \boldsymbol{K}_1) + \boldsymbol{K}_0^{\mathrm{T}}\boldsymbol{RK}_0 + \boldsymbol{Q} \\
=& \boldsymbol{P}_0\boldsymbol{A}_1 + \boldsymbol{A}_1^{\mathrm{T}}\boldsymbol{P}_0 - (\boldsymbol{K}_0 - \boldsymbol{K}_1)^{\mathrm{T}}\boldsymbol{RK}_1 - \boldsymbol{K}_1^{\mathrm{T}}\boldsymbol{R}(\boldsymbol{K}_0 - \boldsymbol{K}_1) + \boldsymbol{K}_0^{\mathrm{T}}\boldsymbol{RK}_0 + \boldsymbol{Q} \\
=& \boldsymbol{P}_0\boldsymbol{A}_1 + \boldsymbol{A}_1^{\mathrm{T}}\boldsymbol{P}_0 + (\boldsymbol{K}_0 - \boldsymbol{K}_1)^{\mathrm{T}}\boldsymbol{R}(\boldsymbol{K}_0 - \boldsymbol{K}_1) + \boldsymbol{K}_1^{\mathrm{T}}\boldsymbol{RK}_1 + \boldsymbol{Q}
\end{aligned}$$

易证 $(\boldsymbol{K}_0 - \boldsymbol{K}_1)^{\mathrm{T}}\boldsymbol{R}(\boldsymbol{K}_0 - \boldsymbol{K}_1) + \boldsymbol{K}_1^{\mathrm{T}}\boldsymbol{RK}_1 + \boldsymbol{Q}$ 正定. 又因为 $\boldsymbol{P}_0$ 正定, 故由上式有 $\boldsymbol{A}_1$ 稳定. 于是上面这个循环就可继续下去. 下面证明矩阵序列 $\boldsymbol{P}_0, \boldsymbol{P}_1, \boldsymbol{P}_2, \cdots$ 极限存在. 不难验证

$$\boldsymbol{A}_k^{\mathrm{T}}(\boldsymbol{P}_{k-1} - \boldsymbol{P}_k) + (\boldsymbol{P}_{k-1} - \boldsymbol{P}_k)\boldsymbol{A}_k + (\boldsymbol{K}_{k-1} - \boldsymbol{K}_k)^{\mathrm{T}}\boldsymbol{R}(\boldsymbol{K}_{k-1} - \boldsymbol{K}_k) = \boldsymbol{0}$$

又由 $(\boldsymbol{K}_{k-1}-\boldsymbol{K}_k)^{\mathrm{T}}\boldsymbol{R}(\boldsymbol{K}_{k-1}-\boldsymbol{K}_k)$ 非负定及 $\boldsymbol{A}_k$ 稳定, 故 $\boldsymbol{P}_{k-1}-\boldsymbol{P}_k$ 非负定. 于是有序列 $\boldsymbol{P}_0,\boldsymbol{P}_1,\boldsymbol{P}_2,\cdots,\boldsymbol{P}_k,\cdots$ 单调下降且 $\boldsymbol{P}_k\geqslant\boldsymbol{0}$ 对任意 $k$ 成立, 故必存在非负定矩阵 $\boldsymbol{P}$ 使得

$$\lim_{k\to+\infty}\boldsymbol{P}_k=\boldsymbol{P}$$

易验证 $\boldsymbol{P}$ 即为所求.

### A.7.4 矩阵代数 Riccati 方程的广义特征向量法

考虑代数 Riccati 方程

$$\boldsymbol{PA}+\boldsymbol{A}^{\mathrm{T}}\boldsymbol{P}-\boldsymbol{PBR}^{-1}\boldsymbol{B}^{\mathrm{T}}\boldsymbol{P}+\boldsymbol{C}^{\mathrm{T}}\boldsymbol{C}=\boldsymbol{0} \tag{A.7.7}$$

为此, 我们考虑矩阵

$$\boldsymbol{E}=\begin{bmatrix}\boldsymbol{A} & -\boldsymbol{BR}^{-1}\boldsymbol{B}^{\mathrm{T}}\\ -\boldsymbol{C}^{\mathrm{T}}\boldsymbol{C} & -\boldsymbol{A}^{\mathrm{T}}\end{bmatrix}$$

**引理 A.1** 如果 $\boldsymbol{A},\boldsymbol{B},\boldsymbol{C},\boldsymbol{R}$ 都是实矩阵, 则 $\boldsymbol{E}$ 的特征值关于原点对称, 即若 $\lambda$ 是 $\boldsymbol{E}$ 的一个特征值, 则 $-\lambda,\overline{\lambda},-\overline{\lambda}$ 都是 $\boldsymbol{E}$ 的特征值, 其中 $\overline{\lambda}$ 表示 $\lambda$ 的共轭复数.

**引理 A.2** 设 $\lambda_i$ 是 $\boldsymbol{E}$ 的一个特征值, $\boldsymbol{a}_i$ 是相应的特征向量, 那么代数方程

$$\begin{aligned}(\boldsymbol{E}-\lambda_i\boldsymbol{I}_{2n})\boldsymbol{a}_i&=\boldsymbol{0}\\ (\boldsymbol{E}-\lambda_i\boldsymbol{I}_{2n})\boldsymbol{a}_{i+1}&=\boldsymbol{a}_i\\ &\vdots\\ (\boldsymbol{E}-\lambda_i\boldsymbol{I}_{2n})\boldsymbol{a}_{i+k-1}&=\boldsymbol{a}_{i+k-2}\end{aligned}$$

有一组非零解的充分必要条件是: $\lambda_i$ 是 $\boldsymbol{E}$ 的 $k$ 重特征根, 其中 $\boldsymbol{I}_{2n}$ 是 $2n$ 阶单位方阵.

我们通常称 $\boldsymbol{a}_i,\boldsymbol{a}_{i+1},\cdots,\boldsymbol{a}_{i+k-1}$ 为 $\boldsymbol{E}$ 的相应于 $\lambda_i$ 的广义特征链, 其中每个 $\boldsymbol{a}_j$ 都称作 $\boldsymbol{E}$ 的相应于 $\lambda_i$ 的广义特征向量. 为简单起见, 下面都称它是 $\boldsymbol{E}$ 的相应于 $\lambda_i$ 的特征向量.

**定理 A.8** 代数 Riccati 方程的每一个解都可以写成如下形式

$$\boldsymbol{P}=\begin{bmatrix}\boldsymbol{c}_1, & \boldsymbol{c}_2, & \cdots, & \boldsymbol{c}_n\end{bmatrix}\begin{bmatrix}\boldsymbol{b}_1, & \boldsymbol{b}_2, & \cdots, & \boldsymbol{b}_n\end{bmatrix}^{-1} \tag{A.7.8}$$

其中

$$\begin{bmatrix} \boldsymbol{a}_1, & \boldsymbol{a}_2, & \cdots, & \boldsymbol{a}_n \end{bmatrix} = \begin{bmatrix} \boldsymbol{b}_1, & \boldsymbol{b}_2, & \cdots, & \boldsymbol{b}_n \\ \boldsymbol{c}_1, & \boldsymbol{c}_2, & \cdots, & \boldsymbol{c}_n \end{bmatrix}$$

是 $\boldsymbol{E}$ 的某些特征向量集合, 它使得 $\begin{bmatrix} \boldsymbol{b}_1, & \boldsymbol{b}_2, & \cdots, & \boldsymbol{b}_n \end{bmatrix}$ 为非奇异矩阵. 如果 $\begin{bmatrix} \boldsymbol{b}_1, & \boldsymbol{b}_2, & \cdots, & \boldsymbol{b}_n \end{bmatrix}$ 非奇异, 则由式 (A.7.8) 表示的矩阵 $\boldsymbol{P}$ 一定是 Riccati 方程的解.

# 索　引


**B**

摆线, 115

伴随变量, 140

比较原理, 11

闭轨线, 14

闭环系统, 93

并联复合系统, 43

Brounovsky 标准型, 188

不变集, 26

不可分辨, 66

不能观测振型, 70

不能观测状态, 66

不能观测子空间, 71

不能控振型, 59

不能控子空间, 73

不稳定, 13

**C**

参考输入, 92

Caylay-Hamilton 定理, 4

传递函数, 181

传递函数极点, 37

传递函数矩阵, 42

传递函数零点, 37

串联复合系统, 44

**D**

代数等价系统, 43

等时曲线, 115

等周问题, 116

等周约束, 128

动态补偿器, 101

动态反馈极点配置, 193

动态输出反馈, 100

Dirac delta 函数, 38

对偶原理, 102

**E**

Euler-Lagrange 方程, 119

**F**

反馈, 92

反馈复合系统, 45

分离原理, 109

负半轨, 19

负不变集, 33

负极限点, 18

负极限集, 18

**G**

刚性约束, 125

Gronwall 不等式, 8

广义特征链, 200

广义特征向量, 200

**H**

Hamilton 函数, 141

Hamilton 正则方程, 141

Hautus 判据, 58

横截条件, 136

Hurwitz 多项式, 28

Hurwitz 行列式, 29

Hurwitz 矩阵, 29

**J**

Jacobi 猜想, 25

基本解矩阵, 39

极点, 37

极点配置, 100

极点配置定理, 95

极限环, 12

极小阶观测器, 109

极值, 113

极值函数, 121

渐近稳定, 19

静态输出反馈, 92
径向无界, 25
Jordan 曲线定理, 168
卷积, 35
**K**
开环系统, 100
可叠加性, 40
控制矩阵, 39
控制曲线, 168
控制输入, 92
控制向量场, 164
Kronecker 积, 4
**L**
拉直, 5
Lagrange 乘数法, 114
Lagrange 函数, 114
Laplace 变换, 25
Laplace 反变换, 36
LaSalle 不变原理, 26
李雅普诺夫函数, 22
量测矩阵, 39
量测输出, 39
Lienard 方程, 17
临界函数, 118
零初值响应, 40
零点, 14
零极相消, 37
零输入响应, 40
流盒, 177
Luenberger 标准型, 185
**M**
脉冲矩阵, 41
脉冲响应函数, 38
Markus-Yamabe 猜想, 25
**N**
能达, 51
能观标准结构, 77
能观标准型, 82
能观测, 65
能观测性, 63
能观矩阵, 67
能观判据, 66
能观指数, 101
能观状态, 65
能观子空间, 71
能检测, 106
能控, 51
能控标准结构, 73
能控标准型, 79
能控矩阵, 53
能控判据, 52
能控性, 49
能控指数, 101
能控状态, 51
能控子空间, 61
拟 Jordan 曲线定理, 168
**P**
平衡点, 14
Poincare-Bendixson 定理, 18
**Q**
奇点, 12
前馈矩阵, 39
全导数, 20
全局渐近稳定, 24
全局能控, 173
全局有界, 33
**R**
容许控制, 51
Routh-Hurwitz 判据, 28
**S**
三角形标准型, 190
三角形结构控制系统, 165
输出反馈, 101
输出反馈镇定, 156
输出解耦零点, 42
输入解耦零点, 42
输入-输出线性化, 162
输入-状态线性化, 159

Vander Pol 方程, 17
**W**
微分约束, 137
稳定, 13
稳定多项式, 28
稳定极限环, 17
稳定矩阵, 28
稳定振型, 98
稳态偏差, 180
稳态输出, 181
无切线段, 169
物理能实现, 37
**X**
系统矩阵, 31
系统输出, 36
系统输入, 36
系统镇定, 98
吸引域, 24
线性矩阵方程, 8
线性微分方程, 7
相点, 14
相对度, 163
相轨线, 14
相空间, 18
相平面, 14
相容性条件, 133
相位, 37
协态, 140
悬链线, 116
旋转度, 15
循环方阵, 4
**Y**
一阶变分, 118
预解矩阵, 42
**Z**
增广泛函, 140
增广相空间, 13
增益矩阵, 105
张量积, 4
整轨线, 33
正半轨, 19
正不变集, 26
正极限点, 18
正极限集, 18
周期解, 12
状态反馈, 102
状态反馈控制器, 109
状态反馈镇定, 156
状态估计, 105
状态观测器, 102
状态空间实现, 85
状态重构, 102
状态转移矩阵, 41
自然边界条件, 130
最速降线, 113
最小多项式, 4
最小实现, 86
最小相位, 37
最小旋转曲面, 115
最优控制, 145
最优性能指标, 140